中国区域环境保护丛书
北京环境保护丛书

北京环境污染防治

《北京环境保护丛书》编委会　编著

中国环境出版集团·北京

图书在版编目（CIP）数据

北京环境污染防治/《北京环境保护丛书》编委会编著.
—北京：中国环境出版集团，2019.11
（北京环境保护丛书）
ISBN 978-7-5111-4201-6

Ⅰ．①北…　Ⅱ．①北…　Ⅲ．①环境污染—污染防
治—概况—北京　Ⅳ．①X508.21

中国版本图书馆 CIP 数据核字（2019）第 278179 号

出 版 人　武德凯
责任编辑　周　煜
责任校对　任　丽
封面设计　彭　杉

出版发行　**中国环境出版集团**
　　　　　（100062　北京市东城区广渠门内大街 16 号）
　　　　　网　　址：http://www.cesp.com.cn
　　　　　电子邮箱：bjgl@cesp.com.cn
　　　　　联系电话：010-67112765（编辑管理部）
　　　　　　　　　　010-67138929（第六分社）
　　　　　发行热线：010-67125803，010-67113405（传真）
印　　刷　北京中科印刷有限公司
经　　销　各地新华书店
版　　次　2019 年 11 月第 1 版
印　　次　2019 年 11 月第 1 次印刷
开　　本　787×960　1/16
印　　张　20
字　　数　290 千字
定　　价　58.00 元

《北京环境保护丛书》

编委会

主　　　任	陈　添	
总　　　编	陈　添　方　力	
顾　　　问	史捍民	
执行副主任	周扬胜	
副　主　任	庄志东　冯惠生　谌跃进　姚　辉	
	李晓华　王瑞贤　张大伟　于建华	
	徐　庆　刘广明　吴问平	
成　　　员	（按姓氏笔画排序）	

编委会办公室（环保志办）主任

　　王林琨（2010.9—2013.10）

　　张　峰（2013.10—2017.8）

　　张立新（2017.8 起）

《北京环境污染防治》

主　　　编　方　力
副　主　编　（按姓氏笔画排序）

王春林　李　华　杨红宇　杨瑞红　宋福祥

陈东兵　郑再洪　荆红卫　唐丹平　韩永岐

特邀副主编　程　英

执 行 编 辑　梁　静　刘玮静

序言

　　《北京环境保护丛书》（以下简称《丛书》）是按照原环境保护部部署、经主管市领导同意由原北京市环境保护局组织编纂的。《丛书》分为《北京环境管理》《北京环境规划》《北京环境监测与科研》《北京大气污染防治》《北京环境污染防治》《北京生态环境保护》《北京奥运环境保护》7个分册。《丛书》回顾、整理和记录了北京市环境保护事业40多年的发展历程，从不同侧面比较全面地反映了北京市环境规划和管理、污染防治、生态保护、环境监测和科研的发展历程、重大举措和所取得的成就，以及环境质量变化、奥运环境保护工作。《丛书》是除首轮环境保护专业志《北京志·市政卷·环境保护志》（1973—1990 年）以外，北京市环境保护领域最为综合的史料性书籍。《丛书》同时具有一定知识性、学术性价值。期望这套丛书能帮助读者更加系统地认识和了解北京市环境保护进程，并为今后工作提供参考。

　　借此《丛书》陆续编成付梓之际，希望北京市广大环境保护工作者，学史用史、以史资政、继承创新、改革创新，自觉贯彻践行五大发展理念，努力工作补齐生态环境突出"短板"，为北京市生态文明建设、率先全面建成小康社会做出应有的贡献。

参编《丛书》的处室、单位和人员，克服困难，广泛查阅资料，虚心请教退休老同志，反复核实校正。很多同志利用业余时间，挑灯夜战、不辞辛苦。参编人员认真负责，较好地完成了文稿撰写、修改、审校业务。这套丛书也为编纂第二轮《北京志·环境保护志》打下良好的基础。在此，向付出辛勤劳动的各位参编人员，一并表示感谢。

我们力求完整系统地收集资料、准确记述北京市环境保护领域的重大政策、事件和进展，但是由于历史跨度大，《丛书》中难免有遗漏和不足之处，敬请读者不吝指正。

北京市生态环境局党组书记、局长　　陈添

2018 年 12 月

目录

第一章　水污染防治

北京以太行山、燕山山脉为屏障，以永定河、潮白河、温榆河冲积平原为沃野，土肥水美的北京湾孕育了北京城。北京的发展与水息息相关。

20 世纪五六十年代，由于城市规模较小，城市污水量及工业废水量不多，对城市河湖水环境的污染尚不严重。随着城市发展、人口增加，城市污水总量急剧增长，市区下游河道水环境污染越来越严重。北京城市水污染主要来自居民生活污水和工业排放的废水。市区日排污水总量 1949 年为 6.65 万 t，1990 年增至 214 万 t，2010 年则达到 388 万 t。

新中国成立前，市区生活污水多排入明沟，每至掏沟季节，臭气冲天；河湖污染淤积严重，多数明沟和下水道坍塌堵塞不能使用，600 多年来建设的约 200 km 下水道，只剩下 20.7 km 能够排水。新中国成立以后，北京市政府组织对河湖进行了全面整治，治理污水坑，修建污水管网。截至 1990 年年底，全市下水道总长 2 880 km；建设了高碑店、酒仙桥、北小河 3 座污水处理厂，日处理能力 30.4 万 t。2010 年，市区污水管道长度 4 479 km，中心城区已建成 10 座污水处理厂，全部采用二级以上处理技术，日处理规模 277 万 t，年处理污水 9.3 亿 m^3；新城及开发区共建成污水处理厂 17 座，日处理能力达 90.45 万 m^3，年处理污水 2 亿 m^3。

饮用水水源安全关系首都市民生活、社会稳定，一直是北京市水污染防治的重中之重。多年来，北京市制定了一系列饮用水水源保护法规规章，在饮用水水源地采取严格的污染控制措施：在地表饮用水水源，通过划定保护区，采取拆除违章建筑、禁止旅游、限制网箱养鱼、控制铁矿开采、种植水源涵养林、开展小流域治理和病虫害生物防治等多项措施，加强管理，严格执法，使密云水库、怀柔水库水质保持了清洁；在地下饮用水水源，则通过划定保护区、撤并治理保护区内油库、加油站、建设完善污水管网，强化安全隐患消除，确保了主要地下饮用水水源地水质一直符合国家标准，市民饮水安全得到保障。

北京市的工业废水治理始于 20 世纪 60 年代，1970 年年底，全市仅有北京维尼纶厂、北京炼焦化学厂和北京石化总厂东方红炼油厂 3 个工厂建有污水处理设施。1972 年，根据发达国家出现的污染问题，结合北京市地下水受酚、氰、铬等有毒物质的污染状况，在工业污染源调查的基础上，北京市组织成立长河、莲花河、永定河官厅山峡段、通惠河、凉水河、妫水河、坝河等 7 条河系污染治理领导小组，将酚、氰、汞、铬、砷 5 种有毒物质作为治理重点。截至 20 世纪 80 年代初，5 种重点有毒物质基本得到控制。

20 世纪 80 年代后期，北京市工业水污染治理由以末端治理为主，逐步向源头控制转移，包括调整产业结构、环境影响评价、限期治理、推行清洁生产、规划工业企业进入工业园区等手段。1990 年，全市工业废水排放量为 40 641 万 t，占废水排放总量的 48.5%，化学需氧量排放达 10.1 万 t。2010 年，全市排放工业废水 8 198 万 t，工业废水中化学需氧量排放 4 882 t。工业废水占水污染的比重已大幅下降。

第一节　水环境质量

北京地处海河流域，境内有河流约 100 条，分属永定河、北运河、潮白河、大清河和蓟运河 5 大水系，总长 2 700 km。除北运河系发源于本市外，其他河系均为过境河流。这些河流总体走向是由西北向东南，最终汇入渤海。全市共有大、中、小型水库84座，湖泊30余个，密云水库是主要地表水饮用水水源地。

地下水是北京的重要水源，主要有第四纪地层中的潜水、承压水和山区基岩地下水，储量丰富，水质清洁，一些著名的泉、潭、池、湖泊、淀大都由地下水溢出形成。北京浅层地下水水质不好。明代《暖姝由笔》记载："京师（北京）井水咸苦，不可饮。"清代《燕京杂记》记载："京师之水，最不适口，水有甜苦之分，苦故不可饮，即甜者亦非佳品。"只有玉泉山岩溶泉水，水质甘甜。深层地下水的水量、水温稳定，水质好，一直是北京的主要水源。

一、流域水环境概况

1. 潮白河水系

潮白河自北向南贯穿北京的东部，它的上源是潮河和白河。潮河古称鲍丘水，发源于河北省丰宁草碾沟南山，向南流，在古北口附近流入密云，在桑园以西汇入安达木河，在高岭以南纳入清水河，向西南流，在河槽村与白河汇合。

白河发源于河北张家口地区沽源县大马群山东南，经河北省下堡附近入北京延庆，沿途接纳了黑河、天河、菜食河、汤河、琉璃河和白马关河，在河槽村与潮河汇合，以下称潮白河。汇合后的潮白河流经平原地区，在顺义境内汇入怀河、小东河、箭杆河，在通县大沙务以东出北京。

2. 永定河水系

永定河原为黄河远古故道，上源有南北两支，北支是洋河，南支是桑干河。洋河有3个源头，分别是东洋河、西洋河、南洋河；桑干河发源于山西省宁武管涔山北麓桑干泉，经大同盆地，汇入了浑河和御河，向东流入河北，在怀来与洋河汇合成为永定河。从上源至怀来，为永定河上游，经过黄土高原，水土流失严重，所以永定河自古就有"小黄河"之称。中游自怀来至三家店，多山谷山峡，河道落差较大，是北京泥石流的多发区。出三家店，进入平原，到河口是永定河的下游，此处河道落差突然减小，造成泥沙淤积，自卢沟桥以下形成地上河，常以"善决、善徙"著称，古有"浑河""浑水""卢沟水""无定河"之称，在北京市范围内，也曾经多次改道。

3．北运河水系

温榆河是北运河的上游，是源于北京境内的唯一河系。温榆河的上源汇集了昌平境内北山及西山的诸小水流，分别纳入东沙河、北沙河与南沙河，于沙河镇汇合（沙河水库）称温榆河，向东及东南流，先后接纳了蔺沟（小汤山）及清河，至通州北关入通惠河和坝河（通惠河与坝河将护城河水引入）。通州以南为北运河，继续向南流，纳入凉水河和凤河，在天津红桥入海河。北运河可以说是北京最重要的漕运通道和排水系统。

4．大清河水系

大清河水系的北支——拒马河，也称"涞水""巨马水""巨马河"，金国以后始有今名。此河发源于河北涞源涞山，向东北流，入北京房山，经房山西南部，出北京市后在河北涿州接纳大石河和小清河入北拒马河。

5．蓟运河系

蓟运河上源有两支，一支为州河、一支为沟河。沟河发源于河北兴隆县青灰岭，向南流经天津蓟县北部罗庄子，急转西流，在泥河村附近入平谷县境，先后纳入错河和金鸡河，折向南，流出北京市，在河北省九江口附近与州河汇合，始称蓟运河。

二、地表水环境质量

1．河流

1991—1995年，监测河流约80条段，监测长度约2 100 km。监测结果显示，清洁河流长度为 1 043～1 225 km，占全市监测河流长度的 47.4%～54.7%；轻度污染河流长度为 282～437 km，占全市监测河流长度的 14.2%～20.3%；中度污染河流长度为 16～99 km，占全市监测河流长度的 0.7%～4.6%；重度污染河流长度为 190～286 km，占全市监测河流长度的 8.8%～12.8%；严重污染河流长度为 348～446 km，占全市监测河流长度的 15.6%～20.6%。

1996—2000 年，监测河流 78～82 条段，监测长度为 2 153.6～2 169.6 km。其中，Ⅱ类水体达标河段长度百分比为 74.4%～81.1%，1999 年最高，1997 年最低；Ⅲ类水体达标河段长度百分比为 60.3%～76.9%，1999 年最高，1998 年最低；Ⅳ类水体达标河段长度百分比为 8.0%～27.9%，1997 年最高，2000 年最低；Ⅴ类水体各年达标河段数均为 0。

2001—2005 年，监测河流 69～79 条段，监测长度为 1 838.2～2 097.2 km，其中，达标河流数量为 17～23 条段，长度为 704.1～948.5 km，达标河段长度占比为 36.5%～45.3%。其中，Ⅱ类水体实测河段条数为 17～22 条段，达标河段数为 10～17 条段，达标河段长度百分比 2003 年最高，为 80.4%，2002 年最低，为 63.9%；Ⅲ类水体实测河段条数为 8～12 条段，达标河段长度百分比为 45.3%～73.3%，2001 年最高，2003 年最低；Ⅳ类水体实测河段总数为 19～25，达标河段数为 1～3 条段，达标河段长度百分比为 11.0%～12.6%，2002 年最高，2001 年、2003 年和 2004 年最低；Ⅴ类水体中实测河段总数为 23～27 条段，各年达标河段数均为 0。

2006—2010 年，监测河流条段数为 70～83 条段，达标河段数 2006 年最低，为 23 条段，占比为 47%，达标河段数 2009 年最高，为 29 条段，占比为 54.4%。其中，Ⅱ类水体的实测河段总数为 18～21 条段，达标河段总数为 15～19 条段，达标河段百分比为 83.3%～90.5%，达标河段长度占比为 78.7%～96.1%，2008 年和 2009 年最高，2006 年最低。Ⅲ类水体实测河段数为 12～14 条段，达标河段数为 7～9 条段，达标河段百分比为 58.3%～69.2%，达标河段长度所占百分比为 73%～82.9%，2007 年最高，2006 年最低。Ⅳ类水体实测河段条数为 16～24 条段，达标河段条数为 1～2 条段，达标河段所占百分比为 4.2%～8.3%，2009 年占比最高，2007 年占比最低，达标河段长度所占百分比为 2%～13.4%，2006 年占比最高，2008 年最低。Ⅴ类水体实测河段数约为 24 条段，各年达标河段百分比为 0，实测河段总达标率均为 0。

1991—2010 年，全市达标河段长度百分比呈现上升趋势，说明五大河系水质有好转趋势，监测结果如图 1-1 所示。

2. 湖泊

1991—1995 年，监测湖泊 16～20 个，容量约 1 020 万 m³。其中，清洁湖泊数量 1991 年最高，为 11 个，容量为 878.82 万 m³，占比为 84.26%，1994 年最低，为 5 个，容量 620.15 万 m³，占比为 60.78%；轻度污染湖泊数量 1994 年最高，为 13 个，容量为 367.48 万 m³，占比为 36.01%，1992 年最低，为 7 个，容量为 213.66 万 m³，占比为 21.51%；1994 年和 1995 年均出现重度污染湖泊，为 1 个，容量为 32.8 万 m³，占比为 3.21%，1991 年出现 1 个严重污染的湖泊，之后各年再无严重污染湖泊。

1996—2000 年，监测湖泊 19 个，容量约 1 020 万 m³。其中，清洁湖泊数量 1996 年最高，为 8 个，容量为 725.44 万 m³，占比为 71.09%，1997 年最低，为 1 个，容量 91.728 万 m³，占比为 8.99%；轻度污染湖泊数量 1997 年最高，为 18 个，容量为 928.70 万 m³，占比 91.01%，1996 年最低，为 10 个，容量为 262.19 万 m³，占比为 25.69%；重度污染湖泊 1999 年最高，为 1 个，容量为 32.8 万 m³，占比为 3.2%；各年份严重污染的湖泊数量均为 0。

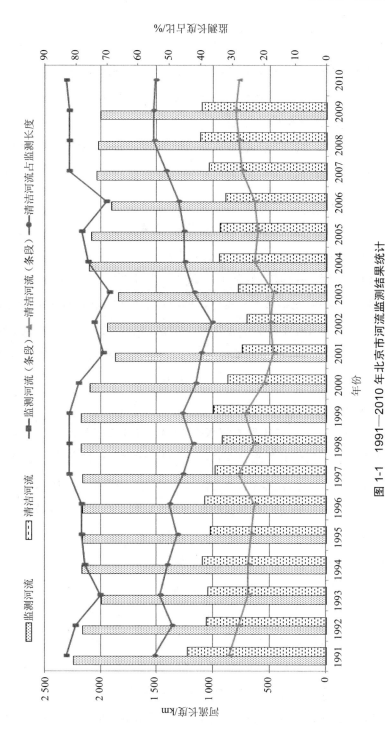

图 1-1 1991—2010 年北京市河流监测结果统计

2001—2005 年，监测湖泊为 19～21 个，达标个数 2000 年最高，为 7 个，容量为 607.16 万 m³，占监测容量百分比为 59.5%，达标个数 2004 和 2005 年最低，均为 1 个，容量分别为 366.91 万 m³ 和 191.8 万 m³，分别占监测容量为 35.2% 和 35.7%。

2006—2010 年，监测湖泊约 22 个，监测容量为 589.02 万～719.6 万 m³，达标湖泊数 2010 年最高，为 15 个，占监测容量 83.2%，2006 年最低，为 4 个，占监测容量 40.8%。

1991—2010 年北京市湖泊水质监测结果见图 1-2。

3．水库

1991—1995 年，监测水库 17～20 个，库容约 72.6 亿 m³。其中，密云水库 5 年的监测结果水质良好，属清洁水域。怀柔水库水质良好，亦为清洁水体。官厅水库由于多年泥沙淤积、库容已大为减少，以 5 年的监测情况看，高锰酸盐指数超标率为 50%～100%；氨氮超标率为 33.3%～100%；总磷超标率为 50%～100%；该库水质未能达到饮用水水源水质要求，属轻度污染。

1996—2000 年，各年份监测水库 17 个，容量约 72 亿 m³。密云水库现状水质完全符合Ⅱ类水体水质要求，与 1991—1995 年相比，水质无明显变化。官厅水库现状水质为Ⅳ～劣Ⅴ类，均不符合饮用水水源水质要求。主要超标污染物有高锰酸盐指数、氨氮、总氮，并且最高值均处于 1998 年。5 年中，总氮、高锰酸盐指数、生化需氧量略有下降趋势，与 1991—1995 年相比，水质无明显改善。

2001—2005 年，监测水库为 17～18 个，容量约 72 亿 m³，达标水库为 9～12 座。密云水库所有常规监测项目年均值完全符合Ⅱ类水体水质目标要求，富营养化指标总磷、总氮年均值分别符合Ⅱ类、Ⅲ类水质标准要求，超标率分别为 16.7% 和 47.6%。综合营养状态指数为 36.8，营养级别属于"中营养"水平。怀柔水库常规监测项目年均值完全符合Ⅱ类水质目标要求，未见超标现象。富营养化指标总磷、总氮年均值

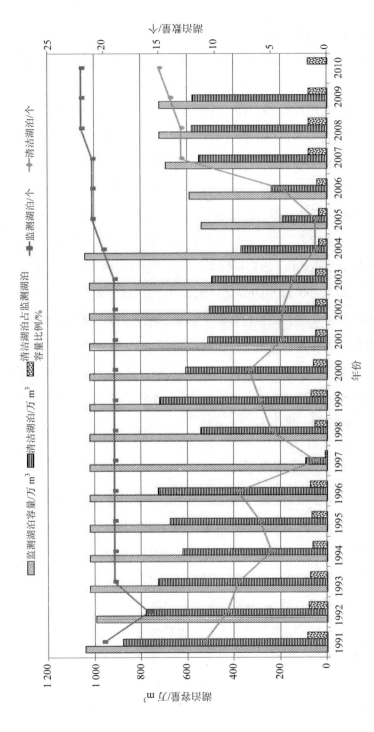

图 1-2　1991—2010 年北京市湖泊监测结果统计

分别符合Ⅱ类、Ⅲ类标准水质要求，总磷全年未见超标，总氮超标率为61.9%；综合营养状态指数为38.8，营养级别属于"中营养"水平。

2006—2010年，监测水库约16座，监测库容为12.556亿～14.725亿 m^3，达标条段数为13～14，监测容量占比为88%～89.6%。密云水库24项基本项目年均值均符合Ⅱ类功能水体水质标准要求；富营养化指标总磷、总氮年均浓度值均符合Ⅱ类水质标准要求，水体营养状态为"中营养"。怀柔水库24项基本项目年均值均符合Ⅱ类水体功能水质标准要求；富营养化指标总磷、总氮年均浓度值均符合Ⅱ类水质标准要求，营养状态为"中营养"。官厅水库总体水质为Ⅳ类，仍不符合Ⅱ类水体功能水质标准要求，主要污染指标为高锰酸盐指数、氟化物和生化需氧量，超标率分别为100%、90.9%和45.5%，年均浓度值分别超标1.0倍、0.2倍和0.5倍；富营养化指标总磷、总氮超标率均为100%，现状水质类别均为Ⅳ类，营养状态为"轻度富营养"。

总体来讲，1991—1999年，清洁湖泊、水库和河流数量所占百分比呈下降趋势。2000—2010年，达标湖泊、水库和河流所占百分比呈上升趋势，监测结果见图1-3。

三、地下水环境质量

新中国成立以后，地下水的监测工作主要由北京市自来水公司、北京市水文地质工程地质大队和市卫生防疫站负责。

1986年以前，北京市地下水评价采用的是尚未定稿的国家饮用水卫生标准，并参考国外有关标准；1986—1992年，执行《生活饮用水卫生标准》（GB 5749—85），两个标准基本一致，但总硬度、硝酸盐氮、硫酸盐、氯化物水质标准有较大不同；1993—2017年执行《地下水质量标准》（GB/T 14848—93）。

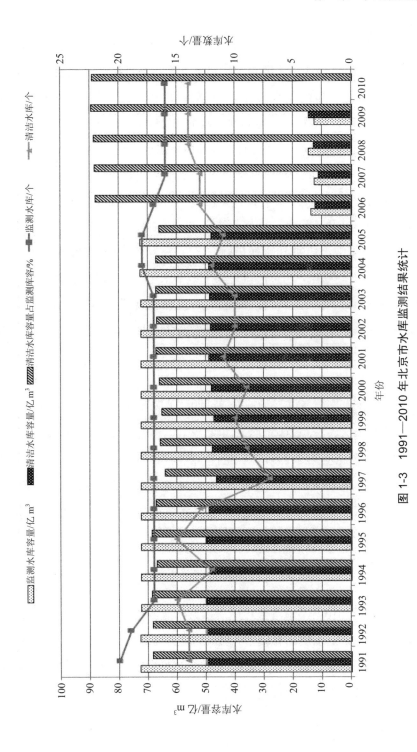

图 1-3　1991—2010 年北京市水库监测结果统计

1991—1995 年，地下水监测工作范围为北京市整个平原区，总面积约 6 528 km^2。监测点主要根据环境水文地质条件进行区域性网格状布点。北京市远郊区地下水水质一般较好。北京市城近郊区地下水呈两极分化，优良水、良好水占监测井总数的 52.51%，而较差水、极差水占监测井总数的 46.79%。这表明城近郊地下水已受到一定污染。

1996—2000 年，远郊区地下水水质较城近郊区地下水水质相对较好，污染物种类较为单一，污染范围较小。北京市城近郊区地下水污染程度无明显变化，优良、良好、较好监测井占 47.2%，较差、极差井占52.8%。5 年中，1997 年水质最好，优良—较好井占 52.7%。

2001—2005 年，北京市城近郊区地下水优良、良好水质占监测井总数的 55.08%；而较差水质、极差水质占监测井总数的 44.92%。北京市城近郊区地下水水质优良、良好监测井（Ⅰ、Ⅱ类）主要分布在城近郊区西北、北部、东北部地区，而较差、极差水（Ⅳ、Ⅴ类）主要分布于城市中心区及南部和西南部地区。平谷、密云、怀柔、顺义、昌平、延庆、门头沟区、海淀区北部地区、朝阳区北部地区地下水水质较好。房山、大兴地区、石景山区南部水屯和鲁谷、丰台区大部分地区、朝阳区南部牌坊及城区水质较差，以丰台区最为严重。

2006—2010 年，北京市平原区地下水环境质量总体保持稳定。远郊区（如平谷、密怀、昌平、延庆、门头沟、海淀北部地区）地下水水质明显好于城区、城近郊南部地区以及房山、大兴北部地区。Ⅰ类和Ⅱ类水质监测井占比较大，为 59.9%～68.0%；极差水质的占比最小，为 6%～12.2%。

1991—2010 年，地下水环境质量总体保持稳定，远郊区地下水水质较好，城近郊区水质相对较差。城近郊区地下水水质优良、良好监测井主要分布在西北、北部、东北部地区，较差、极差监测井主要分布在城市中心区及南部和西南部地区。

四、密云水库、怀柔水库水质

1991—1995 年，密云水库酚、氰、砷、汞、铬、铅、镉、油类基本上未检出，其他项目均符合Ⅱ类水质标准，水质良好，属清洁水域。怀柔水库酚、氰、砷、汞、铬、铅、镉、油类基本上未检出，其余项目均符合Ⅱ类水质标准，水质良好，亦为清洁水体。

1996—2000 年，密云水库水质完全符合Ⅱ类水体水质要求。其中，高锰酸盐指数、生化需氧量、氨氮分别为 2.6～3.0 mg/L、1.1～1.2 mg/L、0.02～0.08 mg/L。总磷、总氮分别为 0.013～0.021 mg/L、0.78～1.19 mg/L。与 1991—1995 年相比，水质无明显变化。

2001—2005 年，密云水库所有常规监测项目年均值完全符合Ⅱ类水体水质目标要求。毒性指标挥发酚、氰化物、砷、汞、镉等均未检出。现状水质满足饮用水水源地水质要求。怀柔水库常规监测项目年均值完全符合Ⅱ类水质目标要求。毒性指标挥发酚、氰化物、砷、汞、镉等均未检出，现状水质满足饮用水水源地水质要求。

2006—2010 年，密云水库 24 项基本项目年均值均符合Ⅱ类功能水体水质标准要求，重金属及毒性指标砷、汞、镉、铅、六价铬、挥发酚、氰化物、石油类、阴离子表面活性剂、硫化物等均未检出；怀柔水库 24 项基本项目年均值均符合Ⅱ类水体功能水质标准要求，重金属及毒性指标砷、汞、镉、铅、六价铬及挥发酚、氰化物、石油类、阴离子表面活性剂、硫化物等均未检出。

第二节　饮用水水源保护

一、基本情况

北京市的饮用水水源来自地表水和地下水。

1. 地表水源

地表水源主要为密云水库（怀柔水库），官厅水库为备用水源。密云水库是北京市唯一的地表水饮用水水源，为湖库型水源地。密云水库位于北京市密云县城北 16 km 处山区，距北京市中心约 100 km，是华北地区第一大水库。该水库坐落在潮河、白河中游偏下，是拦蓄白河、潮河之水而成，库区跨越两河。有主坝两座、副坝五座。其中白河主坝在溪翁庄附近白河上，坝长 960 m，高 66 m；潮河主坝在南碱厂附近潮河上，坝长 1 008 m，高 56 m。水库最大水深 60 m，最高水位水面面积达 188 km^2，最大库容 43.75 亿 m^3，2012 年年底，水库蓄水量约为 12 亿 m^3，供水量为 3.2 亿 t。

1958 年修建密云水库时，其功能主要是防洪、灌溉和发电。由于北京地区水资源十分紧缺，尤其是进入 20 世纪 80 年代以后，随着北京城市和经济的发展、人口的增加，饮用水供需矛盾日显突出，从 1985 年开始，密云水库担负起供应全市生活饮水的任务，水库功能也随之发生了变化，由以防洪、灌溉为主转变为以防洪、城市供水为主。

怀柔水库是密云水库向市区供水的调节水库和补充水库。怀柔水库 1958 年建成，于 1964 年、1976 年、1988 年改建三次，自建库至 2001 年年底累计水库来水量 33.85 亿 m^3，供水量 162.47 亿 m^3。总库容 1.44 亿 m^3，防洪库容 1.045 亿 m^3，死库容 0.085 亿 m^3，集水面积 525 km^2，目前水库蓄水量达 0.379 亿 m^3。2012 年供水量约为 2 900 万 t。

官厅水库位于北京市西北约 80 km 的永定河官厅山峡入口处，1954 年建成，是新中国修建的第一座大型水库，水库控制流域面积为 43 402 km^2，占永定河流域面积的 93%，是为根治永定河及其流域开发的大型控制性工程，也是一座兼防洪、供水、发电、灌溉多种功能的综合利用工程，曾经是首都北京主要供水水源之一。水库库区跨河北省怀来和北京市延庆两县，由永定河库区和妫水河库区组成，正常蓄水位 479 m（大沽高程）对应的水面面积为 157 km^2。目前水库蓄水量约为 1.88 亿 m^3。

官厅水库通过永定河山峡段至三家店水库,再经过永定河引水渠向城区供水。但自20世纪70年代开始,由于上游及库区周边地区社会经济发展和城市规模扩大,大量的工业废水和生活污水排入河道,排污量增加,加上水库来水量的锐减,导致水库水体受污染,水质逐年变差,不符合生活饮用水地表水源地标准,1997年被迫退出首都饮用水水源体系,作为门头沟城子水厂应急备用水源地,已多年未向城市供水。

2．地下水源

北京市地下水源中市级地下饮用水水源厂7个,分别是地处深层水的水源第一、第二、第五水厂,地处浅层水的水源第三、第四、第七、第八水厂。

第一水厂原为东直门配水厂,位于东城区东直门外香河园,现占地面积3.3万 m^2。东直门水厂于1937年建设,1939年投产供水。初建供水能力1.1万 m^3/d。截至1949年1月东直门水厂供水能力不断增大,达到4万 m^3/d。1970年,日供水能力达到13万 m^3/d。进入20世纪80年代地下水位急剧下降,截至1990年,供水能力衰减到5.8万 m^3/d。目前,第一水厂有水源井16眼,其中,在用井13眼,停用井3眼。

第二水厂位于东城区安定门外六铺炕,厂区占地面积3.68万 m^2。第二水厂建设于1942年,1949年5月1日正式投产供水,供水能力3.02万 m^3/d。1952年开始继续开凿水源井,截至20世纪70年代中期,第二水厂供水能力达到19.8万 m^3/d。随着地下水位下降,截至1990年年底,供水能力衰减到10.1万 m^3/d。目前,第二水厂有水源井29眼,全部在用。

第五水厂位于朝阳区西八间房村,厂区占地面积2.65万 m^2。始建于1959年10月,1960年6月投产供水,供水能力为2万 m^3/d。截至1990年年底,供水能力已由20世纪70年代的3.5万 m^3/d衰减到2万 m^3/d。目前,第五水厂有水源井19眼,在用井14眼,报废井3眼,停用井2眼。

　　第三水厂位于海淀区北洼路地区，始建于 1956 年，1958 年 6 月投产。初建水源井 12 眼，供水能力 16.45 万 m^3/d，投产后缓解了城区、西郊和东北郊的供水紧张形势。进入 20 世纪 70 年代后，随着工业和生活用水量的日益增长，城市供水供需矛盾日趋尖锐，第三水厂于 1973 年进行了第一次扩建工程，1978 年 4 月扩建完成，投产后供水能力达到 50 万 m^3/d。1995 年为缓解市区供水紧张的问题，第三水厂进行了再次扩建。目前，第三水厂有水源井 103 眼。

　　第四水厂位于丰台区高楼村，自 1954 年始建至 1956 年 7 月竣工，于 1957 年 5 月 1 日正式供水。初建水源井 12 眼，供水能力 10 万 m^3/d。随着城市用水量的不断增加，先后建有 30 多眼水源井、补压井。20 世纪 70 年代，第四水厂供水能力为 21.51 万 m^3/d，供水量逐步上升，1979 年达到最高峰，年供水量为 7 250 万 m^3，日平均供水量达 20 万 m^3。进入 20 世纪 80 年代，随着地下水位急剧下降和地下水源不同程度污染，地下水硬度、硝酸盐超标，致使部分水源井停用。1990 年该厂供水能力为 8.6 万 m^3/d，已较 20 世纪 70 年代的 21.51 万 m^3 衰减了 60%。2007 年，为保障水厂供水能力，北京市自来水集团对原有 7 个井院的 13 眼井进行了更新，增加供水能力 2 万 m^3/d。目前，第四水厂有水源井 26 眼，在用井 16 眼。

　　第七水厂位于丰台区马家堡，始建于 1963 年 1 月，1964 年 3 月投产供水。该厂初建水源井 8 眼，供水能力为 5.3 万 m^3/d，1968—1970 年增建和改建水源井 5 眼，供水能力达到 9.2 万 m^3/d。截至 1990 年年底，该厂由于地下水污染，有 4 眼水源井报废，日供水能力减至 4.4 万 m^3，减少了 52.2%，且水质氨氮含量较高，采用投加高氯方法确保出厂水质合格。目前，第七水厂有水源井 8 眼，在用井 5 眼。

　　第八水厂建于 1979 年，1980 年正式投产，水源地在顺义牛栏山地区，年均开采量为 1.5 亿 m^3，是北京市区地下水厂中最大的水厂。目前，第八水厂有水源井 51 眼，在用井 48 眼，停用井 3 眼，地下水实际供水能力 48 万 m^3/d。

3．备用水源

北京市有 4 个应急水源地，分别为平谷应急水源地、怀柔应急水源地、昌平马池口应急水源地和房山张坊应急水源地，均为地下水水源。

平谷应急水源地分为中桥和王都庄应急水源地。中桥水源地位于平谷区峪口镇。中桥水源地现有供水井 20 眼，其中第四系水井 10 眼，基岩井 10 眼。第四系水井深度为 122～182 m，开采层位主要是第四系松散孔隙水，单井的供水能力为 4 000～7 000 m^3/d。基岩井井深度为 600～1 000 m，开采层位主要是埋藏于第四系岩溶裂隙水，单井的供水能力在 3 000 m^3/d。王都庄水源地是在 1993 年"平谷电厂王都庄水源地供水水文地质勘察"时期建设完成的，共有水源井 19 眼，井深 80～133 m，井组间距 450～850 m，水源井分布在沟河的南侧，以王都庄村为中心。

怀柔应急水源地位于怀柔平原区，潮白河冲洪积扇中上部，怀河两岸。2003 年 8 月建成启动。水源地供水井由 42 眼深浅结合井组成，其中深浅井各占一半，浅井深度 120 m，深井深度 250 m。

昌平应急水源地位于昌平区马池口镇及附近的京密引水渠沿线，始建于 2006 年，共有供水井 30 眼，其中单井 14 眼，对井 16 眼，井深 200～400 m，建设规模为年开采地下水 4 000 万 m^3，设计供水能力为 11 万 m^3/d。

房山应急水源地于 2004 年建成，一期供水井 9 眼，供北京西南部部分工业及生活用水，替换密云水库供水量，缓解北京市城市用水的紧张状况。房山应急水源地的供水水源为拒马河水和岩溶地下水，水源调度顺序为优先使用河水，地下水作为补充；由于河水引水量在部分时段不能满足供水需要，先后又建成二期工程 16 眼、三期工程 15 眼、四期工程 20 眼，总共完成 60 眼水源井施工，其水源井主要分布在房易路至北拒马河之间。

二、划定水源保护区

1."两库一渠"保护区

1985 年,北京市人民政府针对密云水库、怀柔水库重要地位,制定出台了《北京市密云水库、怀柔水库及京密引水渠水源保护管理暂行办法》,依据汇水范围划分了密云水库一级、二级、三级保护区。1995年 7 月,北京市第十届人民代表大会常务委员会第十九次会议通过了《北京市密云水库、怀柔水库和京密引水渠水源保护管理条例》(以下简称"两库一渠"管理条例),将政府规章上升为地方性法规,并于1999 年 7 月进行了修正。"两库一渠"管理条例规定:密云水库一级保护区范围是密云水库环库公路以内(荞麦峪西侧至口门子村、城子以南至黄土洼以北、前保峪岭至老爷庙背水一侧及鲶鱼沟南背水一侧划定的区域除外),包括内湖区及环库公路以外由市人民政府划定的近水地带,面积约 273 km^2;二级保护区范围是以一级保护区之外至密云水库的向水坡范围以内及密云水库调节池的汇水范围以内,面积约381 km^2;三级保护区范围是二级保护区以外上游河道流域,面积约2 840 km^2。

怀柔水库一级保护区为怀柔水库主坝分水线、长副坝、怀沙公路、京通铁路、怀黄三十五千伏高压线、山脊线一圈以内。京密引水渠一级保护区为从密云水库龚庄子闸到团城湖南闸段规划渠道上口线两侧各水平外延 100 m 以内地区。

"两库一渠"管理条例中规定:一级保护区为非建设区和非旅游区,禁止新建、改建、扩建除水利或者供水工程以外的工程项目。在一级保护区内的重点地段设置防护网,禁止旅游者和其他无关人员越过网界,禁止任何人破坏防护网。禁止在密云水库、怀柔水库坝上地区和京密引水渠两岸水利工程管理范围内设置商业、饮食、服务业网点。对一、二级保护区内水质的环境规划、管理和评价，执行《地面水环境质量标准》中的二级标准和《生活饮用水卫生标准》中的生活饮用水水源卫生标准。二级保护区内不得建设直接或者间接向水体排放污水的建设项目。三级保护区内不得建设化工、造纸、制药、制革、印染、电镀、冶金以及其他对水质有严重污染的建设项目。建设其他项目，必须遵守国家和本市有关建设项目环境保护管理规定。

北京市一直按照"内治理、外涵养"的原则，严格依法保护"两库一渠"这个北京市最重要的饮用水水源。

1993 年 10 月 15 日，时任北京市常务副市长张百发带队检查密云水库一级、二级保护区内的违章建设拆除工作。张百发代表市政府宣布：密云水库一级、二级保护区内所有未履行建设项目审批手续的工程立即停工；成立以北京市市政管理委员会为组长，市人大城建环境保护委、首都规划委员会、市建委、市环保局、市规划局、市水利局、密云县政府等参加的调查组，对群众举报的 7 起违章建设全面调查，逐一核实，查清违法建设情况和责任者，严肃处理。

1995 年 10 月 30 日，市环保局、市水利局联合召开贯彻执行"两库一渠"管理条例大会。会议部署贯彻《北京市密云水库、怀柔水库和京密引水渠水源保护管理条例》的具体工作，对"两库一渠"水源保护的管理和执法工作提出严格要求。

1996 年 5 月，为进一步落实"两库一渠"管理条例，市环保局、市规划局和密云县政府联合对密云水库的环境保护工作进行了检查。检查组对瑶亭地区小流域治理给予了肯定和好评，并指出应加强水库周边地区乱采滥伐林木的管理。

2006 年 7 月 23 日，市环保局印发北京市饮用水水源保护专项执法检查工作方案，全面部署 2006 年北京市饮用水水源保护专项检查工作。此次执法检查从 2006 年 7 月开始至 11 月结束。

多年来，市环保、水务部门建立了水源水质监测联动机制，运行成效显著，也是全国水环境监管的典范模式。密云水库水质监测已经形成了人工监测与自动监测互为补充的市、县两级监测体系，由北京市环保监测中心、北京市水文总站（北京市水环境监测中心）和密云县环保监测站、密云水库管理处共同完成监测任务。此外，密云水库设有水质自动监测站，对总有机碳（TOC）、化学需氧量（COD）、生化需氧量（BOD）、总氮（TN）、总磷（TP）等项目实现在线监测。

2．地下水水源地保护区

1986 年，北京市人民政府出台了《北京市城市自来水厂地下水源保护管理办法》（京政发〔1986〕82 号），并于 2007 年 11 月以北京人民政府第 200 号令进行了修改。《北京市城市自来水厂地下水源保护管理办法》根据各水厂所处的地理位置、地貌以及环境水文地质条件，划定地下水水源保护区，并在保护区内划分核心区、防护区和主要补给区，提出了相应的保护管理要求。其中水源一厂、二厂、五厂一级保护区，是以水源井为核心的 53 m 范围内。水源三厂、四厂、七厂、八厂一级保护区是以水源井为核心的 50 m 左右范围内。

《北京市城市自来水厂地下水源保护管理办法》规定：在核心区内，禁止建设取水构筑物以外的其他建筑；禁止堆放垃圾、粪便和其他废弃物；禁止挖设渗坑、渗井、污水渠道；禁止其他一切污染地下水源的行为。在防护区内，禁止新建除居住设施和公共服务设施以外的其他建设项目；禁止用渗坑、渗井、裂隙、溶洞以及明渠、漫流等方式排放污水；禁止设置城市垃圾、粪便、废弃物堆放场站和转运站；禁止利用城市垃圾、粪便和废弃物回填砂石坑、窑坑、滩地等；禁止利用污水灌溉农田；厕所以及农村畜禽养殖场、晒粪场、积肥场、粪池、化粪池等必须有防渗漏措施。在主要补给区内，应严格控制建设规模，保护地下水源的补给条件，禁止建设石棉制品、硫磺、电镀、制革、造纸制浆、炼焦、漂染、炼油、有色金属冶炼、磷肥和染料等对水体有严重污染的生产项目；

禁止建设城市垃圾、粪便和易溶、有毒、有害废弃物堆放场站；禁止利用城市垃圾、粪便和废弃物回填砂石坑、窑坑、滩地等；农田灌溉用水的水质应当符合《农田灌溉水质标准》；企业、事业单位以及新建居住小区，要修建污水管道。禁止用渗坑、渗井以及明沟、漫流等方式排放污水。

1993年7月20日，市环保局召开"自来水水源防护区油库、加油站问题调查会议"。会议传达了市领导的批示，重申在防护区内不得新建、扩建加油站的规定；对防护区外建设加油站的技术要求做了统一规定。

3．重新划定水源保护区

2016年，除东城、西城无地下水集中式饮用水水源外，北京市其余14个区均完成了水源保护区划定工作。全市划定饮用水水源保护区321个，面积约1 300 km²，饮用水水源保护区面积占全市国土面积的8%。饮用水水源保护区划定后，安排约810万元实施饮用水水源保护区标志设置工作。

4．划定官厅水库水源保护区

为进一步加强官厅水库水源保护，保障饮用水安全，根据《中华人民共和国水污染防治法》及《饮用水水源保护区划分技术规范》（HJ/T 338—2007）有关规定，北京市政府协调河北省政府，2017年完成了官厅水库水源保护区划定方案。

三、密云水库水源地保护

从1985年开始，密云水库担负起供应全市生活饮水的任务，1991—2010年，密云水库年平均供水量2 775万 m³。2003年1月，胡锦涛总书记来密云视察时做出了"保护首都生命之水，实现密云和谐发展"的重要指示，进一步提升了密云在首都区域中的战略地位，为密云的发展指明了方向。

1. 产业污染防治

1995—2000 年，按照《北京市密云水库、怀柔水库和京密引水渠水源保护管理条例》的规定，密云县政府开始对上游工业企业进行全面整治。依法关停了 401 个非法采矿点和 101 座个体选矿厂，对水库上游积存的 4 万 t 含汞尾矿进行了无害化处理。取缔了密云水库周边 7 个非法炼金点。

自 1996 年起，密云水库上游的各乡镇在农业生产中逐年减少化肥和农药的施用量。2000 年，在水库上游严禁使用有公害农药，限制常规农药和化肥的施用量，推广应用生物肥、有机肥料，推广赤眼蜂防虫治虫技术，推广生物农药、天然植物杀虫剂蓖麻油酸烟碱和白草一号的使用。截至 2005 年，完成 20 万亩耕地生物防治工程，减少化肥使用量 4 000 t，减少农药使用量 31 t。

2000 年，针对水资源更加紧缺的严峻局面，北京市人民政府决定：密云水库不再提供农业用水，主要保障北京市的城市生活用水。从 2001 年开始，停止了向密云地区的农业供水。为此，密云县政府实施"稻改旱"工程 10 万多亩。

2005 年 4 月 4 日第 31 次密云县长办公会通过《密云县人民政府关于密云水库消落区土地种植实施办法》（以下简称办法），办法规定，150～155 m 消落区土地裸露期间只能用于农业种植，并要严格执行"七不准"耕作要求：不准机械翻耕、不准施用化肥、不准使用化学农药、不准建筑设施、不准栽植林木、不准用水库水灌溉、不准放养牲畜。密云水库在 150 m 高程以下消落区土地，任何单位、集体、个人不得擅自占用，如有违反种植的，责令停止种植行为并取消其 150～155 m 高程的消落区土地种植权。

2009 年，市政府投资 2 971 万元，由县农委和县环保局，联合对密云水库周边 6 家规模较大的养殖场进行迁移，截至 2009 年 12 月，6 家养殖场已全部迁出，全部迁走了饲养的鸡、猪和牛等家禽家畜 9.1

万头（只）。

2．限制机动船只作业

1996 年 1 月 18 日市环保局印发《关于密云水库、怀柔水库工作用机动船只许可证管理规定》。对水库作业机动船实行年审制度。凡在水库内从事防洪、水源保护管理、水产管理和治安保卫等工作现有的机动船只，方可申请办理工作用机动船只许可证。申办许可证，必须由在水库内执行公务的单位提出申请，经上级主管部门确认后，报北京市环境保护局审批。许可证由市环境保护局统一制作，其有效期限为一年。

3．取消网箱养鱼

1997 年 8 月 13 日市环保局、市农林办、市水利局、市规划局联合印发了《北京市密云水库网箱养鱼管理办法》（京环保法字〔1997〕171号）。办法中规定：网箱养鱼占用水面的总面积不得超过 40 亩，网箱养鱼单位和个人总数不超过 80 个；网箱养鱼临时建筑面积依据网箱养鱼占用水面面积确定，不超过 0.18 亩；网箱养鱼工作用船使用非机动船，严禁使用机动船、助船，划定禁养区范围和箱养区范围。

2002 年 4 月 8 日市政府召开专题会议，决定在 2005 年年底前取消密云水库网箱养鱼，每年从 4 月初到 9 月底对密云水库实施封库禁渔。市财政局、市水利局对网箱养鱼户给予补偿。2002 年 5 月 15 日，北京市第十一届人民代表大会常务委员会第三十四次会议通过并公布了《北京市实施〈中华人民共和国水污染防治法〉办法》，要求在生活饮用水地表水源保护区内，限制和逐步取消网箱、围网养鱼。2003 年 2 月，为落实市委、市政府"关于加强对水库水环境综合整治"的指示精神，市水利局与县政府在密云水库宾馆签订了《取消网箱养鱼、拆除违章建筑协议书》。根据协议书有关规定：2003 年 4 月 15 日前，彻底取消了水库内 80 处、53.3 亩网箱养鱼，清除围栏及池塘式养鱼 125.5 亩。

4．生态移民

1993 年 2 月，在北京市第十届一次人大会议上，密云县人大代表提出"保护密云水库水源，扶持发展水库周边生产，提高人民生活水平"的议案，首次提出水库周边移民问题，得到了市政府高度重视。1993 年 7 月 5 日，密云县政府向水利部、北京市政府做了《关于密云水库移民目前存在问题和解决意见的紧急报告》。1993 年 10 月 14 日，北京市政府向国务院上报了《关于解决密云水库移民问题的请示》，1993 年 12 月 6 日，国务院召开了解决密云水库移民遗留问题的协调会，于 1994 年 1 月 6 日下发了《关于研究解决密云水库移民遗留问题的会议纪要》（国阅〔1994〕6 号），原则同意北京市关于解决密云水库移民遗留问题的意见，把"多种形式分流人口，水库周边移民外迁"作为第一位的解决办法，将密云水库周边村队迁移到密云水库下游经济较发达的顺义、通州等地区，采取分散插队方式进行安置。

密云水库周边村民向外县迁移从 1991 年开始酝酿，1995 年首批移民迁出，到 2000 年 6 月结束。共分三批，涉及 6 个乡镇 24 个村队、迁出 4 268 户、12 484 人，分别占计划的 85% 和 83%。通过生态移民，缓解了密云水库周边地区严重的人口超载、资源匮乏状况，有效地保护了密云水库这盆净水。

5．生活污染防治

1994—2000 年，在水库周边的市委培训中心、水利部绿化基地、北京圣水国际乡村俱乐部和古堡山庄等多家宾馆饭店、培训中心和绿化基地建立小型污水处理站 17 座，处理规模 1 690 t/d，处理工艺全部采用生物化学法，排放水质达到国家二级标准。部分污水处理站加装了在线监测仪，进行监测管理。2003 年，在水库一级保护区内的宾馆、度假村、绿化基地和培训中心的洗衣房全部使用无磷洗衣粉，在水库上游流域内的机关团体、企事业单位及居民家庭中推广使用无磷洗衣粉，逐年提高使用率。

2003 年"非典"肆虐北京时，为切实保护首都生命之水不受污染，4 月 30 日密云县政府决定：自即日起至"非典"疫情解除前，对密云水库一级保护区、水库副坝、环湖路等 25 km 区域实行封闭式管理，建立 7 处水政执法站，限制车辆、游人进入密云水库库区。对防止水源污染，取得了很好的效果。

2005—2010 年，利用生态村、新农村污水治理建设项目和县发改委批复的重要地表水源保护区生态建设工程，在水库周边的 33 个行政村建设污水处理站 73 座，处理规模 2 225 t/d，采用膜生物（MBR）工艺、MBR+土地处理、MBR+臭氧+活性炭过滤、厌氧+好氧+砂滤（AOBR）和板式活性污泥等多种工艺，出水标准达到《北京市地方标准　水污染物排放标准》（DB11/307—2005）一级限值 A 和一级限值 B。每年减少排入水库污水 10 万 t 以上。

2007 年，水库周边的 7 个乡镇生活垃圾产生量为 11.73 万 t，处理量为 10.62 万 t，处理率达到 91%。同时对水库一级保护区内的畜牧养殖小区进行综合治理，建立粪便集中池，完善粪便处理设施，对产生的粪便进行全部处理，使其成为生物有机肥，在农业上得到 100%的利用，消除了垃圾、粪便对水库水质造成的污染。截至 2010 年年底，实现以专业粪便消纳处理设施为依托进行无害化处理的目标。

6．生态涵养

1994 年 9 月 26 日，利用亚行贷款—北京环境改善项目的"北京饮用水水源保护—小流域综合治理工程子项目"，获市计委批复同意。工程由 1995—2002 年实施，总投资 8 175.38 万元，共治理 370.2 km^2，蓄水能力增加 2 480 万 m^3，林草覆盖度由 40%提高到 65%，保土能力增加 52 万 t。

2004 年，在密云县石城镇大关桥上游 800 m 至下游 500 m 范围内建设 150 亩人工湿地；加强对 2 000 亩潮河入库口自然湿地的保护，在湿地安装 20 块警示牌，安排 4 名巡视人员每天巡视，防止农业耕作和放牧啃食。

截至 2010 年年底，密云县累计治理水土流失面积 1 262 km²，占全县总治理面积的 86%，治理保存率达到 80%。从而有效地控制了水库上游的水土流失和水源污染，提高了水库水源区涵养水源的功能，使水库在连续 9 年干旱、来水量锐减的情况下，仍保持地表水 II 类水质标准。

7. 组建专业执法队伍

1997 年 4 月，密云县环境保护局成立了密云水库环保执法监察队，每日进入库区巡回检查，专门查处密云水库一级保护区内各种污染水源的违法行为。2002 年 5 月密云县人民政府第 108 次县长办公会议研究决定，从环保、公安、工商、规划、水产、城管、密云水库管理处等单位抽调 30 名执法人员，组建密云水库联合执法监察队。2010 年，由市财政资金支持，密云水库管理处进一步会同密云县政府组建了由 162 人组成的密云水库水环境执法、管理专业队伍，根据划定的责任区，承担保洁、信息报送和宣传职责，实现了一级保护区内值守无缝隙衔接和网格化管理，弥补了巡查执法不能覆盖全部库区的不足。

8. 标志建设

1997 年 12 月 1 日，密云水库围网工程通过了北京市市政管委、市环保局、市水利局和密云县政府的联合验收。市政府投资 260 万元，在密云水库建成 8 km 围网，投资 30 万元建立了密云水库监视系统。

为严格管理一级水源保护区内人为活动，加强水源保护的宣传，2005 年在密云水库一级保护区及非建设区边界设置界桩 1 569 座；在水库主要进库路口及重点地段设立了大型宣传牌 30 块；在靠近防护网的地方设立小型宣传牌 120 块。宣传牌上印制了密云水库一级保护区内有关禁止条款及相应的处罚条款。2005 年，密云水库建设了电子眼监视系统，在库区范围内安装了 40 余个监视探头，通过光缆连接到密云水库管理处，管理人员可对密云水库进行 24 小时的实时监控。

图 1-4 密云水库一级保护区内建设的围网

9. 生态县建设

2004 年，密云县贯彻生态涵养发展区方针，着力打造国家生态县，提出了"发展是第一任务，保水是第一责任，生态是第一资源"。9 月，密云县通过国家环保总局对国家级生态示范区的验收。

2005 年，密云县开始争创国家级生态县，把高质量保护密云水库水源不受污染作为全县的一项政治任务。将全县划分为两大功能区，即水库上游为生态经济发展带，水库下游为产业和城镇发展带。为在保护首都饮用水水源不受污染的前提下，发展密云经济奠定了坚实的基础。

2007 年 10 月 10 日，密云县通过北京市环保局验收，2008 年 4 月密云县顺利通过环保部"国家生态县"考核验收，8 月 4 日正式被命名为全国第一批 6 个生态文明建设试点地区之一。

结合生态县的创建工作，密云县对水库周边环境进行综合整治：

（1）加大了乡镇政府所在地生活污水的治理力度，通过验收的 7 个乡镇均建设了污水处理厂。

（2）密云水库库北地区共需改造 166 个村、5 万余户。截至 2006

年,已有43%的农户将旱厕改造成三格水冲式厕所和30%改造成卫生厕所,共改造厕所占总数的73%。

(3)建立长效保洁机制,解决农村垃圾对水源的污染。2001年投资1 200万元,建设日处理能力200 t的县城垃圾填埋场;2006年投资投资910万元,在县垃圾填埋场内建成了粪便消纳站,日处理粪便能力200 t;2007年投资117万元在5个乡镇建设日处理200 t的垃圾转运站,使得"村收集、镇运输、县处理"的垃圾收集处理网络有效运转。

四、怀柔水库水源地保护

1. 生态涵养

2006年3—5月,实施怀柔水库库区生态涵养林(一期)工程。主要是在郭家坞村周边沿防护网内侧种植适宜树种及植物,形成乔、灌、草等水生植物有机结合的立体、多层次、多样性的水生态系统,共完成绿化面积3.33万 m^2,种植柳树1 552株,火炬3 366株,沙棘2 000株,五叶地锦1 000株,马蔺1 880 m^2,桧柏121株,水生植物2 117 m^2。

2007年3—4月,在2006年怀柔水库库区生态涵养林一期工程的基础上,在郭家坞段水库防护网内实施涵养林(二期)工程建设,即管理处负责出资栽植,林木的后期管护和林木产权移交给当地村民。此项工程共栽植速生杨3 478株,金丝柳1 770株,火炬树770株,芦苇2 100 m^2,绿化面积8.94万 m^2。并与周边村镇签订了生态林养护协议,解决了多年来村民在库区内非法占地、垦荒、放牧、乱倒垃圾等问题,生态环境大为改观。

2. 保护区内养殖清退

2009年,为保护水资源、防治水污染,怀柔区对怀柔水库保护区内的北京华都峪口种猪场进行关闭,关闭前该猪场存栏猪5 900余头,年出栏1万头,对水源地是个潜在的危险。

3. 上游小流域治理

2003—2010年,怀柔区政府开展怀柔水库上游清洁小流域治理工作，涉及 3 个镇 11 个村，面积达 87.3 km²。

4．水库封闭管理

为防止人员、车辆进入库区游玩、游泳、钓鱼等污染水体的活动，京密引水管理处经请示上级批准，决定对怀柔水库进行护网围封。1997—2010 年，怀柔水库共建设防护网 15 470 m，投资金额 747.23 万元。怀柔水库历史上曾有两次重要的封闭期，分别为 2003 年"非典"时期实行紧急封闭和 2008 年奥运期间为北京用水安全封闭。在封闭管理期内，怀柔水库防护网内禁止水库管理人员以外的一切人员进入，严禁从事放牧、耕种、挖沙、打鱼、游泳、载客等一切活动。2008 年 7 月 5 日、11 日和 12 日，京密引水管理处与怀柔区水务局及当地政府集中清理怀柔水库渔船 161 条，实现了怀柔水库封闭式管理。通过加装防护围网等工程措施，游人接触水体、游泳、钓鱼等行为已明显减少，溺水死亡现象也呈逐年递减趋势。

图 1-5　怀柔水库库区内销毁违法渔具

5. 污水管网和污水处理设施

怀柔水库上游主要是怀沙河、怀九河两个流域，总面积 254 km²，涉及渤海、九渡河两镇全部地区及桥梓、怀柔两镇的一部分，共有 57 个行政村。该区域内有 13 个村建有污水处理设施，包括镇乡污水处理厂 1 座、村级污水处理厂 1 座、11 个村有小型智能化污水处理设备 41 套，处理能力为 1 858 m³/d；共有 82 家餐饮企业安装了 93 套小型污水处理设备，处理能力为 450 m³/d；渤海镇、九渡河镇各有 2 处鱼池安装了污水处理设备，处理能力达 4 000 m³/d。已建污水处理设施规模达 6 308 m³/d，尚有 44 个行政村以及 6 处养殖场、100 余亩鱼池没有污水处理设施，未处理的污水量约为 3.5 万 m³/d，污水主要是鱼池废水。

怀柔水库一级、二级保护区内共有村庄 16 个，常住人口约为 1.1 万。2007 年，结合市区新农村建设政策和《怀柔区 2007 年重要地表水源地怀柔水库一二级圈保护区生态建设》工程，怀柔区政府决定对怀柔水库一级、二级保护区内 15 个村（分别为郭家坞、红军庄、孟庄、兴隆庄、卧龙岗、杨家东庄、秦家东庄、前辛庄、后辛庄、北宅、口头、红林、岐庄、峪口、铠甲庄）的污水管网和污水处理设施进行建设，总投资约 6 000 万元，共建成污水收集管网约 110 km，污水处理站 32 座，总处理规模 1 350 t/d。

6. 开展宣传活动

2007 年，在怀柔二小建立了"怀柔水库水源保护宣传教育基地"。2008 年，在怀柔区泉河街道湖光社区成立了怀柔水库水环境保护教育宣传站，与郭家坞小学共同建设了"和谐护水林"。

2010 年，首次通过邮局投递方式向怀柔区及京密引水渠沿线的密云、顺义、昌平、海淀相关村镇、街道、社区发放宣传材料 50 000 份；在怀柔电视台播放《珍爱生命，保护水源》致怀柔区市民的一封信。在怀柔区普法公园开展"清洁用水、健康世界"主题宣传活动。

五、地下水源保护

1. 水源监测能力建设

"十一五"期间，北京市基本建成了平原区地下水环境监测网络，包括区域地下水环境监测和污染源专项监控两个监测网络（以下简称双网）。双网系统突出"立体分层"原则，系统整合了相关行业的地下水监测井685眼，补充建设137眼专门的"分层"监测井，共同组成822眼监测井的区域地下水环境监测网，实现了由"水量"监测向"水量与水质"监测的转变。同时建成了以360眼污染源监测井为基础的污染源专项监控网络，主要监控北京市平原地区行业污水排放量较大的企业、地下水潜在的污染源和部分污染线源和面源，实现了对重点污染源和潜在污染源的专项监测，解决了为全市水环境管理与整治提供信息依据和地下水污染预警、预报服务等问题。北京市双网水质监测井的站网密度为每百平方千米18眼，是国家规范的36倍，形成了覆盖浅层水、深层水和基岩水的立体化监测网络。

2. 水源保护区综合整治

1993年，市环保局组织有关区县环保局对城市地下水源防护区内的油库、加油站进行了全面调查，调查范围是第一、第二、第三、第四、第五、第七水厂的防护区，共调查了108座油库、加油站的460个油罐，发现存在油罐漏油污染地下水源的隐患。1994年1月，市环保局向有关区县和油库、加油站提出制订从1994年开始为期3年的撤并、治理计划。1994年2月1日，市环保局对地处城市地下水源防护区的油库、加油站下达了第一批限期撤销、治理通知书。第一批撤销的10座油库、治理的6座油库，分别要求在年内6月和10月底前完成。9月位于海淀区水源三厂防护区内的7座油库首先全部拆迁完毕。截至1996年，城市地下水源防护区内先后撤并油库29座，治理加油站23个，1985年以前的油罐基本更新改造完毕。完成了加油站应急

预案编制及监控观测井建设，对水源防护区内的 150 个污染企业实施
了搬迁、治理。

1994 年，在与民主党派、工商联和民族宗教界代表座谈时，市环保
局向市政府建议在地下水源防护区内，尽快修建污水管线。市政工程局
结合三、四环路等一批市政道路的建设，完善了远大路、闵庄路、杏石
口路等水源三厂、四厂防护区内约 100 km 的市政污水管道。

1997 年，由顺义县政府负责，迁移了水源八厂防护区内 400 余座坟
头和防护区内的垃圾；关停了保护区内采选砂石场，并着手植被恢复工
作；完成了加油站应急预案编制及监控观测井建设；年内，按期完成核
心区内猪场搬迁任务。

3．防护设施建设

北京市地下水饮用水水源井都建有井房，周边均有围墙或围栏等防
护性设施，多数水源井周边安装了监控系统，管理人员可对水源井周边
实行 24 小时的实时监控。

六、探索新的管理方式

1．建立流域联动和环境应急合作机制

北京市地表饮用水水源地汇水范围除了本市，还包括张家口、承德、
大同等外省部分地区。从 2000 年起，北京市陆续建立专项资金，同河
北、山西等上游地区开展治污合作。特别是支持承德、张家口等上游地
区开展水污染治理和农业节水等项目。

2006 年，北京、河北开展水资源和生态环境保护合作。水源保护方
面主要开展共同实施"稻改旱"水稻改种玉米工程；共同实施水资源环
境治理，2005—2009 年，安排水资源环境治理合作资金 1 亿元；实施应
急供水工程、人工增雨基础设施建设等多方面的合作。

2005—2010 年，北京市每年支持上游张家口和承德地区开展环境治
理合作资金 2 000 万元。主要用于增加本市入境水量和减少上游地区对

"两库"水源污染方面的建设工程。

为确保水源安全，北京市与张家口和承德建立了环境应急协调机制和信息通报制度。目前，一旦上游发生可能跨省界水污染突发事件，张家口和承德地区在上报省级环保部门的同时，会立即向北京市通报有关信息，快速反应机制已经形成。

2．水源风险管理

北京市城市饮用水水源风险管理状况比较完善。针对饮用水水源保护区内有公路穿过的情况，为防止因运输车辆的交通事故而引发的污染事故发生，环境保护与交通部门密切配合，严格按照《危险化学品安全管理条例》要求，加强饮用水水源保护区、准保护区内油类和危险化学品运载、装卸和储存设施的监管，督促其完善防溢流、防渗漏、防污染措施。

从 2005 年起，密云水库环库路实施昼夜禁止运输危险化学品车辆通行的交通管制，同时采取对现有道路邻河路段和跨河桥进行必要的技术改造等措施，防止造成重大污染事件，污染饮用水水源。2008 年奥运会和 2009 年新中国 60 周年大庆期间，按照"专群结合、属地负责、部门联动"工作方针，市环保、水务部门会同密云县政府构建了密云水库三级安全防控体系，将水库进水口及环库路内部地区划定为禁区，禁止无关人员进入。设立了安全检查岗、进水口等重要部位由武警值守，安装了 21 个具有夜视功能的摄像头，24 小时监控。环库路范围内为核心区，与当地政府联防联控，增设了危险品禁行交通标志，设立检查站，禁止有毒、易燃、易爆品进入，水库上游北京市境内流域范围为保护区，建立了应急抢险队伍，开展了水污染事故处置演练，落实安全监管责任，并加强与境外地区政府的联系，建立污染事故通报机制，保证了水源地安全和工程安全，实现了安全供水的目标。目前，密云水库安全防控机制实现常态化。

3．应急能力建设

2009 年，北京市修订了《北京市突发环境事件应急预案》，制定了《北京市突发环境事件应急实施办法》《北京市突发环境事件应急监测方案》，并对应急预案定期修改。北京市环保局配备了人员防护、现场快速定性监测与报警等应急设备器材，建立了突发环境事件应急指挥系统、危险化学品查询系统、即时图像信息传输系统，组织了突发环境事件专业应急救援处置队伍，开展了多次应急培训和演练，使突发环境事件应急处置实战能力进一步提高。

此外，市环保、水务部门组建了突发水事件应急监测队伍，配备专用水质应急监测车及车载监测设备等应急监测设备和设施，制定了《北京市突发水污染事故应急监测预案》《突发水污染事故应急监测技术手册》，建立了应急监测指挥体系，定期开展应急监测演练，提高了应对突发水污染事故的能力。

为提高应急响应能力，在密云水库管理处组建了 30 人专业应急队伍，编制了《北京市密云水库供水安全及反恐预案》，包括反恐对象、责任制、行动方案、实施细则和 10 个应急子预案。在水库管理处、怀柔北部、密云县境内设立了 6 个应急物资储备站，举行水污染突发事件演练数十次，通过演练提高了应对突发事件的处置能力。

第三节　城市水环境管理

一、水环境功能区划

1997 年，市政府组织市环保局、市水利局、市环境监测中心、市水文总站、市城市规划设计研究院、市市政工程管理处等单位共同编制了《北京市海河流域水污染防治规划》（以下简称《规划》）。其中，《规划》根据《地面水环境质量标准》（GB 3838—88）和本市环境状况，

对辖区内五大水系的 23 座水库、19 处湖泊、94 条河流（段）共 136
处水体进行了水功能区划分并确定了水质目标。1998 年 2 月 27 日，
市政府市长办公会通过了《规划》及《规划》中制定的"北京市地表
水环境质量功能区划方案"，并要求有关区县政府和市政府有关部门组
织落实。

　　2006 年，根据《中华人民共和国水污染防治法》等相关法律法规
要求及北京市的实际情况，市环境保护局会同水务局等部门对北京市
水环境质量功能区划中的部分河道（水库）水体环境功能和执行的水
质标准进行了调整，9 月，市政府批准北京市地面水环境质量功能区
划调整方案。

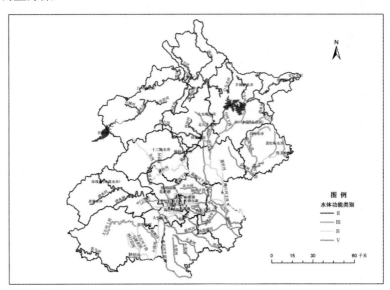

图 1-6　2006 年北京市地表水环境功能区类别划分示意图

2006 年北京市水体功能与水质分类一览表见表 1-1。

表1-1 2006年北京市水体功能与水质分类一览表

水系	水体名称	水体功能	水体分类	备注
永定河	官厅水库	集中式饮用水源一级保护区	II	—
	永定河山峡段（含珠窝、落坡岭水库）	集中式饮用水源一级保护区	II	官厅坝下—三家店
	永定河平原段	地下水源补给区	III	三家店—崔指挥营
	妫水河	官厅水库二级保护区	II	—
	新华营河	官厅水库二级保护区	II	—
	古城河（含古城水库）	饮用水水源地上游	II	—
	清水河（含水晶堂水库）	集中式饮用水源一级保护区	II	—
	清水涧	集中式饮用水源一级保护区	II	—
	念坛水库	一般鱼类保护区	III	—
	天堂河	农业用水区及一般景观要求水域	V	—
潮白河	潮白河上段	一般鱼类保护区（地下水源补给区）	III	河槽—向阳闸
	潮白河下段	人体非直接接触的娱乐用水区	IV	向阳闸—牛牧屯
	密云水库	集中式饮用水源一级保护区	II	—
	白河（含白河堡水库）	密云水库饮用水水源地上游	II	市界—密云水库
	白河下段（密云水库出库—河槽村）	地下饮用水源补给区	III	2006年调整
	黑河	密云水库饮用水水源地上游	II	—
	天河	密云水库饮用水水源地上游	II	—

水系	水体名称	水体功能	水体分类	备注
潮白河	汤河	密云水库饮用水水源地上游	II	—
	渣汰沟	密云水库饮用水水源地上游	II	—
	琉璃庙河	密云水库饮用水水源地上游	II	—
	白马关河	密云水库饮用水水源地上游	II	—
	潮河	密云水库饮用水水源地上游	II	市界—密云水库
	潮河下段（密云水库出库—河槽村）	地下水饮用水源补给区	III	2006年调整
	忙牛河（含半城子水库）	密云水库饮用水水源地上游	II	—
	安达木河（含遥桥峪水库）	密云水库饮用水水源地上游	II	—
	清水河	密云水库饮用水水源地上游	II	—
	红门川（沙厂水库）	一般鱼类保护区	III	—
	沙河（含大岭水库）	一般鱼类保护区及游泳区	III	—
	怀河	一般鱼类保护区	III	—
	雁栖河（含栖湖）	一般鱼类保护区及游泳区	III	—
	怀柔水库	集中式饮用水水源一级保护区	II	—
	怀沙河	怀柔水库饮用水水源地上游	II	—
	怀九河	怀柔水库饮用水水源地上游	II	—
	箭杆河	一般工业用水区	IV	—
	城北减河	人体非直接接触的娱乐用水区	IV	—
	运潮减河	人体非直接接触的娱乐用水区	IV	—

水系	水体名称	水体功能	水体分类	备注
	北运河	农业用水区及一般景观要求水域	V	—
	温榆河上段	人体非直接接触的娱乐用水区	IV	沙河水库—沙子营
	温榆河下段	农业用水区及一般景观要求水域	V	沙子营—北关闸
	桃峪口沟（含桃峪口水库）	京密引水渠一级保护区	II	—
	十三陵水库	一般鱼类保护区及游泳区	III	—
	东沙河	人体非直接接触的娱乐用水区	IV	—
	北沙河	人体非直接接触的娱乐用水区	IV	—
	关沟	人体非直接接触的娱乐用水区	IV	—
北运河	南沙河	人体非直接接触的娱乐用水区	IV	—
	清河上段	人体非直接接触的娱乐用水区	IV	安河闸—清河桥
	清河下段	农业用水区及一般景观要求水域	V	清河桥—沙子营
	万泉河	人体非直接接触的娱乐用水区	IV	—
	小月河	人体非直接接触的娱乐用水区	IV	—
	坝河上段	人体非直接接触的娱乐用水区	IV	东直门—驼房营
	坝河下段	农业用水区及一般景观要求水域	V	驼房营—温榆河
	土城沟	人体非直接接触的娱乐用水区	IV	—
	北小河	农业用水区及一般景观要求水域	V	—
	亮马河	人体非直接接触的娱乐用水区	IV	—
	小中河	农业用水区及一般景观要求水域	V	—

水系	水体名称	水体功能	水体分类	备注
	通惠河上段	一般工业用水区及娱乐用水区	IV	东便门—高碑店闸
	通惠河下段	一般景观要求水域	V	高碑店闸—通济桥
	南护城河	一般工业用水区及娱乐用水区	IV	—
	北护城河	一般工业用水区及娱乐用水区	IV	—
	长河	一般鱼类保护区	III	—
	永定河引水渠上段（三家店—罗道庄）	工业供水和城市景观用水	III	2006年调整
	永定河引水渠下段	一般鱼类保护区及游泳区	III	罗道庄—广安门
	京密引水渠（密云水库—团城湖进水闸）	集中式生活饮用水水源一级保护区	II	—
北运河	京密引水渠昆玉段（团城湖南闸—罗道庄）	城市景观用水	III	2006年调整
	二道沟	人体非直接接触的娱乐用水区	IV	—
	凉水河上段	人体非直接接触的娱乐用水区	IV	—
	凉水河中下段	农业用水区及一般景观要求水域	V	—
	莲花河	人体非直接接触的娱乐用水区	IV	—
	新开渠	人体非直接接触的娱乐用水区	IV	—
	马草河	人体非直接接触的娱乐用水区	IV	—
	丰草河（程庄子—凉水河上段）	人体非直接接触的娱乐用水区	IV	2006年调整
	小龙河	一般景观要求水域	V	—
	玉带河	农业用水区及一般景观要求水域	V	—

水系	水体名称	水体功能	水体分类	备注
北运河	肖太后河	农业用水区及一般景观要求水域	V	—
	通惠北干渠	农业用水区及一般景观要求水域	V	—
	西排干	农业用水区及一般景观要求水域	V	—
	半壁店明沟	农业用水区及一般景观要求水域	V	—
	观音堂明沟	农业用水区及一般景观要求水域	V	—
	大柳树明沟	农业用水区及一般景观要求水域	V	—
	凤河	农业用水区及一般景观要求水域	V	—
	小龙河	农业用水区及一般景观要求水域	V	—
	大龙河	农业用水区及一般景观要求水域	V	—
	凤港减河	农业用水区及一般景观要求水域	V	—
	港沟河	农业用水区及一般景观要求水域	V	—
大清河	小清河	人体非直接接触的娱乐用水区	IV	—
	大宁水库	南水北调饮用水水源调蓄水库	III	2006年调整
	崇青水库	一般鱼类保护区	III	—
	刺猬河	集中式生活饮用水水源二级保护区	III	—
	长辛店明沟	农业用水区及一般景观要求水域	V	—
	大石河上段	集中式生活饮用水水源二级保护区	III	堂上—漫水河
	大石河下段	人体非直接接触的娱乐用水区	IV	漫水河—祖村
	丁家洼河（含丁家洼水库）	人体非直接接触的娱乐用水区	IV	—

水系	水体名称	水体功能	水体分类	备注
大清河	东沙河	人体非直接接触的娱乐用水区	IV	—
	周口店河	人体非直接接触的娱乐用水区	IV	—
	马刨泉河	地下水源补给区	IV	—
	拒马河	规划式集中式生活饮用水水源地	II	—
	挟拓河（含天开水库）	一般鱼类保护区	III	—
蓟运河	句河上段	一般工业用水区及娱乐用水区	IV	罗汉石—平谷东关
	句河下段	农业用水区及一般景观要求水域	V	平谷东关—英城
	海子水库	一般鱼类保护区	III	—
	黄松峪河（含黄松峪水库）	一般鱼类保护区	III	—
	错河（洳河）上段	一般鱼类保护区	III	银冶岭—岳各庄
	错河（洳河）下段	农业用水区及一般景观要求水域	V	岳各庄—英城
	镇罗营石河（含西峪水库）	一般鱼类保护区	III	—
	金鸡河	农业用水区	V	—
湖泊	昆明湖	重要游览区	III	—
	团城湖	集中式生活饮用水水源地一级保护区	II	—
	福海	重要游览区	III	—
	八一湖	一般鱼类保护区及游泳区	III	—
	玉渊潭湖	一般鱼类保护区及游泳区	III	—
	紫竹院湖	一般鱼类保护区及游泳区	III	—

水系	水体名称	水体功能	水体分类	备注
湖泊	西海	重要游览区	III	—
	后海	重要游览区	III	—
	前海	重要游览区	III	—
	北海	重要游览区	III	—
	中海	重要游览区	III	—
	南海	重要游览区	III	—
	筒子河	非直接接触的娱乐用水区	IV	—
	陶然亭湖	非直接接触的娱乐用水区	IV	—
	龙潭湖	非直接接触的娱乐用水区	IV	—
	青年湖	非直接接触的娱乐用水区	IV	—
	水碓中湖	非直接接触的娱乐用水区	IV	—
	红领巾湖	非直接接触的娱乐用水区	IV	—
	莲花池	非直接接触的娱乐用水区	IV	—

二、依法实施水污染防治

为进一步加强北京市水环境质量控制，实现依法治水，2009 年 7 月 31 日市环保局正式向市法制办报送《北京市水污染防治条例》（以下简称《条例》）（送审稿）。同年 8 月 6 日，市政府法制办带队调研本市水污染防治情况，实地察看北京东方石油化工有限公司东方化工厂和大兴区庞各庄镇梁家务猪场、北京强民种猪场污水治理情况以及清河污水处理厂运行情况，就如何进一步加强本市水污染防治工作，创新水污染防治机制和完善《条例》相关内容进行了座谈交流。2010 年 11 月 19 日，市人大常委会第二十一次会议审议通过了《北京市水污染防治条例》，于 2011 年 3 月 1 日起实施。《条例》共七章九十五条，确立了流域管理思路，完善了总量控制制度，明确了水污染防治由无害化向资源化转变，加强了农业和农村水污染防治，加大了对违法企业的处罚力度。之前，分别于 2009 年 12 月 29 日、2010 年 9 月 16 日，市人大常委会对《条例》进行了第一次和第二次审议。

2015 年 4 月，国务院印发《水污染防治行动计划》，要求各级地方人民政府于 2015 年年底前制定并公布水污染防治工作方案。为贯彻国务院要求，加快改善本市水环境质量，市政府于 2015 年 12 月印发了《北京市水污染防治工作方案》。

《北京市水污染防治工作方案》以改善水环境质量为核心，坚持问题导向，强化源头控制、标本兼治、长短结合，实施分流域、分区域、分阶段科学治理；坚持依法推进，实行最严格的环保制度；坚持落实各方责任，严格考核问责；坚持全民参与，推动节水洁水人人有责，形成"政府统领、企业施治、市场驱动、公众参与"的水污染防治机制。

《北京市水污染防治工作方案》提出了远近结合的防治目标。到 2017 年，中心城、新城的建成区基本消除黑臭水体。到 2020 年，饮用水安全保障水平持续提升，水环境质量得到阶段性改善，水生态环境状况有所好转；东城区、西城区水质力争全部达到Ⅳ类以上，门头沟区、平谷区、怀柔区、密云区、延庆区基本消除劣Ⅴ类水体，其余各区劣Ⅴ类水体断面数量比 2014 年下降 60%以上。到 2030 年，地表水全面消除劣Ⅴ类水体，水生态系统功能得到恢复。到 21 世纪中叶，生态环境质量全面改善，生态系统实现良性循环。

《北京市水污染防治工作方案》明确了全面提升污染防治水平、全力节约保护水资源、严格保护饮用水水源和地下水、保护和治理流域水生态环境、推动经济结构转型升级、切实加快重点流域治理六大方面的防治任务；提出了加强水环境管理、严格执法监管、充分发挥市场机制作用、强化科技支撑、广泛动员公众参与五大方面的保障措施，为确保完成水污染防治目标指标提供坚实保障。

《北京市水污染防治工作方案》提出了一系列创新性举措措施，例如，自 2016 年起，每季度向社会公开城市集中式饮用水安全状况信息；定期公布环保"黄牌""红牌"企业名单；各区实行环境监管网格化管理，将环保工作纳入现有网格化城市管理平台，将环保职责具体落实到各街道（乡镇）和社区（村），并逐一明确监管责任人；各区政府和街道办事处、乡镇政府主要负责人担任"河长"，负责研究部署、监督实施河湖生态环境治理与保护，协调河湖生态环境管理的重大问题，确保机构、资金、人员全面落实，责任到位，相关信息向社会公开等。

为保障《北京市水污染防治工作方案》实施，市政府主要领导于 2016 年 4 月和各区政府主要领导签订了《水污染防治目标责任书》，明确了各区 2020 年以前地表水、饮用水、地下水的防治目标及黑臭水体整治等重点工作任务，市政府督察室、市环保局切实加强督察指导，组织各区各部门认真实施。随着各项任务措施的逐步落实，北京市的水污染防治工作一定会迈上一个新台阶，水环境质量一定会持续改善，最终还百姓一个水清岸绿的水环境。

2018 年，生态环境部会同发展改革委、自然资源部、农业农村部等按照《水污染防治行动计划》要求，对 2017 年度各省（区、市）的落实情况进行考核，考核内容为水环境质量目标完成情况和水污染防治重点工作完成情况。经综合评价，北京市《水污染防治行动计划》2017年度落实情况考核等级为合格。北京市 25 个地表水国家考核断面中，达到或优于Ⅲ类的比例为 44.0%（2017 年考核目标为不低于 24.0%），劣于Ⅴ类的水体断面比例为 32.0%（2017 年考核目标为不高于 44.0%），国家要求 2017 年达标断面 12 个，实际达标 12 个；集中式饮用水水源水质达标率为 100%（2017 年考核目标为 100%）；地下水质量考核点位水质极差比例为 3.4%（2017 年考核目标为控制在 3.4%左右）。城市建成区内共排查出 57 条段黑臭水体，已基本消除黑臭，消除比例为 91.4%（2017 年考核要求为达到 90%）。

三、城市水环境综合整治

1991—1993 年，市政府组织力量先后对全市五大水系、全长2 480 km 的 105 条河道和明渠、15 座水库、14 处湖泊进行了调查，随后组织有关部门完成了《北京市入河排污口调查评价》。这次调查监测了全市 1 689 个入河排污口中的 514 个排污口的水质，首次取得了全市地表水污染的详查资料，为以后全市河湖综合治理提供了重要依据。此后，又于 1998 年、2003 年和 2008 年三次进行排污口调查，对其后有针对性的流域水环境治理起了重要作用。在此基础上，市政府组织全市各区县和有关部门开展对五大水系清淤截流工程，以还清水质。1998 年 4月 20 日，北京城市中心区水系综合治理工程开工仪式举行。治理分为长河—六海—筒子河的北线水系、昆明湖—玉渊潭—南护城河—高碑店湖的南线水系。1999 年 4 月 30 日经综合治理和清淤后，京密引水渠昆玉段和"六海"水质明显好转。京密引水渠昆玉段 17 项主要指标符合Ⅱ类水体水质标准，五日生化需氧量和氨氮浓度明显下降；"六海"中的溶解氧、高锰酸盐指数达到Ⅲ类水体水质标准，但总氮超标仍较严重。

2002年基本实现了小月河、北土城沟西段和永定河引水渠的还清目标；2003年基本实现了清河下段、坝河上段、亮马河上段、北土城沟东段、北旱河、北护城河、南护城河、双紫支渠、通惠河上段、昆玉河和长河的还清目标；2004年基本实现了莲花河、人民渠、新开渠、万泉河、水衙沟、丰草河、造玉沟、马草河和凉水河大红门闸以上河段的还清目标；2005年基本实现了西客站暗涵、西直门暗沟和凉水河下段的还清目标。截至2008年奥运会举办前，城市河湖以及下游河道水环境质量有了很大程度的提高，清河、坝河、凉水河、通惠河、温榆河等原本发黑、发臭的河水基本实现了还清，高锰酸盐指数、氨氮、五日生化需氧量、化学需氧量等主要污染指标明显下降，水体感官质量显著上升。2010年，北运河榆林庄断面化学需氧量年均值从2005年的91.6 mg/L下降到38.7 mg/L。

2009年7月6—8日，环境保护部领导率国家重点流域水污染防治专项规划考核组，对本市2008年度《海河流域水污染防治规划（2006—2010年）》实施情况进行考核。现场检查通州北运河、平谷沟河、房山拒马河3个出境断面水质和11个本市重点水污染治理项目进展情况。

四、水环境质量监测

1. 地表水

北京市地表水质量监测工作始于1954年，当年3—11月，由中国医学科学院卫生研究所采集护城河及部分公园的河、湖水样进行监测。1959年，市水利局官厅水库管理处在该水库坝下取水样进行化学分析，截至1970年，分析的主要项目有钙、镁、钾、钠、硫酸根、硝酸根、氯化物、碳酸根和pH。

1975年4月，市环保办公室召开北京市地表水监测工作会议，决定由市水利局及其所属库渠管理处、水文总站、北京石化总厂、市市政设

计院、市政工程管理处、市环保所、市环保监测中心等单位组成北京市
地表水监测组，明确了分工、监测项目及分析报告制度等。自此，开始
了全市地表水的定点定时例行监测工作。

1980 年，市环保监测中心对例行监测点进行调整，对河系的监测重
新分工，明确昌平、朝阳、通县、大兴、西城 5 个区县环保监测站，分
别承担温榆河、通惠河、凉水河、北运河、港沟河的例行监测工作，当
年监测了 9 个较大的水库，7 个湖泊和 35 条河、渠。

随着北京市环境保护机构的发展和监测队伍的壮大，北京市地表
水例行监测点（断面）的设置不断增加。1981—1985 年为 160 个，
1986—1990 年增加到 210 个，其中，国家控制监测点 4 个，即饮用水
水源密云水库、游览水域昆明湖、供水河流永定河三家店，排水河流北
运河榆林庄。北京市控制监测点 21 个，国家城市环境综合整治地表水
考核监测点 6 个。

1977—1985 年，地表水系河湖、水库主要监测项目有：水温、pH、
总硬度、溶解氧、化学需氧量、生化需氧量、氨氮、硝酸盐氮、亚硝酸
盐氮等。1986 年，水库及湖泊增加了透明度、浊度、总磷、总氮项目的
监测，河流增加了电导率的监测，并在部分水域对酚、氰、砷、汞、铬
实行监视性监测。

"八五"期间，北京市环境监测站将"七五"期间 200 多个地表水
监测点优化为 180 个。监测点主要布设在河流入、出境处；河流水文特
征有明显变化处；河流沿岸有大型污染源、集中污染源污水或城市污水
管道入河口的上、下游处；河流进出城镇处；河流源头人类社会活动较
小处；各河汇入其他河的出口处；水库、湖泊河流进出口处；库湖中主
流线处；库湖岸边有明显人为影响处等，使初期粗放型大面积布点状况
得到更科学化的整理。

监测项目根据国家地表水监测技术规范，结合地面水功能、污染源
排放污染物种类、实验条件及实际需要确定。普测项目有：水温、嗅味、

色度、悬浮物、pH、电导率、氟化物、总硬度、溶解氧、高锰酸盐指数、生化需氧量、硝酸盐氮、亚硝酸盐氮、氨氮、挥发酚、氰化物、砷、汞、六价铬、总铬、油类，部分水域监测项目增加铜、铅、锌、镉、氯化物、硫酸盐、碳酸盐、重碳酸盐、钾、钠、钙、镁、总碱度、总铁等。在水库、湖泊和河道性库湖，在普测项目外增加透明度、总磷、总氮，并进行水生生物和卫生状况调查，另外，在少数河流还进行了无大型生物带调查。每年获取数据 2 万多个。

2000 年 8 月，市环保监测中心开始建设密云、门头沟两个地表水自动监测站，用于实时监控上游入境水质状况，2001 年 5 月建设完成。两站是国家控制海河流域重点断面，分别位于密云古北口与门头沟沿河城，每日 24 小时连续采样，每 4 小时获得一组监测数据。监测项目包括 pH、水温、溶解氧、电导率、浊度 5 项水质基本参数，及高锰酸盐指数、总有机碳和氨氮 3 项污染监测指标。2001 年 6 月 4 日起，两站正式向中国环境监测总站报送水质周报；2001 年 7 月 11 日起，中国环境监测总站通过《中国环境报》正式向社会公布全国主要流域重点断面水质自动监测周报。该站的建成，使北京地区水质监测首次实现了可连续采样的全自动监测。

2004—2006 年，北京市又先后投资建成一期 10 个水质自动监测站。于 2007 年 6 月通过验收，这 10 个水质自动监测站，涵盖了饮用水水源地、跨省界出入境断面以及重要景观水域。其中监测饮用水水源地的有密云水库、怀柔水库、密云大关桥和门头沟三家店 4 个站，跨省界出入境断面的有延庆谷家营、房山大沙地、平谷东店和通州榆林庄 4 个站；重要景观水域的有后海和玉渊潭 2 个站。2008 年 6 月，市地表水自动监测系统二期工程高碑店湖站、兴礼站、后苇沟站、楼梓庄站、采育镇站、张坊站、中南海站 7 个子站建成并通过验收。

截至 2010 年，北京市地表水自动监测系统设有国家站 2 个、北京市站 20 个，分布在全市 18 个区县辖区内。其中 5 个市站曾因缺水或站房改造等原因间断运行外，其他站基本运行正常。

为保证全市地表水采样监测点位的准确，跟踪采样人员的采样信息，2010年，在北京市200多个地表水监测断面上安装了点位标识系统，使监测人员能够在准确的位置上采样，通过刷码，记录监测人员的采样信息。

经过30多年的努力，截至2010年，北京市地表水监测项目已由1991年的30余项发展为109项全项指标。全市五大水系分为重点流域国控监测断面和国家考核断面（10个）、市级考核断面（39个）两大类，共设置地面水人工监测点199个，其中河流监测25项、湖库监测28项。对密云水库、怀柔水库、官厅水库、团城湖、京密引水渠5个集中式地表水饮用水水源地实施109项全项分析。

2010年11月12日，市环保局对本市现有地表水环境质量手工监测断面点位进行了调整，共删除36个点位、新增1个点位，监测点位由原来的231个调整为195个。在195个点位中，入境、出境断面点位各11个、跨区界断面点位25个、国控断面点位8个。点位调整后，可满足全市水环境监测网络的布点需要，并合理优化了监测频次与监测力量的匹配，将更加科学地反映全市水环境质量状况。

2. 地下水

从1973年起，市水文地质公司、市自来水公司和市卫生防疫站开展了北京市城近郊区和门头沟地区的地下水水质例行监测工作。自1981年起，地下水的监测工作扩展到全市各远郊区县。北京平原地区和延庆盆地共设置地下水监测点576个，其中城近郊区346个，远郊区县230个。地下水监测采样频次：市水文地质公司每年在地下水枯水期（4—6月）和丰水期（7—9月）各采样监测1次；市卫生防疫站每季度采样监测1次；市自来水公司每月采样监测1次。根据工作需要，还不定期地增加采样监测次数。

地下水水质监测项目包括感观项目、卫生指标、理化指标和毒性指标。感官项目包括：色、嗅味、肉眼可见物及浑浊度；卫生指标包括：细菌总数、大肠菌群数和游离性余氯；理化指标包括：pH、电导率、总硬度、总碱度、氯化物、硫酸盐、硝酸盐氮、亚硝酸盐氮、氨氮、铁、锰、铜、锌、钙、镁、钾、钠、有机磷、有机氯、化学需氧量和总矿化度；毒性指标包括：挥发酚、氰化物、砷、汞、六价铬、氟化物。监测项目的分析方法与地表水分析方法相近。

截至 1990 年，共有地下水监测点 537 个，其中城近郊区 291 个，远郊区 246 个。监测工作范围为北京市整个平原地区，总面积约 6 528 km^2。

1994 年，北京市首次对地下水有机物污染开展了监测，主要监测地区为房山区，以及朝阳区的化工区、通县等。在城近郊区范围内也筛选个别点位进行监测。在选出的 17 眼监测井中，有机磷检出井为 2 眼，有机氯有 1 眼井检出。在朝阳区的化工区开展了总烃、苯系物和总有机碳监测，监测井数为 5 眼。有 4 眼检出总烃；有 3 眼井检出苯系物，总有机碳全部检出。

1998 年，北京市进一步完善了 9 个区县地下饮用水水源保护区的划定工作，全面完成地下饮用水水源防护区内加油站的监控系统建设。

2002 年，根据国家环保局集中饮用水水源地水质月报要求，市环保监测中心对集中饮用水水源地地下水的 23 个项目和地表水的 31 个项目进行了监测。2002 年 1 月 7 日，对北京市的水源厂及水源井群开始进行采样，这是北京市环境保护行政主管部门第一次直接对水源地水质进行监控。

为保护地下水源，消除污染事故隐患，自 2004 年开始，市环保局在全市范围内对现有加油站进行地下水监控系统的建设与完善工作。要求位于城市地下饮用水水源防护区内的加油站，年内首先制定相应的应急事故处理方案；配套建设一定数量的观测井，一旦发现泄漏，及时采取处理措施；同时，每年两次向环保部门提交水质监测报告，以便及时发现污染隐患，杜绝污染事故的发生。此项工作得到了市商务局、市国土房管局、市地勘局等部门的大力支持。市商务局及石油成品油流通行业协会已将加油站环保审核，作为年度审核的前置条件；市地质环境监测总站对观测井建设进行技术把关；各区县环保局进一步强化对加油站的管理与监督，确保地下水环境安全。市环保监测中心除完成地下水饮用水水源地水质监测外，还进行了包括阿苏卫垃圾卫生填埋场周围地下饮用水的水质监测工作。

2005 年，全市共设置地下水监测井 302 眼，城近郊区监测井共计 118 眼，其中潜水井 51 眼，承压水井 67 眼；远郊区县监测井共计 184 眼，其中潜水井 59 眼，承压水井 125 眼。有机污染物监测项目为：苯、甲苯、乙苯、二甲苯、异丙苯等苯系物，以及二氯甲烷、三氯甲烷、二氯乙烯、四氯化碳、三氯乙烯、四氯乙烯等氯代烃类。各监测井的采样频次为每年 1～2 次，以枯水期为主，丰水期监测在 9—10 月进行，监测分析方法依据相关的国家标准执行。

从 2006 年始，北京市开展了集中式地下饮用水水源地监测，监测井分别设置在水源三厂、水源四厂、水源八厂及怀柔区、平谷区等处，共 10 眼；同时开展了垃圾场周围农村饮用水井监测，分别在阿苏卫、安定、北神树、北天堂、高安屯、六里屯 6 个日处理量 1 000 t 以上的大型垃圾填埋场周围 2 km 范围内，各选择 3 眼农村地下饮用水井，共 18 眼。常规监测项目包括水温、pH、总硬度、氨氮、六价铬、氟化物、氯化物、硝酸盐氮、硫酸盐、亚硝酸盐、高锰酸盐指数、阴离子表面活性剂、挥发酚、氰化物、镉、铅、铜、锌、铁、锰、汞、砷、硒、总大肠菌群，共计 24 项。有机项目包括挥发性有机物 53 项，半挥发性有机物 63 项，有机磷农药 9 项，有机氯农药 17 项。共计 142 项。

截至 2010 年，北京市集中式饮用水水源地水质监测范围分别为市级集中式地表水水源地、市级集中式地下水水源地、市级应急地下水水源地和区县级地下水水源地。其中市级集中式地下水水源地监测井 4 眼，分别设置在水源一厂、水源三厂、水源五厂、水源八厂;监测项目为《地下水质量标准》(GB/T 14848—93)中的全项监测,共计 39 项;市级应急水源地监测井 3 眼,分别设置在怀柔区杨宋镇郭庄村、平谷区中桥村和平谷区王都庄村;区县级地下水水源地监测井分别设置在石景山、房山、大兴、通州、昌平、顺义、平谷、密云、怀柔和延庆 10 个区县,每个水源地分别选取 1～2 眼农村饮用水井进行监测,共计 25 眼。其中大部分饮水井以浅层水为主;个别区县选取深水井作为取水井。

五、水环境区域补偿机制

为进一步完善水环境管理制度,健全激励约束机制,北京市创新体制、机制,建立了水环境区域补偿制度。市政府办公厅印发《北京市水环境区域补偿办法(试行)》,自 2015 年 1 月 1 日起实施。水环境区域补偿金包括区与区跨界断面水质补偿金和各区污水治理年度任务未完成补偿金两部分。此项工作由市水务局、市环保局、市财政局共同组织实施。市环保局负责按月核算跨界断面水质补偿金,完不成水质目标任务的区政府须缴纳补偿金。市水务局负责按年度核算各区污水治理任务完成情况补偿金,完不成污水治理任务的区政府须缴纳补偿金。补偿金由市财政局与各区财政局结算,全部安排用于水污染防治项目。

为使区域水环境跨界补偿考核更加公平合理,适应北京市水污染防治工作的新形势、新要求,按照市领导指示精神,市环保局会同市水务局对跨界补偿断面进行了优化完善并报市政府,经市政府同意后,自 2017 年 1 月 1 日起,按照优化后的断面设置及评价标准继续实施跨界断面补偿制度。优化后的断面由 83 处增加至 98 处,其中 24 处参照断面,74 处补偿考核断面,覆盖全市 16 区。水质评价标准全面提高至 V 类水体或以上,使补偿制度更加科学合理。

2017 年,在跨区水环境区域补偿成功实施两年的基础上,市环保局重点指导督促各区政府建立乡镇间的水环境区域补偿机制,将治污压力进一步传导到乡镇基层。截至 2017 年年底，全市设有乡镇的 13 个区均已印发实施跨乡镇间水环境区域补偿机制。为利用经济手段推动乡镇落实治污责任，形成水污染防治工作大格局奠定良好基础。

补偿办法实施以来，各区针对跨界河流，采取了截污治污、加大执法等措施，使得部分跨界断面水质明显变好，主要污染物浓度大幅下降。在 2017 年跨界断面总数增加、水质评价标准提高的基础上，2015—2017年，各区共需缴纳跨界断面补偿金分别为 9.7 亿元、7.1 亿元和 5.0 亿元，3 年累计下降 48%，跨界断面水质改善明显。

第四节　工业重点行业废水治理

北京市污染治理工作是从治理工业废水开始的。工业系统污水治理经历了一个由分散污染源治理，到按河系、小区治理；由对重金属、重点毒物治理，到对有机物治理；由浓度控制到总量控制几个不同阶段和过程。通过调整产业结构、实施排污许可证、排污收费等制度，限期治理、清洁生产等措施，达到削减污染物排放总量的目的。2010 年，全市排放工业废水 8 197.99 万 t、工业废水中化学需氧量排放 4 882.3 t，分别比 1990 年减少了 80% 和 95%。表 1-2 为 1991—2010 年北京市工业废水及污染物排放量统计。

表 1-2　1991—2010 年北京市工业废水及污染物排放量统计表

年份	废水处理量/万 t	废水排放量/万 t	排放达标率/%	化学需氧量排放量/万 t	石油类排放量/万 t
1991	49 524	41 548	63.6	9.9	0.2
1992	45 769	39 682	64.1	10.3	0.2
1993	64 034	39 173	61.9	8.9	0.2

年份	废水 处理量/ 万t	废水 排放量/ 万t	排放 达标率/ %	化学需氧量 排放量/ 万t	石油类 排放量 万t
1994	69 493	37 021	69.9	7.8	0.2
1995	73 835	36 997	65.8	7.3	0.1
1996	74 265	37 571	65.3	6.9	0.1
1997	84 883	36 478	66.8	5.9	0.08
1998	84 280	34 047	70.7	4.8	0.08
1999	105 493	28 085	75.6	3.0	0.05
2000	107 409	23 164	92.6	2.2	0.05
2001	—	21 165	97.2	1.8	0.04
2002	—	18 044	98.3	1.4	0.03
2003	—	13 107	99.3	1.0	0.02
2004	—	12 617	98.6	1.1	0.01
2005	—	12 813	99.4	1.1	0.01
2006	76 118	10 170	99.3	0.9	0.01
2007	75 343	9 134	97.4	0.7	0.01
2008	35 792	8 367	98.3	0.5	0.00
2009	33 474	8 713	98.4	0.5	0.01
2010	31 304	8 198	98.8	0.5	0.01

一、冶金行业

北京市的黑色冶金工业源于 1919 年筹建于北京西郊的石景山炼铁厂。1945 年改名为石景山钢铁厂。1967 年 9 月 13 日，经冶金工业部批准，石景山钢铁厂改名为"首都钢铁公司"（以下简称首钢）。1973 年，首钢排污水 7 774 万 t，是莲花河的重大污染源，使莲花河上游 8 km 河段成为无大型生物带，严重污染了附近的地下水。

　　1972—1980 年，首钢公司治理了 7 水 1 沟。1972—1973 年，建成焦化厂含酚废水处理装置（萃取脱酚和生物脱酚），1973 年年底，化肥厂含氰废水治理工程竣工。1975 年 10 月，首钢公司北京钢厂轧钢酸洗废液治理工程投产。1979 年 12 月，高炉煤气洗涤废水治理工程竣工，采用石灰软化—碳化法处理后循环使用；同年 12 月炼铁厂二高炉冲渣废水处理设施投入运行。1980 年 9 月，烧结厂废水处理设施竣工投产；同年 12 月，炼钢 30 t 转炉除尘废水采用药—磁处理设施正式运转。1980 年，各股废水治理后，将首钢公司前黑水沟改为暗管，地面栽树种草，形成绿化带。

　　1972—1990 年，首钢用于治理水污染的投资为 3 048.1 万元，约占全部环保投资的 11%，共建设废水处理设施 70 台套。

　　1996 年，首钢下属密云铁矿实现生产、生活废水基本不外排，被评为全国环保先进单位。

　　2001 年，首钢厂区污水治理工程以首钢厂区生产废水和生活污水全部处理、废水最大限度地回收利用为原则，将除盐、软化及焦化生化尾水等含盐量大于 2 000 mg/L 的排水确定为不适合进污水处理厂的污水并将其分离，用于厂区非循环用水工艺（如焖渣、料场抑尘等），以减少循环水中盐类及氯根的富集。该工艺选择了石灰软化法去除水中的暂时硬度及碱度，使大循环系统的水质保持稳定，收水率大幅提高。2002 年 5 月全线通水，2002 年 8 月正式投产，总投资 8 643 万元。该项目设计总进水量为 4 000 m³/h，平均日处理量为 9.6 万 t。经过 2 年的生产运行和调试，各项技术指标全部达到设计要求。该项目实施后，2003 年污水回用率达到 70%～80%；年处理污水约 2 500 万 t；回收外排水约 1 800 万 t（替代新水）。与工程上马前的 2001 年相比，化学需氧量排放量减少了 1 528 t/a；石油类减少了 47 t/a，大幅减少了水污染物的排放。处理后的排水全部达到或优于北京市地方标准，同时主要污染物指标可达到景观水体的水质标准和中水水质标准。年经济效益达 2 000 万以上。

2002 年，首钢公司投资 1 933 万元，采用首钢自行设计的 A-O-D 硝化反硝化工艺，对原焦化污水处理设施进行深度处理，处理后达到国家排放标准，同时污水全部综合利用，不对外排放。

二、建材行业

1997 年，北京市建材行业工业废水排放达标率达 97.6%，处理回用率为 78.4%，废水治理设施正常运行率为 96%。

2004—2006 年，北京水泥厂投入 415 万元完成扩建北京水泥厂凤山矿污水处理站和水泥厂厂区污水零排放两项废水治理工程。将原凤山矿污水处理能力 6 m³/h 的污水处理站增加到 30 m³/h，使废水全部处理达标，并铺设大量的中水管网进行回用。水泥厂区内生活污水（洗澡水、冲厕水、食堂用水等）及生产用水（锅炉排污水、循环水排污水、化验室废水、制换工业用水废水等）汇集经处理后，采用缺氧+好氧+BioAX 反应器+超滤的工艺，全部按不同用途作为工业循环冷却水，绿化、降尘用水，使污水达到"零"排放，年减少 COD 排放量 8.91 t。

三、电力行业

华北电力管理局在北京地区共有 11 个企事业单位。包括北京第一热电厂、第二热电厂、第三热电厂、密云水电站和石景山发电厂、高井电厂、京西电厂和官厅水电站。随着发电量的增加，工业废水排放量由 1984 年的 3 344 万 t 增至 1990 年的 4 403 万 t，1990 年工业废水处理率为 26.6%，工业废水达标率为 46.4%，工业用水重复利用率为 79.6%。1984 年，北京第一热电厂改进中和池，减少酸碱废水的排放，提高了排水 pH 的合格率。京西电厂地处门头沟区的永定河山峡段，排水水质要求高，该厂建有化学废水中和池，含油废水隔油池及生活污水二级处理设施。

1992 年和 1994 年，华北电管局共投资 200 万元分别建设了高立庄中间油站含油废水处理装置和北京第一热电厂含油废水处理装置，使排水中石油类污染物达标排放。1993 年，综合治理了高井电厂与石热电厂水力排灰的回水问题，结束了高井电厂向永定河排灰的历史。1997 年以后，分别建成了石景山热电厂厂区的生活污水处理工程和机房区油站废水处理工程，以及高井电厂清污分流工程，厂区生活污水处理工程，使高井电厂厂区冷却水集中回收再利用。

四、化工行业

1970—1972 年，北京市化学工业局（以下简称市化工局）所属企业连续发生严重污染事故，被北京市列为限制发展的行业。1980 年市化工局提出"以治理污染求生存"的口号，大力开展环境保护工作，先后有 18 套污染严重的化学生产装置停产，对 8 个企业实行关、停、并、转。在治理取得初步成果后，1986 年又提出"以环保求生存，以环保求发展"的口号，大力推行工艺改革，加大治理污染力度，使万元产值排污量由 1985 年的 83.3 kg 下降到 1990 年的 65 kg，下降了 22%。1990 年排放废水 5 600 万 t，比 1985 年下降 6.7%。

北京农药二厂，年产有机磷农药 3 600 t。1969 年以前该厂每年有 6 万 t 废水排往厂外窑坑和农业灌渠，大量废渣埋在地下，使附近水源七厂的 11 眼水源井中有 7 眼受到不同程度的污染，其中 3 眼报废。1969 年该厂投资 46.1 万元，建成日处理能力 200 m³ 的处理装置，采用除油、碱解、中和、表面曝气等工艺，处理后的污水中有机磷降解达 95% 以上。1974 年发生农药废水污染 400 hm² 麦田的重大事故，北京农药二厂于 1984 年停产，改产塑料门窗及浅色橡胶制品，彻底解决了农药对凉水河的污染。

北京染料厂与北京焦化厂的工业污水均排入大柳树明渠，渠水黑臭，流经李罗营村，农民不敢开窗，曾发生农民堵水沟事件。1978 年，北京染料厂建成污水一级处理装置，1988 年建成二级生化处理装置，处理后的水质 pH 为 6～9、化学需氧量小于 300 mg/L、五日生化需氧量小于 20 mg/L、苯胺小于 3 mg/L。

北京合成纤维实验厂，以生产锦纶为主，废水中含己内酰胺，浓度高达 18 g/L，年排己内酰胺约 392 t。1979 年该厂投资 70 万元，建成回收己内酰胺单体装置。1988 年兴建的二期工程正式投产，日处理能力由 50 t 提高到 70 t，年回收己内酰胺单体 227 t，产值 171 万元。

北京化工三厂在生产季戊四醇过程中，每年产生 3 000 t 含甲酸钠的母液，通过污水管道直接排入凉水河，严重污染河水。1981 年，该厂试验成功用"分步结晶法"回收甲酸钠，每年回收甲酸钠 600 t，季戊四醇 40 t，可创造经济价值 130 万元。废水中的化学需氧量从 2 600 mg/L 降低到 570 mg/L。

1992—1995 年，市化工局建成北京东方化工厂、北京有机化工厂、北京化工四厂 3 座二级污水处理厂、15 套污水预处理装置，每小时污水处理能力共计为 550 t，不仅可处理新建乙烯工程项目排放的全部污水（230 t/h），而且还可以处理各厂的部分生产、生活污水。1993 年，市化工局投资 2 200 多万元，完成了 49 个治理项目，使 COD 的年排放量减少了 1 278 t。

1994 年 12 月，北京有机化工厂利用烯烃装置提供清洁原料乙烯取代电石乙炔生产醋酸乙烯，每年减少 70 万 t 污水排放。1994 年，原市化工总公司在产值和利税分别增加 10% 和 12% 的情况下，COD 排放量和万元产值废水排放量分别比上年下降了 2.5% 和 9.13%。

五、石油化工行业

1970 年，位于房山区的东方红炼油厂建成投产。1979 年更名为北京燕山石油化学总公司。与生产设施同时建设有 3 座污水处理厂，处理能力为 2 900 t/h；另有一座库容为 1 000 万 m³ 的牛口峪污水库，作为处理后污水进一步净化的设施。

1971 年 11 月，合成橡胶厂污水处理厂投入使用，采取活性污泥表面曝气法，处理能力为 250 t/h。污水处理率为 100%，达标率为 99.5%。1978 年，东方红炼油厂废水处理厂二期工程启用，1990 年，废水排放量为 400～700 t/h，处理后出水综合合格率达 90%以上。但因未设置事故储存设施，遇高浓度污水时，未经生化处理的废水直接排入牛口峪水库，因而不能保持水库水质稳定。

1970 年 6 月，向阳化工厂污水处理厂一期工程投入使用。主要处理聚丙烯、苯酚丙酮、间甲酚等 10 余套石油化工装置排放废水。1974—1981 年经两次扩建，设计处理能力 1 200 t/h。由于污水处理设施不配套，1987 年又因改造扩建，污水处理厂一度停止使用，加之苯酚丙酮装置试车，发生跑料等原因，使牛口峪水库水质严重恶化，危及水库下游村民的生产及生活，发生了工厂与周围群众冲突事件，促使工厂加速了污水处理厂的改扩建。1988 年向阳污水处理场改造扩建工程竣工投入运行。

1990 年，燕山化工总公司除聚酯厂外，各厂废水全部经过处理。同年 6 月 5 日，流入牛口峪水库的污水全部实现土地氧化塘处理，处理后的污水达到北京市Ⅲ类水体排放标准。处理后的污水可养鱼，外排水质化学需氧量比上年下降 24.22%，酚含量下降 67.1%，达到国家排放标准，创燕化历史最好水平。由于水质好，顾册村村民曾多次要求放水灌田，1989 年和 1990 年灌溉农田 200 hm²，作物产量明显增长。同时，公司采取多种措施，大力压缩排污量，每加工 1 t 原油消耗新鲜水由 1971 年的 3.1 t 下降至 1990 年的 0.92 t；全公司工业水重复利用率达到 94%。1990 年公司万元产值工业废水排放量比 1988 年减少 15.68 t，万元产值化学需氧量排放量减少 2.21 kg，炼油和化工净化污水综合合格率分别提高 0.56 个和 18.9 个百分点；化学需氧量排放总量下降 10.9%，牛口峪水库外排水中化学需氧量下降 24.2%，酚下降 67.1%，达到了《污水综合排放标准》。

1991—1998 年，燕化扩大氧化塘处理面积，对牛口峪氧化沟进行整治扩建，截至 1998 年，建成大规模的土地氧化塘处理系统，建有主水渠道 573 m，引水渠 400 m，跌水曝气池 5 组，汇水面积 7 882 m²。芦苇塘 20 组，汇水面积 7.55 万 m²，大小氧化塘 51 座，总汇水面积达 41.5 万 m²，总储水能力 79.75 万 m³。使牛口峪水库由单纯污水储存库变成蒲草、芦苇、水窄草等杂草丛生的多级氧化塘，库区内水清鱼肥，野鸭、鸳鸯、灰鹳、天鹅等栖息其间，水质得到改善。1993 年，牛口峪水库首次实现免交排污费。

1992 年 10 月，燕化公司化工三厂污水净化站建成并投入试运行。该站投资 3 000 万元，占地 1.6 万 m²，正式运行后，可使每天排放的约 7 000 t 污水化学需氧量、酚和油的浓度分别降至 600 mg/L、100 mg/L 和 50 mg/L 以下。污水净化站的建成，将改善牛口峪水库的生态环境，以及房山城关及下游地区人民的生活环境。

1994 年 7 月，与 30 万 t 乙烯/年改（扩）建工程相配套的污水处理厂竣工，8 月 22 日正式投入运行。

图 1-7　燕山石化公司牛口峪污水处理厂扩建工程

1994 年，燕化公司组织人员，用了 4 个半月时间，对公司所属生产厂和辅助生产单位的排水系统和燕化境内的天然河道进行了实地调查，制订了"河道治理工程计划",提出 53 项治理项目,更换了化工一厂苯乙烯装置和聚酯厂 12 号线地下污水管网,将 300 t/h 生产、生活污水引入污水处理系统,解决了凤凰亭至燕山影剧院河段污水排河道后出现的二甲基亚砜异味和凤凰亭、东岭生活区污水排河道散发的臭味扰民问题,同时从污水中分出 313 t/h 清水排入河道,改善了污水状况,降低了污水处理费用,使外排污水得到了控制。

2002 年 3 月,燕化公司开始建设西区炼油污水回用装置。该装置利用西区水净化车间排放的净化后污水作为原水,采用曝气生物滤池技术及生物膜污水处理工艺对污水进行深度处理,达到一定的水质标准,以回用作为炼油厂的工业用水和橡胶事业部循环水的补充水。西区炼油污水回用装置于 2002 年 9 月 28 日正式竣工投产,处理能力为 500 m³/h,产水 450 m³/h,其中 350 m³/h 进入炼油厂工业管网,其余用于橡胶事业部循环冷却水补水。出水水质达到了回用水标准。

2003 年 10 月,燕化公司开始建设东区化工污水回用装置,2004 年 7 月建成投运。该装置设计处理能力为 1 200 m³/h,设计产水量为 800 m³/h,生产准一级脱盐水,供给燕化公司化工一厂水处理装置的锅炉补水用。污水回用装置水处理工艺采用膜分离技术,即超滤和反渗透双膜组合处理工艺,对经二级生物处理后的石油化工废水进行回收利用。

六、机械行业

机械行业在机加工、电镀、电泳涂漆等生产过程中,排放大量含酸、碱、酚、氰、硫化物、乳化液等废水。

1985 年,北京重型机器厂对煤气站含酚废水、乳化液废水进行治理。1989 年,对全厂下水管网进行改造,建立厂区中水道,每年可回收利用废水 120 万 t。

北京喷漆总厂、北京汽车制造厂、北京第二汽车制造厂于 1986 年相继采用超滤法和混凝沉淀法从电泳涂漆废液、废水中去除污染杂质,稳定漆液，回收电泳漆液和冲洗废水，实现闭路循环，减少污染。

为解决含油废水的污染，截至 1990 年年底，机械行业共建设 5 个乳化液处理站，集中进行处理，解决了油类的污染。全系统工业废水排放达标率为 66%，万元产值废水排放量为 45.9 t。

2010 年 8 月 25 日，北京北开电气股份有限公司取消电镀工艺，产品所需电镀工件通过外协解决，不再排放含有氰化物和重金属离子的电镀工业废水，每年减少排放电镀工业废水 2 万 t、氰离子 1.3 kg、铜离子 2.05 kg、锌离子 0.4 kg、六价铬 0.03 kg。

七、轻工行业

北京市第一轻工业局所属企业包括制浆、造纸、日用化学、食品等企业，多数是 20 世纪 50 年代初期由分散的小作坊发展起来的，生产工艺、设备落后。60 年代工业排污未经治理直接排放，严重污染环境。70 年代重点对电镀、温度计、灯泡等工厂排放的氰、汞、铬等毒物进行治理。1983 年，全系统共有 118 个企业，其中主要废水污染源 68 个，年排废水量 5 100 万 t。该系统所排放的有机污染物以化学需氧量计，占全市工业系统的 45%，名列第一。制浆造纸、食品、酿酒及洗涤剂厂的有机废水污染负荷占全系统的 90%。其中制浆造纸行业用水量最大、污染最重。

北京市属造纸厂共有 11 家，年用水量约 2 000 万 t。循环用水量只有约 300 万 t，其余均未经处理直接排入水体，流失的大量碱等物质严重污染环境。草浆黑液黏度大，含硅高，国内尚无成功回收处理技术。20 世纪 70 年代初，市环保机构明确不得新建草浆生产厂，并与昌平县人民政府研究决定，停止了正在建设的昌平县制浆造纸厂。1982 年造纸四厂停止棉浆生产。1983 年 7 月，北京制浆造纸试验厂木浆黑液碱回收工程开始运转，但碱回收率仅为 30%～40%，且回收过程中排放的白泥问题未能解决，碱回收工程一直未能正常运行。1983 年 12 月，北京造

纸六厂用气浮法回收造纸生产工艺中排出的纸浆和白水，废水处理量为
3 000～5 000 t/d。随后北京海淀区东升造纸厂也采用气浮法回收纸浆和
白水。1984 年造纸一厂停止草浆生产。

北京啤酒厂每年随废水排放的酵母约 40 t，总排水口废水中化学需
氧量达 1 400 mg/L。该厂使用滚筒干燥机回收酵母，1989 年投产，截至
1990 年 9 月共回收酵母粉 57.5 t，制成高蛋白干饲料，销售收入 17 万元，
也使总排水口废水中化学需氧量浓度下降 20%。1993 年，北京啤酒厂
通过清洁生产审计，筛选出 27 个污染物削减方案，一年中实施了 15 项
方案就使酒损率由 10.5%降到 8.5%，每吨啤酒耗水从 16.3 t 降至 12.1 t，
化学需氧量排放减少了 375 t。

1989 年 9 月，华都啤酒厂建成二级污水处理厂，采用先进的厌氧耗
氧法二级曝气处理工艺，化学需氧量去除率达 80%以上。

北京酒精厂排出的酒糟废液曾作为饲料售给郊区农民。1981 年因糟
液滞销而大量排入通惠河，严重污染了通惠河下游 100 km 河段，并影
响高碑店污水处理厂的正常运行。该厂通过多次在国内外调查与考察研
究，选定挪威司托巴斯公司的技术和设备治理酒糟废液，生产高蛋白动
物饲料。1990 年治理工程投产，年产 4 万 t 高蛋白饲料，废水中化学需
氧量由治理前的 4 万～5 万 mg/L，降至 4 000～5 000 mg/L，去除率为
90%，减轻了高碑店污水处理厂的压力。

1980—1990 年，第一轻工业局共完成废水治理 53 项，废水处理能
力 2 403 t/h，约占总排水量的 30%。

北京市第二轻工业局所属企业 146 个，其中有 83 家地处市区三环
路以内。主要生产家用电器、塑料制品、皮革皮毛制品、包装装潢制品、
五金工具及玩具制品等。这些企业均为新中国成立后在手工作坊基础上
发展起来的，工艺落后，排放的污染物均未经治理，主要排出电镀废水、
皮毛染色废水和酸性废水。截至 1990 年，完成污水治理项目 55 个，建
成污水处理设施 42 台（套），年处理污水能力 179.4 万 t，工业废水排放

达标率为 50%。

20 世纪 70 年代，北京市对电镀产生的废水一般采用三级逆流漂洗和薄膜蒸发浓缩法处理，大大减少了污水排放。1980 年，北京第二量具厂研制生产的薄膜蒸发器对全市电镀废水的处理起到积极作用。1995—1998 年，北京市水暖器材一厂改造三条电镀生产线，解决了电镀废水治理的难题，做到电镀重金属无排放，生产废水微排放。

1994 年，北京橡塑制品厂利用世界银行环保贷款引进再生胶的动态油法硫化技术和设备，每年减少 40 万 t 含油污水排放。

1996 年，粉丝厂车间停产，原址进行住宅开发，减少了 200 t 化学需氧量对清河的污染。红星淀粉厂经过两年的努力，建成了厌氧-好氧处理方式污水处理厂，解决了高浓度污水污染环境的问题。处理后排水中化学需氧量达到 80 mg/L 的排放标准，所产生的沼气作为饮水茶炉的燃料，取得较好的环境效益和经济效益。

八、纺织印染行业

北京市纺织工业局下属共有 76 个工厂，日排废水总量 15 万 t。其中，有 33 个工厂每日排放印染、漂洗等工业废水 6.5 万 t。主要污染物有六价铬、硫化物、洗涤剂、染料、浆料、助剂等，废水色度变化大，pH 高。20 世纪 60 年代前均为未经治理直接排放，污染环境。20 世纪 70 年代，纺织系统利用财政拨款并自筹资金或贷款，在全市较早地建设了一批污水处理设施。1985 年以后，将工作重点转向污水处理设施的运行管理，实行日、月报制度，作为考核各工厂的依据，提高了污水处理达标率。

北京维尼纶厂采用高速膨胀式石灰石中和滤池和高负荷生物滤池，处理酸性甲醛废水。1965 年 8 月污水处理设施与生产设备同时投入使用。1973—1990 年，市纺织局系统完成废水治理项目 65 个，建成废水处理装置 33 套，形成处理能力 6 万 t/d，废水处理率为 55.2%，废水处理达标率为 59.4%。1986—1990 年，纺织系统工业生产能力有了较大发展，但补充新鲜水量却减少了约 10%，水的重复利用率提高 15% 以上，万元产值耗水量下降 20%。

九、其他行业

八一电影制片厂、中央新闻电影制片厂、北京电影胶片洗印厂用超滤和离子交换法处理显影废水中的明胶和溴离子。

北京丰台货车洗刷所、丰台高立庄分输站、石楼车辆段等采用生物转盘处理货车洗刷废水。

1991 年，北京有色金属机械厂建成污水管道，将污水集中从下水道排放；北京铝加工厂车间油水分离封闭，取得了良好效果。

1993 年，北京矿务局煤矸石热电厂为使污水排放达到零排放标准，年内该厂自筹资金 20 万元，对工业水系统进行改造，实行工业水重复使用。改造后的工业水系统，每年污水排放量由 40 万 t 降至 3 万 t。

2010 年，全市排放工业废水的企业约 7 700 家，其中约 1/3 的企业将废水排入集中污水处理设施，2/3 的企业将废水排入自建污水处理设施经处理后排入水环境；全市共有工业废水处理设施 946 套，设计处理能力总计 200 余万 t/d，化学需氧量和氨氮去除率分别为 82% 和 70%。

第五节　城市生活污水处理

一、城市污水管网

元朝建都时，北京开始建设排水系统。明朝初期改建北京城，进一步完善排水沟渠系统。清朝乾隆年间在内城建立明沟，并以石板或方砖

铺底，城砖砌壁，石板盖顶，断面一般为 1 m² 的暗沟。清乾隆五十一年
（公元 1787 年），京城内共有明渠、暗沟约 429 km。由于年久失修淤废，
到清光绪二十一年（公元 1902 年），排水沟渠减为 323 km。民国时期，
用 10 年时间将南北沟沿 4.8 km 明渠改为暗沟，并将御河、北新华街分
段连接为暗沟。1930 年，将内城西部地区排泄雨水和污水的主要通道大
明濠改为暗沟。日伪及国民党统治时期，基本上没有建设下水道。新中
国成立时，城区 220 km 下水道中，能够排水的仅有 20.7 km。塌坏淤塞
的旧沟主要分布在内城，占全市旧沟总长度的 78.4%，而劳动人民居住
较集中的外城和关厢，基本没有下水道。

1949—1952 年，全市共修复旧下水道约 220 km，清除旧沟淤泥
16 万 m³。与此同时，将污染严重，危及人民生活的龙须沟、泡子河、
李广桥、大石桥等臭水沟改建为大型下水道，并在关厢等有臭水坑的地
区新建了下水道，使当地人民生活条件得到极大的改善。整治龙须沟成
为市民盛传的一段佳话（图 1-8）。

图 1-8　龙须沟整治前后

1953 年，市政府确定北京市排水体制为雨水、污水分流制。为配合
工业、文教、行政机关的建设，在新建的东郊、东北郊等工业区、文教
区，分别修建了雨水及污水管道，市政府在东护城河、前三门护城河和
通惠河修建了污水截流管道，截流城区旧沟和合流制管道中的污水，以
减轻河道污染；1961 年修建南城雨水方沟。

1980 年年底，北京市市政下水道总长达 1 423 km，全市形成了 14 个污水系统。其中，前三门暗沟雨水下水道服务面积 15.5 km²，东护城河雨水暗沟服务面积 20.5 km²。此外，还修建了西郊污水干线，北郊污水管线、东南二环路污水管线、西南护城河南侧污水干线等一批污水干管。

从 20 世纪 90 年代开始，北京市加快了以下几条主要排水河道的截污治理：通惠河是中心城四条排水系统中流域面积最大的排水河道，1990—1999 年，随着高碑店污水处理厂工程建设，全长 7.95 km 的通惠河南岸污水干线工程同时动工，将排入通惠河的污水完全截流。坝河是中心城东北地区的排水河道，2001 年 11 月，完成坝河污水截流工程，全长 7 045 m，2006 年，坝河的最大支流北小河上的污水处理厂扩建完成，进入北小河的污水被截流。清河是北京市区北部的主要排水河道，2007 年 7 月，清河北岸污水截流干线开工，总长 56 078 m，截污干线所截流的污水进入清河污水处理厂。凉水河是北京市区南部的主要排水河道，1990 年，修建了凉水河北岸污水截流管，2001 年，凉水河南岸污水截流管动工，所截流污水进入 2005 年 10 月建成的小红门污水处理厂。

城区污水管道（含合流）由 1990 年的 1 508.2 km 增至 2010 年的 3 341 km，增加了 1.2 倍，流域面积达到 833.46 km²，北京城区污水管网格局基本建成，形成了五大污水管网系统：高碑店污水管网系统；小红门污水管网系统；清河污水管网系统；北小河污水管网系统和酒仙桥污水管网系统。

截至 2010 年年底，全市中心城区污水管道总长度 4 479 km。北京远郊区县新城及开发区修建污水管道（含合流）3 082.35 km，其中，污水管道 1 817.91 km，合流管道 1 264.39 km。

二、污水处理厂

1955 年，北京市建设的酒仙桥工业区污水处理厂，建有 3 座双层沉淀池等一级处理设施，设计处理能力为 1.5 万 t/d。

1960 年，建设高碑店污水处理厂，设计处理能力为 25 万 t/d，建造了污水泵站、沉砂池、平流式沉淀池和污泥干化场等一级处理设施。污水经沉淀处理后送入高碑店污水灌渠，灌溉农田约 400 hm²。

随着水环境问题逐渐突出，从 20 世纪 90 年代开始，政府加大了对污水处理厂建设的投入，采取 BOT（建设、管理、移交）等多种融投资方式，以及进行体制改革，由国有企业出资购买实现资产转让，完成了污水处理厂事业单位向企业单位的转制，污水处理厂建设进入高速发展期。20 世纪 90 年代初，相继建成北小河、方庄、高碑店（一期）等污水处理厂。"九五"期间，高碑店污水处理厂二期（规模为 50 万 m³/d）、酒仙桥污水处理厂改扩建工程（规模为 20 万 m³/d）建成，使北京市区污水二级处理能力达到 128 万 m³/d，污水处理率达到 45%。"十五"期间，吴家村、卢沟桥、肖家河、清河、小红门等污水处理厂相继投入运行，污水处理能力达到 248 万 m³/d，污水处理率达到 70%。

图 1-9　北京市高碑店污水处理厂一期工程建成运行

1990 年，建成北京市第一座城市二级污水处理厂，即北小河污水处理厂，设计处理能力为 4 万 t/d。当年，正在建设的有密云县污水处理厂、高碑店污水处理厂一期工程和方庄污水处理厂均为二级处理，设计处理能力分别为 1.5 万 t/d、50 万 t/d 和 4 万 t/d。

1993 年 12 月 24 日,当年全国最大的污水处理厂——处理 50 万 t/d 的北京市高碑店污水处理厂一期工程建成。时任国务院副总理邹家华、对外经济贸易合作部部长吴仪、国家环保局副局长王扬祖等领导出席通水仪式。1999 年 9 月 23 日,高碑店污水处理厂二期工程全面竣工并投入运行,污水处理能力共达到 100 万 m^3/d,使北京市城市污水处理率提高到 40%。

2000 年 10 月 21 日,北京市酒仙桥污水处理厂改扩建工程(规模为 20 万 m^3/d)建成,使北京市区污水二级处理能力达到 128 万 m^3/d,污水处理率达到 45%。

2002 年 9 月 23 日,北京清河污水处理厂一期工程竣工,处理污水能力 20 万 m^3/d。

2003 年 9 月 30 日,北京吴家村污水处理厂、昌平污水处理中心建成并投入运行。

2005 年 11 月 19 日,北京市第二大污水处理厂——小红门污水处理厂竣工通水。处理污水能力 60 万 t/d。

2006 年 3 月,北小河再生水厂开工建设,2008 年 7 月 9 日正式运行。总投资约 2.93 亿元,生产规模为 6 万 m^3/d。该厂以市政污水为水源,采用膜生物反应池(MBR)处理工艺。其中 1 万 m^3 的膜生物反应池(MBR)出水再经过反渗透(RO)深度处理及紫外消毒后成为高品质再生水,水质接近地表Ⅲ类水(类似于密云水库水质标准),与人体直接接触无安全风险。每年可节约清洁水资源 2 200 万 m^3。北小河再生水厂的运行使北京中心城区再生水回用率超过了 50%,从 2008 年投入运行至 2010 年年底,北小河再生水供水系统累计对外供水约 4 408 万 m^3。

2006 年 12 月 7 日,国内供水规模最大、品质最高的再生水厂——清河再生水厂建成投产,总投资为 1 亿元,生产规模为 8 万 m^3/d。以清河污水处理厂二级出水为水源,采用超滤膜过滤、臭氧氧化处理工艺,达到国家Ⅳ类水体标准,截至 2010 年年底,该系统累计对外供水约 6 700 万 m³。

2006—2010 年,按照"集中和分散"相结合的原则,北京市积极推进郊区新城及乡镇污水处理设施建设。2007 年,北京市政府决定将中心城区污水处理厂全部进行升级改造为再生水厂,总建设规模 267 万 m³/d。改造后出水水质达到《再生水回用于景观水体水质标准》,部分水质指标满足《地表水环境质量标准》的Ⅳ类地表水水质要求。

2010 年垡头污水处理厂开工。

截至 2012 年,城六区共建成 11 座污水处理厂(表 1-3),年处理污水 9.3 亿 m³,城六区污水处理率达到 96% 以上,郊区污水处理率达到 58%。

表 1-3 北京中心城区污水处理厂

序号	区县	污水处理厂名称	主体处理工艺	实际投运时间	设计处理能力/(万 t/d)
1	朝阳区	北京城市排水集团有限责任公司高碑店污水处理厂	活性污泥	1993-12-01	100
2	朝阳区	北京城市排水集团有限责任公司北小河污水处理厂	MBR	2008-06-01	6
3	朝阳区	北京城市排水集团有限责任公司酒仙桥污水处理厂	氧化沟	2000-09-01	20
4	朝阳区	北京城市排水集团有限责任公司小红门污水处理厂	A²/O	2005-11-01	60
5	朝阳区	北苑污水处理厂(一期)	氧化沟	2009-09	4
6	海淀区	北京城市排水集团有限责任公司清河污水处理厂	A²/O	2002-01-01	40
7	海淀区	清河污水处理厂(现改名为清河再生水厂)再生水二期工程	MBR	2012-10-1	15

序号	区县	污水处理厂名称	主体处理工艺	实际投运时间	设计处理能力/（万 t/d）
8	海淀区	北京肖家河污水处理有限公司	A^2/O	2002-10-01	2
9	丰台区	北京城市排水集团有限责任公司方庄污水处理厂	改良 A^2/O	1995-12-01	4
10	丰台区	北京城市排水集团有限责任公司吴家村污水处理厂	SBR	2003-09-01	8
11	丰台区	卢沟桥污水处理厂	改良倒置 A^2/O	2004-12	10

注：数据截至 2012 年。

为了保护和改善北京市水环境,2012 年 7 月,北京市出台实施了《城镇污水处理厂水污染物排放标准》,对城镇污水处理厂排放污水中的 73 项污染物严格了排放限值,要求新（改、扩）建城镇污水处理厂主要指标达到地表水Ⅳ类标准;同时推动现有城镇污水处理厂的升级改造,有效改善污水处理厂出水水质,对改善水环境质量发挥了重要作用。

2013 年,北京市制定了《加快污水处理和再生水利用设施建设三年行动方案（2013—2015 年）》,全市新建再生水厂 46 座,升级改造污水处理厂 20 座,新增污水处理能力 230 万 t/d。其中:中心城区新建再生水厂 10 座,升级改造污水处理厂 5 座;11 个新城新建再生水厂 15 座,升级改（扩）建污水处理厂 12 座。到"十二五"末,全市污水处理率达到 90% 以上,其中:中心城污水处理率达到 98%,四环路以内地区污水收集率和处理率达到 100%,新城达到 90%。这些污水处理厂的建成,对北京城市水环境的改善起到积极作用。截至 2010 年北京市远郊区县新城及开发区生活污水处理厂建设情况见表 1-4。

表 1-4　北京市新城及开发区污水处理厂建设

名称	占地/万 m²	建设年份	投产年份	设计处理规模/（万 m³/d）	处理工艺	投资/万元	执行排放标准
延庆污水厂	1.6	2000	2001	1.5	SBR 活性污泥法		北京市水污染物二级
昌平污水处理厂	8	2002	2003	5.4	氧化沟		国家一级 B
门头沟污水处理厂	1.05	2002	2004	4		4 500	
通州碧水污水处理厂	22	2003	2005	10	深水曝气		国家一级 B
怀柔污水处理厂	11.5		2000	5	氧化沟		
怀柔污水处理厂（扩建）		2006	2007	3.5	生物膜		
顺义污水处理厂	5.3	2006	2007	8	氧化沟		国家一级 B
黄村污水处理厂	6.27	1998	2000	8	氧化沟	10 400	北京市水污染物二级
密云檀州污水处理厂	11	1988	1991	1.5	水解-活性污泥法		北京市水污染物二级
密云檀州污水处理厂（二期）		2000	2001	3	水解-改进 SBR		
平谷洳河污水处理厂	7.89		2006	4	氧化沟		国家一级 B
平谷洳河污水处理厂（二期）			2008	4	A²O-MBR		
开发区金源经开污水处理厂	2.09	2001	2002	2	循环式活性污泥法	6 400	
开发区金源经开污水处理厂（二期）		2004	2005	3			
开发区路东污水处理厂	8.4	2010	2010	5	改良 SBR		国家一级 B
房山良乡污水处理厂		2002	2003	9	波浪式生化处理	7 161	
房山区城关污水处理厂	2		2009	6	微孔曝气氧化沟脱氮除磷	2 503	

注：数据截至 2010 年。

三、污水处理厂监督性监测

2009 年北京市环保局发布《2009 年北京市重点污染源清单》，其中，国控污水处理厂 25 家，市控污水处理厂 44 家，要求北京市环保监测中心对其进行监督性监测，监测频次：国控点每季度一次，市控点每月一次。监测项目为 pH、色度、化学需氧量、氨氮、生化需氧量、悬浮物、石油类、动植物油、总磷、总氮、总汞、阴离子表面活性剂和粪大肠菌群数，共计 13 项，且进口、出口同时进行监测。

2009 年 9 月 3 日，市环保局印发《北京市城镇污水处理厂主要污染物减排核查核算技术要求（试行）》，要求所有污水处理厂必须按规定安装水质在线监测系统，与环保部门联网并稳定传输数据；环境监察机构将污水处理设施建设和运行作为日常监管的重要内容，核查结果作为减排量核算的主要依据之一；规定了 14 种扣减化学需氧量削减量的情况，对新增污染物削减量核算方法做出量化规定；对减排核查核算做出了比国家核算细则更为细化的规定。

2010 年北京市环保监测中心对 29 家国控城镇污水处理厂和 41 家市控污水处理厂排水中污染物进行监督性监测。国控污水处理厂综合达标率为 74%，其中化学需氧量、氨氮达标率分别为 100% 和 90%；市控污水处理厂出口水质化学需氧量平均浓度为 27～53 mg/L，达标率为 95.3%，氨氮达标率为 86.0%。

污水处理的几种工艺方法简要介绍如下：

（1）活性污泥法是在人工充氧条件下，对污水和各种微生物群体进行连续混合培养，形成活性污泥。利用活性污泥的生物凝聚、吸附和氧化作用，以分解去除污水中的有机污染物。然后使污泥与水分离，大部分污泥再回流到曝气池，多余部分则排出活性污泥系统。

（2）氧化沟是活性污泥法的一种变型，其曝气池呈封闭的沟渠型，所以在水力流态上不同于传统的活性污泥法，它是一种首尾相连的循环流曝气沟渠，污水渗入其中得到净化，最早的氧化沟渠不是由钢筋混凝土建成的，而是加以护坡处理的土沟渠，是间歇进水间歇曝气的，从这一点上来说，氧化沟最早是以序批方式处理污水的技术。

（3）厌氧—缺氧—好氧组合工艺（A²/O）是通过厌氧区、缺氧区和好氧区的各种组合以及不同的污泥回流方式来去除水中有机污染物和氮、磷等污染物的活性污泥污水处理方法。主要变形有改良厌氧—缺氧—好氧活性污泥法、厌氧—缺氧—缺氧—好氧活性污泥法、缺氧—厌氧—缺氧—好氧活性污泥法等。

（4）膜生物反应器（MBR）是一种由膜分离单元与生物处理单元相结合的新型水处理技术，以膜组件取代二沉池在生物反应器中保持高活性污泥浓度，减少污水处理设施占地，并通过保持低污泥负荷减少污泥量。与传统的生化水处理技术相比，MBR 具有以下主要特点：处理效率高、出水水质好；设备紧凑、占地面积小；易实现自动控制、运行管理简单。

（5）序批式活性污泥法（SBR）是在同一反应池（器）中，按时间顺序由进水、曝气、沉淀、排水和待机五个基本工序组成的活性污泥污水处理方法。它是一种按间歇曝气方式来运行的活性污泥污水处理技术，主要特征是在运行上的有序和间歇操作，SBR 技术的核心是 SBR 反应池，该池集均化、初沉、生物降解、二沉等功能于一池，无污泥回流系统。

第二章　噪声污染防治

随着工业和城市的发展，北京市噪声污染日益严重。1953—1955年，市政府曾 4 次发布关于减少城市嘈杂声的规定和公告。1966 年春，北京市进行第一次噪声污染情况调查，但因"十年动乱"而中断。20世纪 70 年代初，市环境保护机构成立以后，再度开展全市噪声污染情况调查。1973—1977 年调查结果表明，市区有 52%～61%的居民生活在噪声干扰的环境中，群众对此反映强烈。

自 20 世纪 70 年代起，北京市开展噪声污染防治工作，重点治理扰民严重的机械噪声、锅炉风机噪声、蜂窝煤机噪声和振动等工业噪声；采取禁止乱鸣笛、推广使用低噪声喇叭、更换新型汽车消声器等措施治理交通噪声；采取限制施工时间，严禁夜间施工，禁止商店使用高声扩音器等措施，减少施工噪声和社会生活噪声对居民的干扰，取得了一定成效。

20 世纪 80 年代，为了更有效地控制环境噪声污染，根据市劳保所的建议，北京市将控制噪声污染由治理单个噪声源改为区域性综合治理。1984 年，市环保局与西城区、崇文区环保局，在厂桥街道和龙潭街道各建了 1 km² 的低噪声小区，开展低噪声小区评价指标、监测方法和工作程序等试点工作，总结经验，加以推广。邀请有关科研、设计部门深入实地，对小区内主要噪声源采取建筑和设备隔声、消声为主的多项措施，使小区噪声治理达标。

　　进入 20 世纪 90 年代，市政府从制定法规、标准、规范、制度以及工程措施等方面加强了噪声污染防治，并加强了噪声污染违法行为的监督检查。从 2000 年开始，北京市建立并完善了中考、高考期间噪声污染专项整治制度，每年市区环保部门配合公安、建设、城管等有关部门开展现场检查，对违反有关规定的单位和部门加大了查处力度，确保广大考生有一个安静的学习和考试环境。2006 年 11 月 17 日，时任北京市市长主持召开市政府第 56 次常务会议，审议通过了《北京市环境噪声污染防治管理办法》（市政府令　第 181 号），自 2007 年 1 月 1 日起实施。同年 12 月 19 日，市环保局、市政府法制办联合举行新闻通报会，介绍了《北京市环境噪声污染防治办法》制定过程和主要内容。新的噪声污染防治办法实现了从点源治理向区域与点源结合防治的转变，注重从源头和各个环节防止噪声的产生。为应对北京市日益高涨的轨道建设力度，减轻或缓解轨道交通噪声与振动污染控制，2011 年，市环保局会同市质监局颁布实施了《地铁噪声与振动控制规范》，对地铁噪声与振动环评及既有路线治理工作进行了规定。

　　总体来看，以 20 世纪 90 年代为分界线，北京市噪声污染防治前后体现出以下几个特点：

　　（1）20 世纪 90 年代以前在建章立制方面，仅以"治"为主，没有形成规范化的标准、法规、政策等，90 年代之后开始订标准、订政策。

　　（2）20 世纪 90 年代以前噪声源的主要特点是以工业源噪声为主，实行点源治理，比较零散、分散，一事一议，不系统。90 年代以后，通过停产、搬迁（退二进三、退三进四等）等企业结构布局的调整政策，工业噪声成为次要矛盾，不再是突出的污染源。随着北京城市化进程加快，城市规模不断扩大，交通噪声、施工噪声逐渐突出。

　　（3）20 世纪 90 年代以后，噪声污染防治在制度层面进行了创新，且更加全面、更加系统、更加规范，并从事后的补救变成事前的防控，如要求开发商公示楼盘所在地的声环境质量状况等。

第一节　声环境质量

北京作为内陆城市，声环境受到除轮船以外的所有类型噪声源的影响。声环境质量是按照国家标准和规范对区域环境噪声、功能区噪声和交通噪声进行评价。

一、区域环境噪声

1．市区建成区

1979—1990 年，市环保监测中心组织市区有关部门和环保监测站进行了 4 次区域环境噪声监测，结果表明：1979 年污染较重，平均等效声级为 60.8 dB（A），交通噪声和工业噪声的影响居于首位。1985—1990年，城区平均等效声级呈上升趋势，由 58.5 dB（A）增至 61.6 dB（A），近郊区则由 61.6 dB（A）降至 57.6 dB（A）。不同噪声源对区域环境影响严重程度依次为：社会生活噪声、交通噪声、施工噪声和工业噪声。其覆盖在 51～65 dB（A）的面积和人口居高，低于 45 dB（A）的面积和人口甚少。

1991 年，根据国家环保局《关于修改部分城市环境综合整治定量考核指标及有关问题的通知》（91 环管字第 095 号文）的要求，环境噪声增加一项"环境噪声达标区覆盖率"指标，指标定义为：环境噪声达标区覆盖率=（各环境噪声达标区面积之和/建成区总面积）×100%。为保证监测结果具有统计意义，各区域等间隔有效网格数都要大于 100 个，监测点设在网格中心。监测时，一般测点选择间隔 1 s，采样 10 min，声级起伏较大的测点则选择间隔 1 s，采样 20 min。1991—2010 年北京市市区建成区区域环境噪声统计表见表 2-1，北京市不同等效声级下覆盖的人口及其百分比见表 2-2。

表 2-1　1991—2010 年北京市市区建成区区域环境噪声监测统计

年份	监测网格总数/个	平均等效声级/dB（A）	L_{10}/dB（A）	L_{50}/dB（A）	L_{90}/dB（A）
1991	272	59.7	61.2	54.4	50.0
1992	287	58.5	60.1	53.7	50.2
1993	286	57.8	59.3	53.4	49.8
1994	286	56.9	58.2	52.4	48.9
1995	287	57.1	58.0	52.3	48.8
1996	388	55.5	56.8	51.0	47.6
1997	388	54.8	56.0	51.0	47.8
1998	388	54.5	56.1	51.2	48.2
1999	388	54.2	—	—	—
2000	388	53.9	55.3	50.4	47.4
2001	388	53.9	55.3	50.5	47.6
2002	448	53.5	55.2	50.8	48.1
2003	448	53.6	55.7	50.5	47.0
2004	448	53.6	55.7	50.5	47.0
2005	448	53.2	54.6	50.8	48.3
2006	448	53.9	55.7	51.6	48.8
2007	448	54.0	56.0	51.1	47.6
2008	448	53.6	55.3	50.9	47.8
2009	448	54.1	56.1	51.6	48.7
2010	448	54.1	56.3	52.0	49.3

注：累计百分声级 L_{90}=50 dB（A）表示测量时间段内有 90%的时间其噪声超过 50 分贝。

表 2-2　1992—2010 年北京市不同等效声级下覆盖的人口比例　　　单位：%

等效声级范围/dB（A）	≤40	41~45	46~50	51~55	56~60	61~65	66~70	71~75	≥76
1992 年	0.1	0.8	8.5	19.7	25.5	17.2	21.8	5.0	1.3
1993 年	0.8	1.1	8.6	19.1	30.4	23.3	13.6	3.2	0
1994 年	0	1.6	6.5	26.0	28.6	21.5	13.6	2.3	0
1995 年	0	0	7.6	29.4	31.0	21.1	7.9	3.1	0

等效声级范围/dB（A）	≤40	41～45	46～50	51～55	56～60	61～65	66～70	71～75	≥76
1996 年	0	0.1	14.2	40.5	22.7	13.3	7.2	2.0	0
1997 年	0	1.1	10.7	45.4	25.2	9.1	5.7	2.9	0
1998 年	0.8	2.0	13.0	44.5	25.4	9.0	5.3	0	0
1999 年	0	1.3	12.4	50.8	21.8	8.1	5.5	0	0.1
2000 年	0	1.6	11.2	54.9	21.2	8.1	2.4	0.5	
2001 年	0	4.7	10.5	51.5	22.6	6.6	4.0	0	0
2002 年	0	2.8	14.4	55.2	22.6	2.3	2.8	0	0
2003 年	0	1.3	14.2	55.9	23.7	3.9	1.0	0	0
2004 年	0	2.4	11.9	55.6	24.0	5.1	1.0	0	0
2005 年	0	1.6	16.2	59.8	17.8	2.5	2.1	0	0
2006 年	0.6	0.5	1.8	14.2	55.7	21.6	5.5	0.2	
2007 年	0	2.6	12.8	56.0	21.2	5.3	1.7	0.4	0
2008 年	. 0.7	1.1	13.9	59.9	18.5	4.2	1.2	0.5	0
2009 年	0.6	1.4	10.3	57.2	22.6	5.8	1.6	0.5	0
2010 年	0	0.2	11.3	58.1	19.9	6.6	3.9	0	0

1996—2000 年，市区建成区区域环境噪声为 53.9～55.5 dB（A），比 1991—1995 年有明显下降。从声源构成来看，市区建成区内主要噪声来源于社会生活噪声源约占 71.0%，其次是交通噪声源约占 23.0%，两项共约占 94.0%。

2001—2005 年，市区建成区区域环境噪声值在 53.2～53.9 dB（A），比 1996—2000 年的 53.9～55.5 dB（A）有较明显降低，城区、近郊区、市区区域环境噪声值全部降至 55 dB（A）以下，达到了近 20 年最好水平。

2006—2010 年，北京市市区建成区区域环境噪声值为 53.6～54.1 dB（A），区域环境噪声保持稳定。高噪声区域仍主要分布在城市环路及联络线周边区域。市区大部分人口生活在 50～55 dB（A）的声环境下，符合《声环境质量标准》（GB 3096—2008）中居住区昼间标准。2010 年，市区建成区内共设置区域环境噪声监测网格 448 个，覆盖面积 448 km^2。

2. 各区县建成区

1991—2010 年各区县建成区区域环境噪声监测统计见表 2-3，城近郊区和远郊区县建成区区域环境噪声变化趋势见图 2-1。

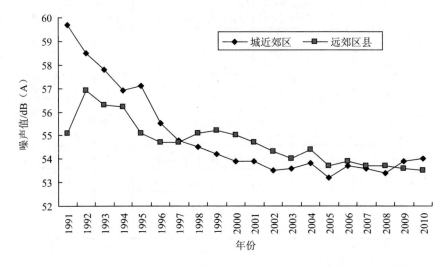

图 2-1　1991—2010 年城近郊区和远郊区县建成区区域环境噪声变化趋势

1991—1995 年，各区县建成区区域环境噪声为 49.1～61.2 dB（A）。其中，城区噪声最高，近郊区次之，远郊区县最低；城区中是北城低（东城区、西城区）南城高（崇文区、宣武区）；近郊区中石景山区、朝阳区（两区工业较多）较高，丰台区、海淀区较低；远郊中顺义县、怀柔县、门头沟区较高，顺义、怀柔两县受航空噪声影响较大，门头沟区以工业区和地形狭窄有关。

单位：dB（A）

表2-3 1991—2010年各区县建成区区域环境噪声监测统计

年份	1991	1992	1993	1994	1995	1996	1997	1998	1999	2000	2001	2002	2003	2004	2005	2006	2007	2008	2009	2010
东城	61.2	61.0	57.8	54.8	54.4	53.2	54.0	52.4	53.9	52.5	51.2	53.2	52.5	52.7	53.9	53.1	53.5	53.3	53.1	53.3
西城	59.9	53.4	56.7	56.8	54.9	56.4	53.9	54.3	55.5	55.3	55.1	55.1	55.2	55.2	53.6	53.8	53.9	53.8	53.9	53.9
崇文	59.5	63.5	64.2	60.1	57.0	53.3	52.7	53.2	53.5	53.0	53.0	53.1	53.4	53.0	53.4					
宣武	61.1	64.5	60.2	58.6	56.3	56.2	56.1	55.8	55.2	55.0	55.0	54.8	55.5	54.8	54.6					
朝阳	59.2	61.1	56.8	58.2	58.2	54.3	52.8	53.0	52.2	52.3	53.1	52.2	52.5	54.1	52.4	54.3	54.5	54.9	55.0	55.0
海淀	60.3	58.7	58.3	56.6	55.9	56.1	54.4	54.6	54.4	53.9	53.8	53.2	53.8	52.9	53.4	53.9	53.1	52.4	53.7	54.0
丰台	56.1	54.2	53.3	52.6	53.9	54.5	53.8	54.3	54.3	54.4	54.5	54.1	53.8	53.8	53.1	53.2	53.7	53.2	53.6	53.4
石景山	59.6	54.1	61.7	62.7	59.9	57.4	58.3	60.0	58.3	58.3	57.2	55.8	55.2	54.3	55.2	53.0	53.8	51.8	51.1	52.0
城近郊区	59.7	58.5	57.8	56.9	57.1	55.5	54.8	54.5	54.2	53.9	53.9	53.5	53.6	53.8	53.2	53.7	53.6	53.4	53.9	54.0
密云	55.5	55.4	55.3	54.3	56.1	53.1	51.8	52.2	54.9	53.8	54.1	54.9	54.5	54.7	54.3	53.4	53.5	52.5	53.1	53.7
怀柔	55.0	60.5	60.2	61.6	56.7	54.8	55.2	55.3	55.5	55.3	55.6	53.1	51.6	51.1	51.9	51.3	51.0	50.9	51.3	51.2
顺义	60.6	62.1	59.4	58.6	54.8	55.6	55.6	55.9	56.5	54.7	55.9	54.7	54.9	55.3	54.2	52.8	52.8	53.4	52.6	51.5
平谷	55.4	55.6	53.4	52.4	54.2	51.8	50.9	52.0	53.5	50.7	52.9	51.7	50.6	53.3	52.0	50.8	52.2	52.3	52.7	53.4
通州	56.1	57.8	56.6	55.4	54.8	55.3	57.5	56.8	57.0	56.8	56.5	55.6	54.8	55.8	55.6	55.4	55.5	55.7	55.7	55.7
大兴	50.5	51.9	57.8	55.9	53.9	55.1	57.2	55.9	56.3	55.8	54.6	54.7	54.7	54.8	53.9	54.7	55.3	54.6	54.0	53.7
房山	49.1	53.0	50.6	49.7	50.3	50.2	49.7	51.0	51.3	51.4	52.5	51.2	52.6	52.4	52.4	52.7	53.1	53.8	54.7	53.3
门头沟	60.0	63.2	60.4	62.9	61.8	50.6	57.0	58.3	58.1	56.5	55.8	53.0	53.8	55.9	56.8	57.7	54.6	53.9	53.1	54.2
昌平	53.7	53.6	54.0	58.5	56.2	56.2	56.8	59.6	54.4	55.7	56.7	56.6	55.7	55.3	54.8	53.8	53.7	54.7	53.8	54.0
延庆	53.1	53.7	55.2	55.6	53.0	52.2	50.9	49.3	50.6	52.5	52.5	53.8	53.1	52.5	50.8	51.8	51.2	51.3	51.7	51.3
远郊区县	55.1	56.9	56.3	56.2	55.1	54.7	54.7	55.1	55.2	55.0	54.7	54.3	54.0	54.4	53.7	53.9	53.7	53.7	53.6	53.5

1996—2000 年，各区县建成区区域环境噪声为 53.9～55.5 dB（A），比 1991—1995 年有明显下降；远郊区县环境噪声值为 54.7～55.2 dB（A），比 1991—1995 年有所下降。城区中为北城低（东城区、西城区）南城高（崇文区、宣武区）；近郊中为朝阳区、海淀区、丰台区相对偏低，石景山区高；远郊区县中密云县、平谷区、房山区、延庆县和大兴区 5 个区县相对较低。

2001—2005 年，各区县建成区区域环境噪声值为 53.2～54.7 dB（A），远郊区县建成区区域环境噪声值比 1996—2000 年 54.7～55.2 dB（A）略有下降。

2006—2010 年，各区县建成区区域环境噪声值为 50.8～57.7 dB（A），城市中心区建成区及远郊区县建成区区域环境噪声基本保持稳定。其中，大兴区建成区区域环境噪声呈显著下降趋势，平谷区建成区区域环境噪声呈显著上升趋势。

二、功能区环境噪声

1997 年市区设置的 4 个类别的环境噪声功能区监测点分别为 1 类区：海淀永定路；2 类区：丰台太平桥；3 类区：朝阳双井；4 类区：宣武西二环路。1998 年，环境噪声功能区监测点增加为 8 个，新增点位为 1 类区：西城福绥境胡同；2 类区：崇文永外杨家园；3 类区：石景山北辛安；4 类区：东城东四北大街。8 个监测点位一直延续到 2005 年。

2006 年，随着声环境自动监测系统的建立，全市原 8 个环境噪声功能区定点监测点位增至 64 个，其中市区建成区环境噪声功能区定点监测点位 24 个，远郊区县环境噪声功能区定点监测点位 40 个。2007—2008 年，监测频次由过去每季度一次提高为每月进行一次。从 2009 年开始，功能区环境噪声监测则完全转为全年每天连续自动监测。

2008 年 2 月，北京市声环境自动监测系统二期工程完成并通过验收，标志北京市声环境自动监测系统建设全部完成。2009 年，全市 18

个区县建成区及北京经济技术开发区的各类环境噪声功能区内监测点站增至 71 个。

2001—2010 年市区建成区各类功能区昼间和夜间环境噪声变化趋势见图 2-2 和图 2-3。

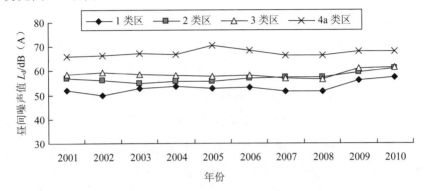

图 2-2　2001—2010 年市区建成区各类功能区昼间环境噪声变化趋势

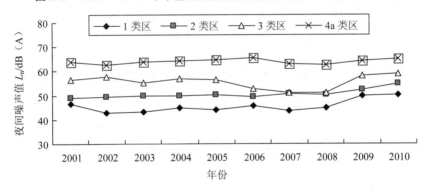

图 2-3　2001—2010 年市区建成区各类功能区夜间环境噪声变化趋势

1999 年，1 类区（居民文教功能区）、2 类区（混合功能区）和 3 类区（工业集中区周边环境）除个别地方出现超标现象外，其他均符合功能区标准的要求；4 类区（交通干线两侧的环境）夜间均值全部超标，最高达到 66 dB（A），超过 4 类区标准 11.0 dB（A），但其昼间均值全部符合 4 类区标准。

2000 年，4 个环境功能区昼间噪声平均值均达标。夜间噪声平均值除 1 类区的一季度，2 类区的二季度、三季度达标外，其他均超过国家标准，达标率为 57.8%。

2001—2005 年，1 类区、2 类区和 3 类区的昼间等效声级均符合标准，而 3 类区和 4 类区的夜间等效声级常年超标。4 类区昼间等效声级和夜间等效声级呈显著上升趋势；1 类区昼间等效声级和 2 类区夜间等效声级呈上升趋势，2 类区昼间等效声级略有下降，但没有显著性；1 类区夜间等效声级和 3 类区昼、夜间等效声级则基本持平。

2006—2010 年，除 2 类区夜间等效声级年均值呈显著上升趋势外，其余各类功能区昼间、夜间等效声级年均值和 2 类区昼间等效声级年均值均无显著性变化，但从 2009 年起，各类功能区昼间、夜间等效声级年均值均呈上升趋势，交通干线两侧区域夜间声环境质量常年较差。

三、交通噪声

1. 市区建成区

20 世纪 70 年代，北京市城近郊区道路交通噪声污染较重，全市机动车保有量约 10 万辆，由于路况差、车辆陈旧、行驶时机械振动大、汽车鸣笛等原因，1973 年，52 条路段道路交通噪声在测量时间 90% 的等效声级（L_{90}）为 65.5 dB（A）。1975 年的平均等效声级（L_{eq}）为 77.7 dB（A），L_{90} 为 68.5 dB（A），比 1973 年增加 3 dB（A）。1976 年以后，机动车虽有增加，但道路改造和建设加快，道路交通噪声有所下降，平均等效声级由 1976 年的 76.7 dB（A）降至 1979 年的 72.6 dB（A）。1981 年 11 月，北京市第七届人民代表大会常务委员会第十六次会议批准《北京市道路交通管理暂行规则》，决定自 1982 年 3 月 1 日起，实施严格的交通噪声控制措施，机动车喇叭声量不得超过 105 dB（A），拖拉机、兽力车不准进入城区等。1982 年，三环路内平均等效声级降至 70.3 dB（A）。1983 年，主要街道禁止鸣笛，机动车全部更换了低噪声喇叭，交通噪声平均等效声级降至 69.3 dB（A），比 1976 年下降了 7.4 dB

（A）。1984年3月，《北京市环境噪声管理暂行办法》实施后，禁止拖拉机行驶的范围扩大至三环路内，淘汰了噪声大、污染严重的旧型东风摩托车。虽然机动车保有量由1982年的12.5万辆增至1985年的21.7万辆，但交通噪声没有明显上升，1983—1985年连续3年交通噪声平均值均在70 dB（A）以下。1986—1990年，由于机动车保有量继续增加，致使三环路内交通噪声又突破70 dB（A）。

第11届亚运会举办期间（1990年9月22日—10月7日），虽然车流量大幅度增加，但由于限制了重型车辆的运行，并实施单双日分运制，13条路段昼间道路交通噪声为67～68 dB（A），比7月平均降低约3 dB（A）。4条典型路段两侧住宅户外交通噪声昼间均低于国家标准70 dB（A），也低于7月的监测结果，但夜间平均噪声除北四环路东段深槽路外，其余都超过国家标准55 dB（A）。

1991年，市区建成区交通噪声监测路段295条，累计长度475.16 km，远郊区县道路交通噪声监测设在政府所在城镇的交通干线进行，监测路段163条，累计路长159.80 km。1992年，由于城市基础设施的发展，市区建成区噪声监测路段调整为301条，累计路长481 km。1993—1995年，监测路段均为303条，累计路长485.4 km。该路段（监测点位）及路长经国家环保局认定，作为"九五"期间（1996—2000年）国家认定的噪声监测点位和路长，一直延续使用到2001年。

2002—2010年，按照国家环保部门城市环境综合整治定量考核要求，市区建成区设置道路交通噪声监测点293个，监测道路293条，总长596.1 km；郊区县建成区共设置交通噪声监测路段587条，路段总长度为1 003.5 km。监测方法采用仪器法，按照城市环境综合整治定量考核技术要求，监测时间在每年的10—11月的正常工作日进行，每个监测点测量20 min的连续等效声级，同时测量车流量。

1991—2010年的市区建成区道路交通噪声统计见表2-4，趋势变化见图2-4和图2-5。

表 2-4　1991—2010 年市区建成区道路交通噪声统计

年份	监测路段/条	监测路长/km	L_{eq}/dB（A）	L_{10}/dB（A）	L_{50}/dB（A）	L_{90}/dB（A）	车流量/（辆/h）
1991	294	470	72.0	74.6	67.4	61.5	1 187
1992	301	481	71.6	74.1	67.6	62.1	1 544
1993	303	485	71.7	73.9	68.0	62.1	1 921
1994	303	485	71.7	73.9	68.0	63.1	2 321
1995	303	485	71.7	73.8	68.4	63.8	3 020
1996	303	485	71.0	73.1	67.6	62.8	3 044
1997	303	485	71.0	72.9	67.8	63.3	3 502
1998	303	485	71.0	72.8	67.8	63.3	3 670
1999	303	485	71.0				3 566
2000	303	485	71.0	72.7	67.7	63.3	3 907
2001	303	485	69.6	71.4	66.5	63.0	3 945
2002	293	596	69.5	71.6	67.3	63.4	4 985
2003	293	596	69.7	72.0	67.6	63.7	5 822
2004	293	596	69.6	71.9	67.3	63.1	5 654
2005	293	596	69.5	71.3	67.1	63.2	5 422
2006	293	596	69.7	72.2	67.8	63.8	6 040
2007	293	596	69.9	72.7	68.0	63.5	5 551
2008	293	596	69.6	72.0	67.5	63.3	5 660
2009	293	596	69.7	72.4	67.8	63.6	6 896
2010	293	596	70.0	72.6	68.0	63.5	5 711

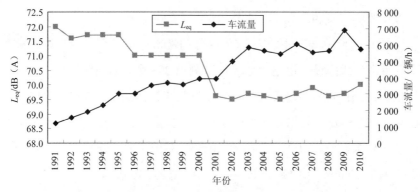

图 2-4　1991—2010 年市区建成区道路交通噪声变化

注：从 2001 年起调整了交通噪声监测点位和道路条数。

图 2-5　1991—2010 年郊区建成区道路交通噪声变化

1991—1995 年，市区建成区机动车流量从 1 187 辆/h 增长到 3 020 辆/h，而道路交通噪声平均值基本维持在 72.0 dB（A）左右。车辆增加，道路车流量加大，而道路交通噪声基本维持在同一水平的主要原因是：①市政府加速建成区内的道路建设，增加机动车通行能力，缓解道路负荷；②优化新建及扩建的道路布局结构，达到快慢分流和人车分流的效果；③市政府各部门颁布相关规定及通告，加强对交通噪声的管理。

1996—2000 年，市区建成区的道路交通噪声一直保持着"内低外高"的分布，城市道路的改造使这种分布特征比 1991—1995 年更显突出。5 年中，全市机动车保有量从 1996 年的 90.1 万辆增至 2000 年年底的 150.7 万辆，增长率为 67.3%，全市道路平均车流量也从 1996 年的 3 044 辆/h 增至 2000 年的 3 907 辆/h。而道路交通噪声平均值能维持在 71.0 dB（A），最主要的原因是北京市道路的不断改善：四环路的全线通车，功能先进的立交桥，高质量网状交通干线的逐步形成，缓解了道路紧张、堵车严重的局势。

2001—2005 年，市区建成区道路交通噪声平均值为 69.5～69.7 dB（A），监测数据显示，与 1996—2000 年相比有明显降低。特别是自 2001 年起，道路交通噪声平均值降至 70 dB（A）以下，其中近郊区道路交通噪声值降幅明显。这些变化不能排除与监测点位、道路条数变化有关。

2006—2010 年，北京市市区建成区道路交通噪声值在 69.6～

70.0 dB（A），道路交通噪声基本保持稳定。但是，70 dB（A）以下的路段长度所占比例已由 2006 年的 60.4%下降到 2010 年的 53.3%，市区内部分路段的道路交通噪声水平有所升高。市区建成区的道路交通噪声一直保持着"内低外高"的分布态势，即由首都功能核心区至城市功能拓展区逐步升高。随着道路改造和发展，部分路段道路交通噪声略有降低。随着北京市机动车数量的迅速增长特别是从 2009 年起各级道路的车流量不断增长，带来道路交通噪声呈上升趋势。全市机动车保有量迅速增加，道路通行压力不断加大，但随着政府相继出台"尾号限行"及"错峰上下班"等一系列措施，在交通压力得到缓解的同时，也使得道路交通噪声基本保持稳定。同时，针对百姓投诉集中的高噪声路段陆续实施降噪工程，通过安装隔声屏障、铺设低噪路面等措施，降低了道路交通噪声对道路两侧区域的影响。对比 2006 年和 2010 年 4a 类区全天24 h 声级变化可以看出，2006—2010 年全天小时声级水平及变化规律与2006—2010 年初期相比基本保持不变，说明在机动车保有量大幅增长的背景下道路交通干线两侧区域的环境噪声基本保持稳定，并没有进一步恶化。此外，由于远郊区县道路车流量与市区建成区相比要小很多，故其交通干线两侧区域环境噪声也相对较低。

2. 各区县建成区

1991—2010 年，北京市各区县建成区道路交通噪声值见表 2-5，变化趋势图见图 2-6。

1991—1995 年，各区县建成区道路交通噪声平均值为 64.6～79.2 dB（A）。其中，城近郊区道路交通噪声基本呈现出"内低外高"的分布特征，远郊区县交通噪声略低于城近郊区。

1996—2000 年，各区县建成区道路交通噪声平均值为 66.8～76.2 dB（A），城近郊区内城市道路的改造使得"内低外高"这种分布特征比"八五"期间更显突出。城近郊区和远郊区县的道路交通噪声比 1991—1995 年均明显下降。

表2-5　1991—2010年北京市区县建成区道路交通噪声统计

单位：dB（A）

年份	1991	1992	1993	1994	1995	1996	1997	1998	1999	2000	2001	2002	2003	2004	2005	2006	2007	2008	2009	2010
东城	70.3	69.9	70.0	67.7	69.8	67.9	68.1	68.1	68.6	68.3	68.0	67.9	68.0	68.1	67.8	68.4	68.4	67.8	67.8	68.0
西城	70.9	72.3	70.3	68.1	70.1	68.8	68.8	67.9	68.0	67.9	67.9	67.9	67.9	67.8	66.9	67.3	68.2	67.9	67.9	67.8
崇文	68.9	70.1	69.8	69.5	70.7	69.5	67.7	67.3	67.0	66.8	66.7	67.9	68.4	67.9	67.9	—	—	—	—	—
宣武	71.0	70.9	69.7	71.1	67.6	69.7	69.9	69.7	69.7	69.0	68.5	68.8	68.7	68.6	68.4	—	—	—	—	—
朝阳	71.4	70.1	72.7	74.8	73.7	73.0	74.8	75.9	74.5	76.2	71.5	70.1	70.6	70.5	69.9	70.0	70.0	70.0	70.0	70.0
海淀	72.7	71.8	71.1	71.9	72.0	71.8	70.9	69.3	69.9	68.9	67.8	67.9	67.8	67.9	68.6	69.2	69.2	68.0	69.1	69.9
丰台	74.8	73.3	73.9	73.4	73.0	72.1	73.1	72.7	72.1	72.1	71.9	72.9	73.0	72.6	72.0	72.0	72.0	72.0	72.1	72.2
石景山	73.6	73.5	73.7	72.7	72.6	72.2	70.7	72.7	75.2	74.8	72.3	71.1	71.8	71.9	72.7	73.0	74.0	74.4	73.2	74.2
城近郊区	72.0	71.6	71.7	71.7	71.7	71.0	71.0	71.0	71.0	71.0	69.6	69.5	69.7	69.6	69.5	69.9	70.1	69.8	69.9	70.2
密云	71.6	70.8	70.3	69.9	69.5	70.4	72.5	69.4	69.8	69.9	69.9	68.0	68.0	69.0	69.0	69.2	68.3	67.6	67.9	67.9
怀柔	70.3	71.3	69.8	71.2	71.8	68.7	67.8	67.6	67.4	66.9	67.9	68.4	67.4	67.4	64.9	65.9	65.0	65.3	63.6	66.3

年份	1991	1992	1993	1994	1995	1996	1997	1998	1999	2000	2001	2002	2003	2004	2005	2006	2007	2008	2009	2010
顺义	71.1	69.3	69.4	70.1	68.2	70.2	69.8	69.7	69.6	69.5	69.4	68.3	69.1	69.7	67.9	69.0	68.1	67.6	67.5	66.2
平谷	70.7	70.1	70.0	70.2	70.5	70.2	68.2	68.9	68.2	68.0	68.1	64.6	66.3	67.5	65.2	64.9	62.3	65.2	66.4	65.9
通州	71.7	72.0	71.1	70.7	69.1	72.2	71.0	68.8	70.5	69.0	69.8	69.7	69.7	69.9	69.6	70.4	70.6	69.4	69.3	69.2
大兴	64.6	66.8	73.4	70.9	69.6	69.8	70.7	69.3	68.5	69.3	71.7	73.6	73.1	72.6	72.6	72.0	71.3	72.9	71.7	70.7
房山	69.8	78.0	72.3	72.8	71.9	68.8	71.1	72.9	76.0	74.2	73.7	71.5	72.8	71.9	68.9	70.4	71.3	70.9	70.2	69.9
门头沟	76.8	76.7	76.9	79.2	71.2	71.8	74.5	68.6	67.8	67.7	67.1	65.1	66.3	67.4	68.9	71.8	71.8	70.9	69.4	69.3
昌平	70.7	68.9	70.6	74.7	68.4	69.7	71.7	70.8	68.8	71.0	71.3	68.7	71.2	67.0	68.8	67.5	69.1	68.5	66.5	66.4
延庆	73.6	71.6	71.7	73.8	71.3	67.7	68.0	67.8	68.3	69.1	70.6	70.2	67.8	67.4	66.3	67.0	67.4	66.5	68.7	67.4
远郊区县	71.3	71.6	71.7	72.6	70.0	70.1	70.7	68.5	68.6	69.5	70.1	69.0	69.3	69.1	68.4	69.0	68.9	68.8	68.4	68.0

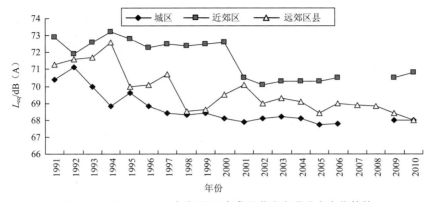

图 2-6　1991—2010 年各区县建成区道路交通噪声变化趋势

2001—2005 年，各区县建成区道路交通噪声平均值为 68.4～70.1 dB（A）。秩相关系数分析显示，远郊区县建成区道路交通噪声值呈显著下降趋势。

2006—2010 年，各区县建成区道路交通噪声平均值为 62.3～74.4 dB（A）。其中，城近郊区保持稳定，远郊区县建成区继续保持小幅下降趋势，且由于远郊区县道路车流量与市区建成区相比要小很多，故其交通干线两侧区域环境噪声也相对较低。

四、节日期间噪声

春节期间燃放烟花爆竹是中国人民的传统风俗，但短时间内大量集中燃放会对全市声环境质量产生严重影响。1992 年 2 月 3—4 日市环保监测中心组织东城、西城、崇文、宣武、海淀、石景山 6 个区监测站，对除夕夜烟花爆竹噪声进行监测。结果表明：2 月 3 日 11：30 至 2 月 4 日凌晨 1：00 期间，6 个监测点噪声平均值为 84 dB（A），均比 1991 年同期高 2 dB（A），其中以崇文区西唐街平房居民区最高平均噪声达 88 dB（A），最大瞬间值为 121 dB（A）。

1993 年 1 月 22 日，除夕之夜，市环保局组织城近郊 6 个区对燃放烟花爆竹情况进行监测。结果表明：对燃放烟花爆竹总量虽然进行了控制，并设置了禁放区，但由于爆竹响度增加，由此带来的噪声污染仍是近 5 年来最严重的一年。21 时至 22 时 40 分平均值为 80 dB（A），比1992 年增加 5 dB（A），23 时 20 分至 24 时为 92 dB（A），比 1992 年高8 dB（A）。

1993 年 10 月 12 日北京市第十届人民代表大会常务委员会第六次会议通过《北京市关于禁止燃放烟花爆竹的规定》中明确，东城区、西城区、崇文区、宣武区、朝阳区、海淀区、丰台区、石景山区为禁止燃放烟花爆竹地区。2000—2005 年监测结果表明，城近郊区重点燃放日噪声水平相对较低，除夕夜噪声监测结果为 53.0～59.2 dB（A）。

市人大常委会 2005 年 9 月通过了《北京市烟花爆竹安全管理规定》，改全面禁放为局部限放，该规定明确了北京市五环路以内地区为限制燃放烟花爆竹地区，农历除夕至正月初一、正月初二至正月十五每日的7:00—24:00 可以燃放烟花爆竹，其他时间不得燃放烟花爆竹。2006—2010 年监测结果表明，城近郊区重点燃放日噪声水平较高，除夕夜噪声平均值均在 80 dB（A）以上，大幅超出国家规定标准限值，同时最大值均在 110 dB（A）以上，瞬时排放水平极高。从噪声时间变化特征来看，除夕夜从 18：00 起烟花爆竹已经开始密集燃放，23：00 至凌晨 1：00达到高峰，小时均值最高可达到 90 dB（A）以上，凌晨 1：00 后明显减弱，集中燃放时段共 7 个小时。

表 2-6　2000—2010 年北京市节日期间噪声监测结果统计　　　　单位：dB（A）

年份	元旦		除夕		初五		元宵节	
	平均值	最大值	平均值	最大值	平均值	最大值	平均值	最大值
2000	52.6	—	59.2	111.5	—	—	48.7	91.1
2001	50.9	—	56.6	107.6	—	—	52.9	106.8
2002	43.7	84.9	53.0	102.6	—	—	53.3	103.2
2003	47.3	84.9	53.0	102.6	—	—	53.3	103.2
2004	47.8	95.0	56.1	109.5	—	—	55.1	104.5

年份	元旦		除夕		初五		元宵节	
	平均值	最大值	平均值	最大值	平均值	最大值	平均值	最大值
2005	45.7	79.7	54.1	95.5	—	—	49.1	98.4
2006	44.4	83.4	82.7	114.8	69.6	116.1	71.4	115.9
2007	45.6	86.4	85.0	116.5	75.7	116.7	78.8	111.5
2008	49.5	85.7	87.9	121.2	84.1	114.6	84.8	115.4
2009	48.9	91.6	83.9	115.6	83.0	113.9	86.8	119.2
2010	46.6	82.5	85.7	116.2	81.5	119.3	82.9	117.9

注："—"数据资料缺失。2000—2005年正月初五没有开展节日期间噪声监测。

第二节　工业噪声治理

工业噪声是北京市20世纪90年代以前最主要的噪声源。新中国成立以后，北京市开始逐渐发展工业生产，但由于缺少必要的规划布局意识，造成工业企业与居民区混杂的局面，而当时工业噪声治理技术尚未成熟，且人们防治工业噪声的意识普遍较低，因此形成了较为严重的工业噪声污染局面，一部分居民由于长期受到工业噪声污染的影响，对此意见很大。为此，市政府于20世纪70年代初开始，逐步组织开展工业噪声的治理。但当时的治理仍仅限于一事一议地解决某个问题，未形成制度、政策层面的统一性和规范性。进入20世纪80年代，随着经济结构调整的需要和规划布局意识的逐渐增强，全市启动了"退二进三"和"退三进四"工业布局调整工作，同时在郊区建设工业开发区，一大批工业企业由城区向近郊区甚至远郊区搬迁，并相对集中，远离居民。城区的工业噪声污染得到有效缓解。

一、工业噪声源治理

工业噪声按其产生的机理可以分为机械噪声、气流噪声和电磁噪声，工业生产中很少发出某一种单一的噪声，一般都是几种噪声组合而成。机械噪声是指各种设备部件在外力激发下，振动或相互撞击而产生的噪声，典型的如冲床噪声。气流噪声也称空气动力噪声，是由气流流动过程中的相互作用，或气流和固体介质之间的相互作用产生的，典型的如热电厂高压排气噪声。电磁噪声是指由交替变化的电磁场激发金属零部件和空气间隙周期振动而产生的，典型的如发电机和电动机噪声。

1. 机械噪声

（1）蜂窝煤机噪声治理。20世纪70年代北京市市区各街道办事处管辖范围内均有2～3个蜂窝煤加工点，多与居民紧邻，蜂窝煤机的冲击声和振动严重扰民，群众反映十分强烈。1978年，北京市煤炭总公司开始研究治理措施，西城区孟端煤厂首先将蜂窝煤机放入密闭隔声的操作间，使噪声有所降低。自此，各区煤炭部门相继开展了治理蜂窝煤机噪声振动的实验探索工作。1980年，西城区东官房煤厂采用隔声间治理蜂窝煤机噪声，隔声量达到30 dB（A），邻近居民窗前噪声由58 dB（A）降至44 dB（A）。同年东城区煤炭管理处采用隔声、减振及将蜂窝煤机放至地下等措施，治理了16台蜂窝煤机噪声。1985年，崇文区体育馆路煤厂法华寺门市部采用隔声、吸声、减振、强制通风等综合措施治理蜂窝煤机噪声，居民室内振动级降至60 dB（A），居民窗前1 m处环境噪声由79 dB（A）降至49 dB（A）。1986年1月，市经委、北京市市政管委、市环保局召开现场会，在全市推广崇文区煤炭公司蜂窝煤机噪声简易有效治理经验。同年，市计委将蜂窝煤机噪声治理费用列入国民经济和社会发展年度计划，有力地支持了治理工作。1992年10月31日，崇文区西河沿、西城区新壁街煤厂生产设施噪声、振动扰民，附近居民到煤厂阻止生产，致使13 500户居民的蜂窝煤供应受到影响。11月2日，市市政管委副主任召开会议，协调居民与煤厂的关系，会议决定对振动超标的崇文区西河沿煤厂依法下达限期治理的通知。随着企业的搬迁调整，20世纪90年代，北京市区的蜂窝煤机已全部得到治理，附近群众不再遭受噪声振动的干扰。

（2）冲床噪声与振动综合治理。冲床噪声一般为92～100 dB（A），振动为 85～118 dB（A），比国家规定的工业企业噪声卫生标准［85～90 dB（A）］高约 10 dB（A）。1982 年 5 月，北京市环保器材供应站承担了北京广播电视配件五厂冲床车间的噪声治理工作，采用隔声封闭、车间内垂挂复合共振腔吸声体进行消声处理；冲床下加装丁腈橡胶减振垫，机械通风保持室内空气新鲜，同时对通风机的噪声进行消声处理。治理后，车间内噪声为 86 dB（A），居民窗前 1 m 处为 54 dB（A），达到城市一类混合区区域环境噪声标准和劳动保护卫生标准。北京机床电器总厂冲压车间内共有 16～80 t 不同类型冲床 17 台，距厂墙外 6 m 的平房居民深受其噪声、振动之苦，砸碎厂房玻璃的事件时有发生。1983年 6 月，国家建研院物理所采用可卸式装配结构隔声间对该厂进行治理，平均噪声隔声量可达 29 dB（A）左右，保留了非居民区一侧的原有窗口，以利于通风散热。用橡胶垫减震，在冲床群外侧设置隔振沟，以降低振动。治理后，居民住宅内地面的振动级小于 60 dB（A），噪声降到 50 dB（A），居民表示满意。1991 年，北京椿树整流器厂机加工车间、打包带钢厂等 12 个噪声污染工厂、车间已经停产或搬迁。

2．气流噪声

（1）热电厂高压排气噪声治理。20 世纪 70 年代初，位于建国门外的第一热电厂在燃煤高压锅炉排气放空时产生高达 150 dB（A）的噪声，使附近群众遭受严重干扰，坐立不安，无法入睡。中国科学院物理研究所研究完成小孔喷注消声设计。小孔喷注起着移频的作用，使气流冲击声的频率上移至人耳不敏感的特高频区域。市劳保所应用该技术研制成功节流降压小孔喷注加复合消声器的设施，使锅炉排气放空的气流噪声有了可靠的控制方法，不仅解决了第一热电厂高压排气噪声，而且解决了此后建设的第二热电厂以及其他工厂的锅炉高压排气噪声污染问题。

（2）石油化工噪声治理。石油化工生产的噪声，主要来自运转中的设备，加热炉和高速气流在管道中冲击振动或排空时的喷注以及电磁等。1975 年开始，北京石化总厂陆续在东方红炼油厂催化裂化装置主风机风道、向阳化工厂苯酚丙酮装置氧化尾气放空管、曙光化工厂烷基苯和润滑油两套装置蒸汽喷射泵放空管上安装了不同类型的消声器。截至1983 年厂内已有 138 台机器设备安装消声器；1985 年，有 92 台 40 kW以上的电机、20 台风机、15 处放空管安装了消声器，建隔声间 45 间；1990 年年底，厂区和生活区噪声均达到国家标准。

（3）锅炉房噪声治理。锅炉房噪声主要来自风机和水泵。随着生产的发展和供热面积的增加，锅炉房噪声成为北京市量大面广的噪声污染源。1984 年，应北京市环保局要求，中国建筑科学研究院物理研究所开始研究风机噪声消声问题，截至 1989 年总结出 3 种治理方法：一是对鼓风机加设隔声罩及消声器；二是对露天设置的引风机，加盖机房并设进风消声器；三是对已有的机房进行改造，增加隔声措施和改造烟道等。在崇文区、西城区环保局的组织和支持下，先后对板厂小区、厂桥小区、北京阀门三厂、人民大学分校及其他地区约 200 个锅炉房的噪声进行了综合治理，部分锅炉房还更换了低噪声风机、水泵，治理后锅炉房内离风机 1 m 处噪声降至 66 dB（A），周围居民楼环境噪声降至 40～50 dB（A）。全市推广了上述综合治理锅炉房噪声的经验，1990 年年底，居民区锅炉噪声扰民问题基本得到解决。

1991 年，东方酿造厂制酱车间三面与居民相邻，其锅炉房噪声、蒸汽加热噪声以及车间鼓风机噪声和振动严重干扰着周围的居民。市二商局、酿造公司下决心要彻底根治，在多次论证方案的基础上采用安装蒸汽加热消声器、隔声与减振等综合治理方案，使居民处的噪声由治理前的 67dB（A）降至 52dB（A），使 24 户居民免除了噪声的干扰。

（4）航空发动机试车台噪声治理。中国人民解放军空军第一研究所有航空发动机试验台两座，试车时最大 A 声级高达 162 dB（A），距试车台 350 m 以外的住宅区居民窗前最大噪声 75 dB（A），远远超过Ⅱ类混合区环境噪声标准，噪声污染半径为 2 km，影响区域达 12 km²，扰民 1 200 户。1984 年 7 月，市环保局提出停止试车、限期治理的要求。

全军环办拨款 323 万元，委托清华大学建筑系研究设计，室内采用穿孔板吸声结构和吸声尖劈等消声装置，将两个台架合用一个排气塔，用 62 cm 厚砖墙的隔声室把排气消声筒封闭起来，在排气通道上设置吸声装置等。经过 3 年努力完成了治理任务，试车台操作间平均降噪量为 29 dB（A），达到 77 dB（A），低于《工业企业噪声卫生标准》（试行草案）的规定值；排气塔出口处为 74 dB（A），距试车台 350 m 处宿舍楼前降至昼间 44 dB（A），夜间 40 dB（A）。试车台超标区域缩小至昼间 30 m 以内，夜间约 100 m 的范围。该工程是 1988 年北京市完成的最大噪声治理工程。

3. 电磁噪声

北京机务段水阻试验台建于 20 世纪 70 年代初期，是为测试火车机车维修后的性能而设立的，在试验过程中机车放电，产生较高电磁噪声。最初该试验台位于朝阳区双井双花园小区北侧，当时周边未建设居民小区，但随着城市发展，周边的居民小区相继建设，导致试验台距小区居民楼较近，试车时居民窗前噪声达到 90 dB（A）以上，严重影响小区居民生活。由于受影响的居民位于朝阳区，但水阻试验台却位于崇文区，居民为此多次向市环保局、崇文区环保局、朝阳区环保投诉。2008 年，根据市环保局要求，机务段制定了试验台向西迁移，并由敞开式改为全封闭机车整车试验库的降噪方案。经治理后，试验库距居民住宅约 500 m，厂界噪声为 63.7 dB（A），满足 4 类区标准要求。治理过程中环保投资为 177.75 万元。

1980 年以来，北京市各级环保部门对群众反映强烈的噪声扰民企业下达限期治理通知。新华印刷厂、北京建筑锁厂、北京轧辊厂、西城豆制品厂、北京无线电元件八厂、华侨大厦、北京铁路局招待所等单位的机械和风机噪声，采用隔声、吸声、消声、隔振等控制措施后，都取得了较好效果；对于居民反映强烈，又不能就地治理的气锤、电锤、冲床等设备或车间，采取停产、并产、搬迁等措施，群众较为满意。

4．电厂噪声

（1）郑常庄燃气热电工程噪声治理项目。2007 年和 2008 年，华电（北京）热电有限公司郑常庄燃气热电厂的两套联合循环热电联产机组相继投产运行，工程建设 2 台 200 MW 级燃气—蒸汽联合循环热电机组和 3 台供热能力为 419 GJ/h（100 kcal/h）的尖峰供热燃气热水锅炉。厂内噪声源主要有锅炉排气噪声，天然气压缩机、蒸汽轮机、燃气轮机、发电机、锅炉给水泵、循环水泵的机械噪声，配电装置、变电器的电磁噪声以及冷却塔噪声等。治理前噪声源源强超过 85 dB（A），厂界处可达 65 dB（A）以上，超过居住小区噪声标准。厂方委托绿创公司对其实施了降噪治理，治理措施为：①主厂房区域采用吸隔声墙体、隔声门窗、进风口和屋顶风机处采用进排风消声器、孔洞缝隙采取隔声封堵措施；②余热锅炉区域采用封闭结构、隔声门窗、通风系统分别采用进排风消声器、烟囱设置烟囱消声器、锅炉排气消声器、孔洞缝隙采取隔声封堵措施、前置模块区域设置复合隔吸声屏障；③机力通风冷却塔区域在进排风口处加装进排风消声器、电机加装隔声罩、风机加装减振装置；④变压器区域设置隔声吸声屏障、隔声门。项目实施后，厂界噪声均达到《工业企业厂界环境噪声排放标准》（GB 12348—2008）1 类限值要求，顺利通过环保部门噪声验收，并取得"国家重点环境保护实用技术示范工程"称号。

（2）草桥燃气联合循环热电厂二期工程噪声综合控制项目。2013 年，北京京桥热电有限责任公司在丰台的草桥地区建设草桥热电厂二期工程，扩建 2 台 350 MW 级燃气—蒸汽联合循环热电机组。该项目主要噪声源有燃气轮机、蒸汽轮机、锅炉给水泵、天然气增压机、循环水泵等机械噪声，声源处噪声值最高可达 90 dB（A）以上，厂界处噪声可达 60 dB（A）以上。厂方委托绿创公司实施降噪治理。采取的主要措施有：①主厂房区域（燃机、汽机、热网站等）采用轻质多层复合墙体结构，隔声门、窗，进排风口采用进排风机，孔洞缝隙采取隔声封堵措施, 燃机进风口加装复合隔声吸声消声装置; ②余热锅炉区域锅炉本体及天然气前置模块采取采用轻质多层复合墙体和屋面结构, 隔声门窗, 通风系统采用进排气消声器, 烟囱设置烟囱消声器, 锅炉排汽(气)专用消声器, 孔洞缝隙采取隔声封堵措施; ③机力通风冷却塔区域机力塔设置大型进风消声装置加淋水降噪装置, 风机排风口设置排风消声器, 进风、排风设置降噪导流段, 风机电机及减速箱设置减振系统, 塔体墙面采用厚度为 200 mm 的混凝土结构, 机力塔回水管路埋地; ④天然气调压站区域采用轻质多层复合屋面结构, 隔声门、窗, 通风系统设置进排气消声器, 孔洞缝隙采取隔声封堵措施, 将增压机组、阀组放在室内。

本项目实施后, 厂界噪声均达到《工业企业厂界环境噪声排放标准》(GB 12348—2008) 1 类限值要求, 顺利通过环保部门噪声验收, 并获得"国家重点环境保护实用技术示范工程"称号。

二、生活噪声源治理

20 世纪 80 年代, 随着商业及旅游业的开展, 北京市逐渐建起众多的星级宾馆、饭店, 设计中多将产生噪声的设施布置在紧靠居民的一面, 附近群众对其空调、冷却塔、厨房排烟机等噪声扰民反映强烈。

2006 年, 针对群众投诉餐饮业油烟净化及通风装置、商业鼓引风机和冷冻机组、办公写字楼冷却塔等固定源噪声扰民较为集中的问题, 市环保局召开城八区环保局专项工作会议, 要求各区县环保局进一步加强固定源噪声污染监督管理, 从开展自查、限期治理、加强验收、追踪回访、及时沟通、严肃纪律 6 个方面, 强化固定源噪声污染治理工作。对重复投诉三次以上或造成集体上访的, 列为市局挂牌督办重点案件, 限期结案, 努力解决一批群众反映噪声污染的问题。

(1) 冷却塔噪声。1984 年 5—10 月, 市环保局查处的冷却塔噪声扰民事件有 8 起之多。1984 年 8 月和 1985 年 7 月, 燕京饭店北侧的居民不堪忍受饭店冷却塔噪声干扰, 两次与饭店发生冲突, 市领导出面解决。

燕京饭店经反复研究试验，于 1986 年 4 月安装了进口超低噪声冷却塔，使矛盾得到缓解。

1987 年 12 月，北京市公用局和市环保局联合发布《关于冷却塔使用管理的暂行规定的通知》，规定了冷却塔噪声的最高限值，要求安装冷却塔的位置，应与办公室、住宅、病房、教室、幼儿园保持适宜的距离，不得影响办公和居民休息。同时，市环保局组织市劳保所、清华大学电机系、机械电子部第四设计研究院等单位研制低噪声冷却塔，并先后对群众反映强烈的香山饭店、第一机床厂等单位的旧冷却塔进行改造治理，使噪声明显下降。

（2）空调制冷设备噪声。为控制空调制冷设备在安装使用时对环境造成的污染，保障人体健康和良好的生活环境，市环保局于 1998 年 6 月 1 日发布实施《关于空调制冷设备安装使用环境保护管理的通告》，对北京市空调制冷设备的安装使用进行了规范，其中重点规范了临街空调制冷设备的安装使用。各区县环保局依照该通告的具体要求在各自辖区内开展整治工作，控制和减少空调制冷设备造成的热污染和噪声污染。

（3）水泵噪声。2000 年以后，北京市高层居民建筑日益增多，为了节约用地，开发商将供水水泵设置在居民楼地下一层、二层。由于在安装过程中未严格遵守《民用建筑隔声设计规范》等建设部门关于建筑减振隔声的有关要求，致使设置在地下的水泵在运行过程中产生的振动通过房屋结构传导到住宅建筑的低层室内，造成较多的居民投诉，牛街东里、西里两个小区是少数民族集中地区，曾因水泵等公用设施噪声扰民，引发群体性上访。2006—2007 年，市环保局组织开展了牛街小区地下水泵噪声治理示范工程，投资 150 万元，更换选用变频低噪声供水水泵，并对水泵管道的连接处进行改造，以减轻结构传声的影响。为切实解决影响群众生活的噪声问题，共完成 9 栋居民楼的噪声治理，居民对治理效果十分满意。

第三节　交通噪声污染防治

一、道路噪声

道路噪声污染防治是一项系统工程，涉及城市规划、道路建设、声源控制等多方面因素。

1. 规划和管理措施

合理的道路规划可以有效控制城市道路交通噪声的污染范围和强度。北京进行的多条环路建设，有效分流了大、重型车辆，减少了此类高噪声车辆对市区内的污染。目前问题较大的是城区原有道路改、扩建和新路建设。受原有规划建设的制约，道路扩建、打通"断头路"等工程造成了一些新的污染区域，使一些过去不临街的建筑物现在直接面对道路交通噪声的影响。

（1）通过道路规划解决噪声问题。进入 20 世纪 80 年代，北京城市道路建设明显加快，多条道路逐年分批实施改造，使车辆分流，噪声相应降低。1980 年对酒仙桥地区机动车行驶路线进行改道，使该地区 80%的居民从严重的噪声干扰中解脱出来。1983 年年底已有 40 多条道路建成三块板路面，附设隔离桩，快慢车和行人分开，各行其道，使等效声级降低 5 dB（A）；修建行人过街天桥、地下通道，等效声级降低 3 dB（A）。在西单北大街和前门大街等闹市区，禁止鸣笛和修建过街天桥、地下通道及人行道栏杆等，解决了人车争道问题，增加道路有效宽度后，使这两条原来噪声水平最高的街道，成为噪声水平较低的街道。西单北大街的噪声从 1981 年的 81 dB（A）下降至 1984 年的 66.2 dB（A），降低 14.8 dB（A）；前门大街的噪声从 84 dB（A）降至 71 dB（A），降低 13 dB（A）。交叉路口修建环形岛，其转盘处与同样车流量的十字路口相比，交通噪声降低约 4 dB（A）。

（2）机动车采取降噪措施。机动车噪声的主要声源是汽车发动机、喇叭、刹车不良和排气等。道路交通管理在控制城市噪声工作中也有重要作用，20世纪80年代初，北京市推广使用低噪声污染汽车喇叭，同时，逐步在市区部分路段和区域实施喇叭禁鸣措施，取得了比较明显的降噪效果。1978年9月27日，市公安局、市环保办公室发布"关于减少城市噪声的通告"，要求各种机动车必须安装有效的消声器，没有消声器或消声器失效的车辆，严禁在街道上行驶；各种机动车不准连续不断或长时间鸣喇叭，禁止用喇叭叫人。1979年，北京试制成功低噪声汽车喇叭，其声级为正向105 dB（A），侧向衰减20 dB（A），并安排大批量投产，供应北京地区使用。同时，市政府有关部门组织大专院校、科研单位研究成功各种国产汽车新型消声器，并在北京市安排厂家专门从事汽车消声器的生产。

1983年9月，市政府办公厅转发了《北京市公安局关于严格控制交通噪声的通告》，规定凡在市区道路上行驶的机动车辆自1984年1月1日起，一律改用低噪声汽车喇叭，15条主要大街禁止鸣笛。市公安局交通管理处印发通告，分发到各有关单位，并通过外交部礼宾司向驻华使馆、外交代表机构致函，转述通告。在广泛宣传教育的基础上，严格管理。市公安交管部门以身作则，主动将170多处交通指挥岗的广播喇叭拆除。截至1983年年底，近12万辆机动车全部更换了低噪声喇叭。2001年，北京市机动车禁鸣喇叭的范围从三环扩大至四环；2007年4月15日起，北京市机动车禁鸣喇叭的范围从四环以内扩展至五环路（含）以内，违法使用喇叭的将被处以100元罚款，即使遇到紧急情况需要使用喇叭时，司机不得连续按鸣超过3次，每次按鸣不准超过0.5 s，喇叭音量不准超过105 dB（A）。

（3）确立"后建者承担责任"的原则。2007年1月1日起，北京市正式实施《北京市环境噪声污染防治办法》，该办法第二十条、第二十一条对交通噪声污染防治的有关责任进行了明确规定，道路交通噪声污染防治实施"后建者承担责任"的原则，即道路或两侧敏感建筑物（住宅、医院、学校等）建设时间在后的，由其建设单位负责治理交通噪声污染。

2．工程措施

城市道路交通噪声主要来自各类机动车辆，从声源控制入手，降低各类机动车辆噪声辐射，是控制城市道路交通噪声最有效和最重要的措施。道路交通噪声的声源控制主要包括两部分，机动车辆噪声控制和轮胎噪声控制。

（1）轮胎噪声控制。随着车速的提高，轮胎—路面噪声日显突出，当机动车辆速度大于 60～70 km/h 时，轮胎噪声就成为汽车，特别是轿车和轻型车的主要噪声源。轮胎噪声一般由轮胎花纹间的空气流动和轮胎周围空气扰动构成的空气动力噪声、胎体和花纹元件振动而引起的轮胎振动和道路不平造成的路面噪声三部分组成。在特殊行驶条件下，如急刹车、急转弯、起步或路面积水等情况，轮胎还会产生振鸣声和水溅声。

控制轮胎噪声最有效、直接的办法是铺筑低噪声沥青路面，我国从 20 世纪 90 年代开始进行这方面的试验工作，提出了低噪声路面的相应要求和初步指标，并铺设了几段低噪声试验路面，均取得一定的降噪效果（图 2-7）。

图 2-7　低噪声路面

　　北京市在这方面也做了一些有益的尝试，市环保部门会同市市政工程公司探索道路路面的改造试验，研究推广大空隙沥青混凝土低噪声路面，减轻高速路、快速路路面与车辆轮胎激发产生的噪声污染。在前期试验的基础上铺设了几千平方米的低噪声沥青路面，取得 3 dB（A）的降噪效果。各试验路段分别为二环路至三环路连接线劲松段（1.5 km）、昌平区北七家汽车城外部道路北辅路（0.628 km）、西南四环看丹桥至科丰桥内环（1.8 km）、金融街地下交通工程（2.2 km）。

　　（2）隔声屏障与隔声窗。隔声屏障是设置于噪声源和受保护地区之间的声学障板，其作用是阻挡从声源至受声点的直达声，并使绕射声尽量减少，从而使处于声影区内的设备、建筑物、环境场所得到保护。隔声屏障具有降噪效果适中、结构简单、投资少、施工周期短、占地面积小、容易装饰美化等特点。道路交通噪声隔声屏障固定在道路两侧或高架路桥、立交桥两侧的防撞墙上，主要用于降低交通噪声对周围环境的污染。隔声屏障的种类很多，可按不同用途、不同结构形式、不同材质等分为不同类型。北京市第一段隔声屏障建在三环路苏州桥处于西三环与北三环的交叉口处，采用透明式隔声屏障，以保证行车安全（图 2-8）。

（a）三环路苏州桥　　　　　　　　（b）健翔桥东北匝道桥隔声屏障

图 2-8　北京市第一段隔声屏障

　　在交通噪声影响较大，而又不宜设隔声屏障的地段，采用隔声窗是一个比较合适的解决办法。在通常条件下，窗的隔声是整个建筑围护结构中最薄弱的环节，单层玻璃窗的隔声量取决于玻璃的厚度和缝隙的严密程度。一般来说，用增加玻璃厚度来提高窗的隔声量很困难也不经济。为提高窗的隔声量人们通常都采用双层窗结构。真正意义上的双层隔声窗，要求两层玻璃间应有足够的间隔，至少应大于 50 mm，一般为100 mm。如有可能，双层玻璃框内应配置吸声材料，既可增加隔声量，又可以加强双层组合结构的密封。窗框材料从木窗、钢窗、铝合金窗到塑钢窗已经历了 4 代，而在玻璃的选择上也可有单层玻璃、多层玻璃或中空玻璃，这些都为研制隔声窗提供了便利条件。安装设计合理，制做良好的隔声窗可以具有较高的隔声量。在三环、四环路交通流量较大、噪声污染比较严重的情况下，可以使室内声级低于35～45 dB（A）。2000年 7 月开始，北京市要求临街新建住宅必须安装隔声窗。北京市对既有道路及道路两侧住宅采取安装隔声屏障、隔声窗的工程措施治理噪声污染的路段主要有四环路、五环路、京承路、朝阳北路、莲石西路（石景山段）、八达岭高速路、机场高速路、莲石路海淀段、京沈高速路等。道路噪声治理工程（隔声窗、隔声屏障）明细见表 2-7。

表 2-7　北京市道路噪声污染治理工程（隔声窗、隔声屏障）明细

序号	路名	声屏障面积/万 m²	隔声窗面积/万 m²	居民楼/栋	缓解户数/户	受益人口/人
1	四环路	1.25	5.5	50	5 400	15 000
2	五环路	3.04	0.24	210	17 308	45 000
3	京承路	0.22	1.38	20	4 710	12 246
4	莲石路（石景山）	0	1.08	12	1 389	4 028
5	朝阳北路	0	8.08	104	10 402	27 045
6	八达岭高速	0	0.8	20	3 460	9 000
7	机场高速	0.4	0	10	1 200	3 500
8	莲石路海淀段	0	0.7	25	3 850	10 000

序号	路名	声屏障面积/万 m²	隔声窗面积/万 m²	居民楼/栋	缓解户数/户	受益人口/人
9	京沈高速路	0	0.18	1	144	380
10	丰北路某部队经济适用房路段	0.02	0	15	15	80
合计		4.93	17.96	467	47 878	126 279

二、铁路噪声

新中国成立前，原北平市沿城区四周有一条铁路线，列车行进时对居民干扰严重。20 世纪五六十年代，铁路部门先后拆除改线，减轻了火车噪声对城区的影响，但从丰台到永定门、北京站和昌平到西直门站的线路仍穿过市区的部分道口和住宅区。永定门至北京站路段长 8.5 km，日车流量约 160 列，火车沿线昼间等效声级为 71 dB（A），列车通过时平均声级约达 80 dB（A），沿线居民苦不堪言。1987 年将这段铁路更换为长轨后，噪声降低了 1.5～2 dB（A）。

1. 管理措施

（1）严格执行环境影响评价制度。1993 年 12 月 15 日，北京铁路分局未经环保部门审批，将北京站道线和站台向西延长 85 m，距北京站西延工程仅 10 m 的丁香小学 5 个教室外 1 m 处噪声达 75 dB（A）。市环保局对北京站西延工程未经环保部门验收处以 5 万元罚款，北京铁路分局收到决定书 15 日内既不申请复议或向人民法院起诉，也不交纳罚款。市环保局申请东城区人民法院对该罚款强制执行。经法院强制执行程序，北京铁路分局交纳了 5 万元罚款及 2 000 元执行费。

（2）实施铁路限鸣。1995 年，市环保监测中心对北京过车站的过往列车进行了 48 小时昼夜监测，以此数据为依据多次与铁路部门协商火车在城区限制鸣笛的措施。2001 年，市环保局与铁道部有关部门协商，在京部分地区限鸣，得到了铁道部领导的支持。2001 年，根据国家环保总局《关于加强铁路噪声污染防治的通知》（环发〔2001〕108 号）关于加强铁路机车鸣笛控制管理的有关要求，同年 6 月，北京市有关部门联合发布了《关于加强铁路沿线交通安全管理的通告》，严格限制铁路机车和其他轨道作业车辆在本市城近郊区内鸣笛。北京铁路局制定了《北京城区范围内限制列车（机车）鸣笛的作业办法》（试行），城八区及通州区为限制鸣笛区域，7 月 1 日起 15 种与鸣笛有关的作业被禁止，改为对讲机联络。2011 年，北京铁路局对原限鸣规定进行了修订，印发《关于重新修订〈北京、天津、石家庄市区限制机车（轨道车）鸣笛办法〉的通知》（京铁机〔2011〕23 号），在北京市限鸣的范围由城八区扩展至远郊区县，并完成了 1 768 台机车和 382 台轨道车的限鸣装置改造。

（3）推进铁路道口"平改立"。实施铁路道口由平面交叉改为立体交叉工程，完善铁路两侧护网，进一步减少机车鸣笛扰民。2003 年，北京铁路分局在北京市当地政府的积极配合下，加大了道口"平改立"的改造工程，仅当年一年时间，就在北京市城区内改造完毕 49 处平交道口。铁路第五次大面积提速后，按照国务院《关于铁路、公路、城市道路设置立体交叉的暂行规定》，积极筹集"平改立"主体工程的资金，并制定出"北京铁路分局提速线道口平改立设计方案"，积极协调当地政府做好立交桥引路、排水等市政管线配合工程的准备，多次与北京市路政局研究道口"平改立"方案。北京市政府责成市发展改革委、市规划委、市财政局、市路政局、市公安交通管理局、有关区县政府，配合铁路道口"平改立"施工。

2. 治理措施

2001 年，在北京站—北京西站间夕照寺和幸福北里区段建设了 1.2 km 隔声屏障；在复八线四惠站地面折返线建设了长 198 m、总高 6.66 m 的折板式隔声屏障，对低层建筑起到一定作用。2006 年，根据环保总局要求，市环保部门督促落实西黄线、西黄线新建线等铁路线路的噪声防治措施。2008 年，根据环保部批复的环评要求，建设单位在京津城际高速铁路旁补建了 4 km 隔声屏障，减轻了铁路噪声污染扰民。2010—2013 年组织对市郊铁路 S2 线补建 15 km 的隔声屏障。

3．搬迁

2004 年，北京市对西客站工程西长线石景山段铁路两侧受噪声影响的 216 户居民进行了搬迁。2008 年奥运会举办前期，东城区泡子河社区北京站周边 150 户受火车噪声影响居民完成了搬迁。

三、机场噪声

北京地区有首都国际机场、西郊机场、南苑机场、沙河机场、良乡机场、张家湾机场、延庆机场 7 个机场，除首都国际机场外，其余的 6 个机场属于军用机场，仅限于平时训练和首长出行使用，由于飞行量较少，一般未发生噪声扰民问题。

随着航空事业的发展、机场的扩建，首都国际机场日起落飞机 170 架次，遇有重大国事活动达 300 架次，航空噪声日渐突出。当地居民深受其苦，强烈要求解决噪声严重扰民问题。1980 年 12 月，国家民航局组织调查测试，随后采取了一些减少噪声干扰的措施：

（1）实行宵禁制度，宵禁时间为每天 23：00 至次日 6：00，此间停止一切飞机飞行活动。

（2）凡从首都国际机场起飞的飞机，均按机场规定的消声程序离场。同时对性能较好的机型执行压缩起降转弯半径的对策，使之在京承铁路以西范围内做进场、离场飞行，以减少穿越顺义县城上空的干扰次数，并增加起降阶段的飞行高度。

（3）根据气象条件，合理使用跑道。由北向南起飞时使用东跑道，由南向北起飞时使用西跑道，尽可能减轻对临近跑道两端的天竺村和枯柳树村的干扰。

（4）减少飞机起降架次。1986 年 8 月起，将训练飞机调至天津张贵庄机场训练。采取上述措施后，虽然飞机噪声有所减轻，但污染仍相当严重，群众反映仍很强烈。

每年当入夏时节，首都机场噪声扰民问题就更加突出，机场周边居民来信来访愈加频繁。为此，1996年10月18日，顺义县政府向市政府报告，要求民航部门首先搬迁因机场航站区扩建致使噪声影响大于80 dB（A）的6个村庄，并对受噪声污染程度相对较轻、需缓迁的村庄给予适当的经济补偿，以妥善解决机场噪声严重扰民问题。11月18日，由时任市政府副秘书长孙康林召开专门会议，研究解决首都机场噪声扰民问题。会议决定：由国家环保局牵头组织全面测试，确定搬迁范围；由顺义县政府牵头，对受噪声污染最严重的枯柳树、回民营村搬迁情况进行调查，并做好群众工作，确保社会安定；由市规划院牵头，会同有关部门对首都机场周边发展做出中长期规划。

1998年12月21日，顺义县后沙峪镇枯柳树村村民代表向市环保局反映首都机场噪声扰民问题。表示此问题若再不解决，该村村民将采取放气球、放鸽子等手段阻止飞机起飞和降落。市环保局向村民代表做了耐心的说服解释工作。2000年3月6日，市环保局向市政府报送《关于解决首都机场噪声污染有关情况的报告》，就项目总投资和降噪措施有关情况做了汇报。

2000年，国家计委组织北京市政府、民航局召开会议，决定由国家出资2亿元，北京市政府和民航局各出资1.5亿元，共计5亿元，对枯柳树、回民营、岗山三个村实施扰民搬迁，对东马各庄和通州区的管头村采取降噪措施，由市政府包干组织实施。后因搬迁政策变化，由仅搬住宅不征地的扰民搬迁改为征地搬迁，资金需求大大增加，搬迁受阻。由于资金落实不到位，直至2007年前，北京市落实资金，枯柳树、回民营的搬迁工作才得以落实，这两个村搬迁共用资金22亿元。奥运会前机场扩建第三条跑道，对岗山村实施了征地搬迁，岗山村搬迁资金约20亿元。

2004年，首都机场三期扩建工程（主要包括新建第三跑道和T3航站楼）完成环境影响评价工作，国家环境总局以《关于北京首都国际机场扩建工程环境影响报告书审查意见的复函》（环审〔2004〕101号）批复原民航总局，建设工程于2005年正式启动，2008年年初完成并启动试运营。第三跑道的使用对处于跑道正南方约3km的樱花园小区造成影响。并造成樱花园小区居民的多次上访，不断反映飞机噪声污染问题。按照国家发展和改革委《关于北京首都国际机场扩建工程项目建议书的批复》（发改交运〔2003〕1078号）和原国家环保总局对樱花园小区飞机噪声治理的有关要求，北京市政府联合机场集团公司共同出资对樱花园小区实施隔声窗置换。2008年8月15日，市环保局组织召开专家评审会，对首都机场集团公司组织编制的《首都机场扩建工程飞机噪声建筑隔声措施方案》进行了审查。2008年4月21日，为配合隔声窗措施的落实，北京市环保局组织制定了隔声窗隔声标准，以《关于印发〈樱花园小区飞机噪声缓解工程隔声窗技术指标〉的通知》（京环发〔2008〕108号）文件形式发布。2009年，市发改委批复经费9600万元，由北京市和民航总局各承担50%，责成顺义区政府包干组织实施，隔声窗安装工程正式启动。2010年，噪声治理工程基本结束，共为3900余户居民安装了隔声窗。并经初步检测，基本达到了方案隔声要求。

四、地铁、轻轨噪声

1. 环境影响评价

2000年年初，城市轻轨铁路13号线项目在建设初期，履行了环境影响评价程序，其《环境影响报告书》由国家环保总局于1999年批准。按照被批准的环评报告，城铁工程计划在沿线十余处噪声敏感点修建隔声屏。经现场检查，城铁13号线在通车前，已基本完成了规定路段隔声屏的建设。

由于地铁建设周期长，5号线自2002年工程可行性研究报告获批到建成，自北四环出地面后的10km沿线内，"多"出了许多新住宅，其中包括：天通苑（太平家园以北）、大屯里小区、康斯丹郡小区、北辰绿色家园二期及奥运媒体村等。按照国家相关规定，凡轨道交通所经路段的住宅、医院、学校等噪声敏感场所，轨道交通运行致使白天噪声在 70 dB（A）以上、夜间在 55 dB（A）以上的地段就必须设置声屏障等降噪措施。为此，地铁公司委托环保部门，继 2002 年年初次环保评估后，又在 2005 年进行了第二次环境评估，声屏障投资从当初的 2 000 万元飙升到 6 900 万元，总设置点增加到 23 处，增加了 7 处。沿线安装声屏障共分 2 m 高、3 m 高、4 m 高、半封闭式四种，根据安装后的测试效果，声屏障的降噪效果明显。

2．降噪防护措施

北京地下铁路第一期工程始建于 20 世纪 60 年代，施工时在通风道内砌黏土泡沫砖，作为吸声材料防治噪声污染。70 年代建设第二期工程时，通风道改用水泥珍珠岩吸声砖砌墙，进一步降低噪声向地面传播。对个别车站站台采用矿棉板吸声，但大多数站台未做消声处理。

2010 年 8 月，北京地铁轨道交通 5 号线由半封闭式隔声屏改为全封闭式隔声屏，改造工期为期 200 天，改造路段自惠新西街北口至立水桥南站三个区段，共计 1 529 m，以降低列车运行噪声对周边居民的影响。

3．减振技术

自 2005 年开始，北京进入地铁大建设时期，2008 年奥运会前同时开通运营了地铁 5 号、地铁 8 号（奥运支线）、10 号线一期，随后在每年都争取开通至少 1 条线路，截至 2012 年，全部通车里程已超过 400 km。地铁在快速建设时也不可避免地带来噪声与振动影响问题。为此，北京地铁建设一直非常重视地铁减振技术，如北京地铁 2 号线在东四十条站铺设了弹性套靴整体道床结构（经 30 多年运行，减振效果显著），在四惠车辆段的试车线上采用了地面线道砟垫减振技术，在 10 号线采用了钢弹簧浮置板道床技术、在地铁 4 号线采用了先锋扣件、轨道减振器等减振技术。

总体来看，地铁（城铁）减振降噪主要分为以下几种措施：

（1）地上段部分。主要措施有合理规划城市轨道交通线路；发展低噪声城市轨道交通车辆；降低轮轨噪声。目前，普遍采取的措施是使用无缝钢轨；设置轨道侧隔声屏障、建筑物隔声门窗等。

（2）地下段部分。主要措施有轨道减振，即弹性扣件、弹性支承块、浮置板、减振降噪型钢轨等。这些措施目前国内外使用非常普遍，已经是一项较为成熟的技术。

第四节　施工噪声污染防治

1949 年以前，房屋建筑及道路桥梁等工程施工极少，施工噪声对居民生活影响不大。1949—1970 年，全市年均施工面积 349 万 m^2，虽然施工较多，但施工机械较少，主要是工地的广播喇叭扰民。20 世纪 70 年代，全市年均施工面积达 748 万 m^2，1990 年已高达 2 865 万 m^2，由于施工机械日益增多，不少工程昼夜施工，噪声扰民问题日趋严重。

一、施工噪声污染状况

1984 年《北京市环境噪声管理暂行办法》发布后，市环保局于 1985 年组织国家建研院物理所对施工现场使用的打桩机械、土方机械、混凝土搅拌机、混凝土振捣机械、起重机械、木工电锯、型材切割机、挂式夯土机等机械及 4 个施工现场的噪声进行实地调查。调查结果表明，打桩机和电锯的噪声级最高，分别达 109～113 dB（A）和 110～114 dB（A），均超过标准。另外，运料载重汽车噪声污染也很严重。由于施工声源越来越多，声级越来越强，特别是夜间施工，周围群众反映十分强烈。为此，市建委多次组织建筑施工主管部门研究防治措施。部分单位采取了集中搅拌混凝土等减少噪声措施，对必须夜间连续作业的工程，事先与周围居民协商，个别施工单位采取给周围居民适当经济补偿的办法，以缓解矛盾，但均未能彻底解决施工扰民问题。市区环保局多次接待群众来访并赴现场解决扰民问题。

1987—1988 年，市劳保所等单位系统地对北京市数十个不同类型的建筑工地噪声进行了调查分析，并提出控制措施及建议，其中包括基础、土方、结构和装修 4 个不同施工阶段的噪声限值，为制定国家建筑施工噪声测量方法和限值标准提供了依据。

进入 20 世纪 90 年代以后，随着施工规模不断扩大和人们对环境要求的提高，对施工噪声的投诉急剧增加，有些群众甚至进入施工现场妨碍施工正常进行。1992 年 5 月中旬，宣武区槐柏树街危房改造地区因施工噪声扰民，居民与施工单位发生冲突，迫使工地停工。为此，6 月 3 日，宣武区副区长主持召开协调会议，要求各有关方面以法律为依据，实事求是、公正、合理地解决；施工单位要采取有效措施将噪声减少到最低限度；施工中发生的问题由办事处成立的危改小组解决，无特殊原因，非施工人员不得进入施工现场阻挠正常施工。

2004 年 7 月，朝阳富力城施工噪声扰民附近居民静坐抗议（图 2-9）。

图 2-9　附近的居民挡住运货车，抗议"富力城"工地夜间施工噪声扰民

2004 年 9 月 15 日下午 2 点半左右，宣武区太平庄 14 号楼南侧的工地上发生枪击事件。工地噪声激民愤，气枪冷弹击伤两名安徽来京工人（图 2-10）。

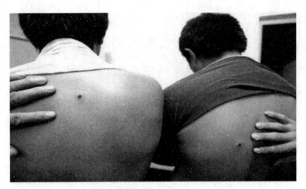

图 2-10　两民工背部均被气枪子弹击伤

二、管理措施

1. 制定管理规章

1991 年 5 月 8 日，市建委、市环保局联合发布了《北京市建设工程施工现场环境保护工作基本标准》，2003 年 1 月 14 日，市建委、市环保局、市市政管委联合发布了《北京市建设工程施工现场环境保护标准》，对 1991 年发布的《北京市建设工程施工现场环境保护工作基本标准》进行了修改，对防治施工噪声作了如下规定：施工现场应遵照《建筑施工场界噪声限值》（GB 12523—1990）制定降噪措施，在城市市区范围内，建筑施工过程中使用的设备，可能产生噪声污染的，施工单位应按有关规定向工程所在地的环保部门申报；施工现场的电锯、电刨、搅拌机、固定式混凝土输送泵、大型空气压缩机等强噪声设备应搭设封闭式机棚，并尽可能设置在远离居民区的一侧，以减少噪声污染；因生产工艺上要求必须连续作业或者特殊需要，确需在 22:00 至次日 6:00 进行施工的，建设单位和施工单位应当在施工前到工程所在地的区、县建设行政主管部门提出申请，经批准后方可进行夜间施工；建设单位应当会同施工单位做好周边居民工作，并公布施工期限；进行夜间施工作业的，应采取措施，最大限度地减少施工噪声，可采用隔声布、低噪声振捣棒等方法；对人为的施工噪声应有管理制度和降噪措施，并进行严格控制，承担夜间材料运输的车辆，进入施工现场严禁鸣笛，装卸材料应做到轻拿轻放，最大限度地减少噪声扰民；施工现场应进行噪声值监测，监测方法执行《建筑施工场界噪声测量方法》，噪声值不应超过国家或地方噪声排放标准。

2005 年 12 月 8 日，市建委印发了《北京市建设工程夜间施工许可管理暂行规定》，规定指出：在城市市区噪声敏感建筑物集中区域内，禁止夜间（22：00 至次日 6：00）进行产生环境噪声污染的建筑施工作业，但国家和北京市重点工程、抢险救灾工程、因生产工艺上要求必须连续作业或者特殊需要的除外；因生产工艺上要求必须连续作业或者特殊需要，确需在夜间进行施工的，建设单位和施工单位应当在施工前到建设工程所在地的区、县建委提出申请，经批准后方可进行夜间施工；建设单位、施工单位未依据有关法律法规和本办法规定领取夜间施工许可证而擅自夜间施工的，任何单位和个人均可依法向环保部门和城管监察部门进行举报、投诉。

2．开展噪声控制研究

1998 年，由北京市八达岭福泰振动器厂与北京市新境环保技术咨询公司联合开发研制的新一代低噪声振捣棒日前通过了市环保监测中心和市产品质量监督检查站的测试。该产品降噪效果明显，对距 5 m 处监测点测得噪声值比目前市场上普遍使用的产品降低了 13 dB（A）。专家认为该产品降噪幅度在同类振捣棒中是比较大的，是降低建筑施工噪声的理想产品。

2004 年 10 月，市环保局组织市劳保所开展了《建筑施工噪声控制导则》（以下简称《导则》）研究项目，于当年完成并进行了验收。该《导则》介绍了建筑施工噪声相关法规和标准、噪声测量、评价和控制基础，噪声源特性，噪声传播特性和噪声预测，噪声技术控制措施和管理控制措施等内容。项目提出了施工噪声污染控制可应用的新材料、新技术（图2-11）。

图 2-11　应用新型建筑柔性隔声、吸声屏障以降低施工噪声

3．建立经济补偿标准

1996 年 4 月 16 日，市政府下发《北京市人民政府关于维护施工秩序减少噪声扰民的通知》，对建设单位和各有关部门提出了明确要求。要求规定：工程开工后，建设单位和施工单位必须成立群众来访接待处；居民以施工干扰正常生活为由，对经批准的夜间施工提出投诉的，建设单位、施工单位应当向工程所在地的环保部门申请，由环保部门按国家规定的噪声值标准进行测定；测定超标的，可由施工单位对居民进行经济补偿；任何单位和个人，不得妨碍施工正常进行；依法严肃处理各种扰乱正常施工秩序的行为和责任人。

2001 年 4 月，市政府以政府令的形式发布《北京市建设工程施工现场管理办法》，其中第二十条规定，"除城市基础设施工程和抢险救灾工程以外，进行夜间施工作业产生的噪声超过规定标准的，对影响范围内的居民由建设单位适当给予经济补偿。"

2013 年 4 月，市政府又以 247 号令的形式对 2001 年颁布的《北京市建设工程施工现场管理办法》进行了修订，重申了"进行夜间施工产生噪声超过规定标准的，对影响范围内的居民由建设单位给予经济补偿"的要求。

三、执法检查

1999 年 6 月 19 日，市环保局组织城八区环保局会同"市长电话"值班室和北京电视台等新闻单位，对城近郊区建筑工地夜间施工扰民问题进行了一次较大规模的执法检查。这次检查共出动执法检查人员 70 多人，检查了施工工地 170 个，对 36 个违法施工且噪声严重超标扰民的施工单位依法进行了严厉的处罚。

2006 年 8 月 1 日起，市建委、市环保局联合开展为期一个月的建筑施工噪声污染专项治理行动，重点落实"五个必须"，即工地必须制定防治施工噪声污染的施工现场管理制度；必须严格遵守施工作业时间；必须采取降低高噪声施工机械运行噪声的措施；必须把固定噪声源布置在远离居民的一侧；必须做好与当地居民的协调工作，认真解决影响群众生活的噪声扰民问题。此次专项治理行动采取企业自查与市、区两级城建、环保部门抽查相结合的方式进行，对违法行为进行处罚并通过新闻媒体予以曝光，同时在有关网站上介绍噪声的危害及防治措施。

第五节　社会生活噪声污染防治

社会生活噪声是指除工业噪声、交通运输噪声、建筑施工噪声以外的其他噪声，在本市主要表现为：高音喇叭噪声、汽车防盗报警器噪声、空调制冷设备噪声、商业经营活动和社区露天文体娱乐活动噪声、餐饮业油烟净化及通风装置等固定源噪声等。

一、高音喇叭

新中国成立后，市区开展各种宣传活动，在大街、路口和公共场所、居民区内设广播喇叭、有的使用广播车进行宣传；不少单位早操、工间操使用高音喇叭，群众对此类社会生活噪声反映日益增多。1953 年 10 月市政府发布《关于减少城市嘈杂现象的通告》。1955 年 5 月，市政府发布《关于减少城市嘈杂声音的规定》。1972 年 8 月，市革委会发出关于在市区、近郊区禁止使用高音喇叭的通知，规定除特定场所允许安装使用高音喇叭外，其他一律不准在室外安装使用，已经安装的要全部拆除。1984 年 3 月，市政府颁布《北京市环境噪声管理暂行办法》，规定市区和郊区城镇，禁止在室外使用广播喇叭；任何单位和个人使用音响器材、发声设备，其声响不得妨扰四邻。

1991 年 9 月 2 日，市公安局和市环保局联合发布了《关于加强社会生活噪声污染防治管理的通告》。明确规定：未经区、县人民政府批准，禁止在街道、广场、公园等公共区域或场所以及疗养区、居住区、风景名胜区，使用大功率广播喇叭和广播宣传车；禁止在商业活动中采取发出高大声响的方法招揽顾客；影剧院、歌舞厅、体育场馆等应采取有效的防噪声措施，达到相应的环境噪声排放标准；使用家用电器、乐器和室内开展娱乐和其他活动时，应当控制音量，不得干扰他人。

二、汽车防盗报警器

20 世纪 90 年代，随着本市私人汽车的逐渐增多，安装汽车防盗报警器的也逐渐增多。为了解决防盗报警器噪声扰民问题，1998 年 3 月 26 日北京市环境保护局、北京市公安局、北京市工商行政管理局、北京市技术监督局联合发布了《关于防止机动车防盗报警器噪声扰民的通告》（以下简称《通告》），从机动车防盗报警器的生产、经销、安装和使用 4 个环节对使用者和产品进行较为详细的规范。《通告》规定：有遇雷雨、冰雹或大风、其他车辆驶过或振动、人为触摸或轻微拍打、电磁波干扰和其他非盗窃状态，机动车防盗报警器不得鸣响"报警"；生产、经销、安装和使用机动车防盗报警器，应当采取有效措施避免对周围居民造成环境噪声污染；机动车防盗报警器的使用者应当使用无线遥控器设置，解除报警状态、开闭车门或者寻车时，不得鸣响扰民；机动车防盗报警器报警后，使用者应当及时处理，防治噪声扰民。为落实《关于防止机动车防盗报警器噪声扰民的通告》，1998 年 4 月 16 日，市环保局组织市公安局、市工商局、市技术监督局对朝阳区亚运村汽车交易中心和丰台区北方交易市场附近经销、安装机动车防盗报警器厂家较为集中的地区进行了检查，共查处了 11 家非法经营的单位，对 133 台不符合《通告》要求的汽车防盗报警器进行了暂扣。

1998 年 8 月 12 日，市环保局、市公安局及海淀分局、海淀区环保局联合对清华大学西北小区教职工住宅区汽车防盗报警器的误报扰民情况进行了检查。

2006 年 11 月 27 日，市政府第 181 号令发布《北京市环境噪声污染防治办法》，明确规定禁止生产、销售、安装使用不符合国家规定标准的机动车防盗报警器。市区各级管理部门加大执法及管理力度，机动车新安装的防盗报警装置都有升级，实现了源头管控，二手机动车及扰民防盗报警器陆续退出使用，防盗报警器噪声扰民基本得到解决。

三、商业经营活动和露天娱乐活动

1994 年 8 月 12 日，市环保局、市工商行政管理局联合发布了《北京市餐饮业、商业服务业以及文化娱乐行业环境保护管理规定》。规定在居民密集或对环境要求较高的地区，不应建设可能扰民的餐饮、商业或文化娱乐设施；已经经营的单位和个人对经营过程中产生的废水、废气、烟尘、噪声、振动、电磁波、固体废弃物等污染须采取适宜的治理措施，达到国家和北京市规定的排放标准，防止污染扰民；超过国家或北京市排放标准、污染环境或造成扰民的，由市或区县环保局依据环保法规对其进行限期治理；经限期治理仍达不到排放标准或继续污染扰民的，经市或区县环保局提出，由工商行政管理部门责令其停业或转业。

1999 年 1 月 29 日市环保局印发《关于加强对餐饮、文化娱乐业环境管理的通知》，对位于居民区的餐饮、文化娱乐业做出不得噪声扰民的规定。

2001 年 12 月，市环保监察队查处了西城区新街口外大街 JJ 歌舞厅，测出噪声超过固定声源场界噪声标准 15 dB（A）以上。整改意见为：安装石棉隔声门，压缩营业时间。随后，市区环保部门查处了多家歌舞厅，对噪声超标的限期整改。

2005 年，针对近来商业经营活动和社区露天文体娱乐活动噪声扰民投诉比较集中，市环保局、市公安局联合对商业经营活动噪声、露天文体娱乐活动噪声及经营性文化娱乐场所噪声等社会生活噪声扰民问题进行了专项检查。各部门共出动执法检查人员 230 余人次，对市区范围内 120 余处居民投诉反映及存在噪声扰民隐患的单位、场所进行了检查，查处了一批群众反映强烈的噪声污染问题，如朝阳区十里河东方惠美建材城，露天搭台使用高音喇叭招商揽客，严重影响周围居民休息，此次联合检查消除了该处噪声污染；有关区环保、公安部门分别对朝阳区东坝家园、海淀区四季青观澜国际、丰台区朱家坟 618 厂宿舍区跳舞、扭秧歌等露天文体活动的噪声扰民现象进行劝止，并对组织者进行批评教育，从而减轻了噪声影响，周边群众普遍反映较好。

2006 年 11 月 17 日北京市政府发布《北京市环境噪声污染防治办法》，于 2007 年 1 月 1 日起实施。

四、中考、高考期间执法

2003 年 6 月 7—8 日，全市各级环保部门加大夜间施工噪声污染监管力度，给广大考生创造了一个安静的学习、休息和考试环境。

2004 年 6 月 1 日，市环保局印发《关于加强高考期间噪声污染监督检查工作的通知》。要求各区县对施工场所进行全面检查，切实解决好环境噪声扰民的问题。市环保局、市建委和市城管执法局对群众反映的 10 个建筑工地噪声扰民问题进行了突击夜查，对明知故犯的北京住总集团政通市政公司朝内大街危改工地，责令其停工听候处理，并予以曝光。

2004 年高考期间，市环保局与建委和城管部门对夜间施工情况进行了多次突击性检查。对三家环境噪声违法企业下达了限期治理通知书，这三家企业是：铁道科学研究院、北京吉普汽车有限公司和北京大学第三医院。

第六节　噪声达标区、安静小区建设

一、环境噪声达标区建设

自 1985 年起，市政府将建设低噪声小区作为每年为群众办的环保实事之一，当年西城区在西长安街、新街口、厂桥 3 个街道建设低噪声小区，共治理噪声源 249 个，总投资近 200 万元；崇文区建成龙潭低噪声小区，共治理噪声源 114 个，投资 137 万元。1986 年，崇文区建成体育馆街道低噪声小区。1987 年，城区全面开展低噪声小区建设，截至 1990 年年底，全市共投资 1 436 万元，建成 25 个低噪声小区，面积 47 km^2，治理噪声源 1 260 个。

1991 年，"低噪声小区"更名为"噪声达标小区"，东城区建成北新桥噪声达标小区，面积 2.6 km^2，直接受益人口 0.105 万，总投资 114 万元；宣武区建成陶然亭噪声达标小区，面积 2.1 km^2，直接受益人口 0.211 万，总投资 96.09 万元。共治理 96 个固定噪声源，4 000 多居民摆脱噪声干扰。

1992 年，东城区建成建国门和东华门噪声达标小区，面积 6.1 km^2，直接受益人口 0.076 万，总投资 78.56 万元；宣武区建成白纸坊噪声达标小区，面积 2.4 km², 直接受益人口 0.242 2 万，总投资 130.9 万元。

1993 年，市环保局根据原国家环保局《关于修改部分城市环境综合整治定量考核指标及有关问题的通知》[（91）环管字第 095 号] 和《关于印发城市环境综合整治定量考核培训班座谈会纪要的通知》[（93）环管城字 005 号] 的规定，对已在东城、西城、崇文和宣武部分地区建成的 60.52 km² 噪声达标小区按照以下原则进行了复核重建：

（1）根据噪声功能区划的不同类别分别复核区域网格噪声平均值和固定噪声源噪声超标情况。

（2）区域有效噪声监测网格不小于 100 个。

（3）固定噪声源达标率不小于 90%，不达标部分最大超标分贝数不得大于 5 dB（A）。

（4）将已建成噪声达标小区范围内水面、公共设施和道路占地面积纳入区域网格噪声监测范围，并统一计算环境噪声达标区面积。

经区环保局认真监测审核和市环保局的组织验收，东城、西城、崇文和宣武已建成的噪声达标小区正式变更为"环境噪声达标区"，建设面积 72.41 km²。

1993 年，朝阳区建成"环境噪声达标区"20.00 km²；海淀区建成"环境噪声达标区"24.46 km²；丰台区建成"环境噪声达标区"6.00 km²；石景山区建成"环境噪声达标区"2.53 km²。

1993 年，城近郊区新建噪声达标区 20 km²，建成区环境噪声达标区覆盖率达 28%。

1996 年，共建噪声达标区面积 250.55 km²，噪声达标区覆盖率为 52.6%。根据原国家环保局关于建设 3 类、4 类"环境噪声达标区"，其面积必须核减 50%的规定，市环保局对新建和已建的 3 类、4 类"环境噪声达标区"面积进行了 50%的核减，并要求各区环保局必须增加"环境噪声达标区"网格和固定噪声源夜间检测值，其夜间监测值要符合《城市区域环境噪声标准》（GB 3096—1993）的相关规定。

2000 年，市区新建噪声达标区 25 km², 使建成区噪声达标区覆盖率达到 71.5%。由于全国各地噪声达标区建设占实际城市建成区的面积百分比越来越大，已失去考核的意义，因此自 2001 年起，国家不再对此项工作进行考核。

二、创建安静居住小区

2002 年年底，国家环保总局向全国发出了《关于开展创建安静居住小区活动的通知》。2003 年 1 月 23 日，根据国家环保总局关于"树立一批环境管理优秀、生活安静舒适的居住小区典范"的要求，市环保局印发《关于开展创建安静居住小区试点工作的通知》，转发国家环保总局关于开展创建安静居住小区活动的通知及考核指标和申请表，以推动城市环境噪声管理。2003 年年初，北京市在全市各区县开展了创建试点工作，2003 年年初步建成 20 个安静居住小区。

2004 年，累计在 50 多个小区开展了"安静居住小区"创建工作。2004 年 11 月，北京市环保局在网上公示了首批 19 个申报"安静居住小区"的小区名单，在广泛收集了群众意见并核实后，按照国家和北京市《安静居住小区的考核指标》（试行），最后确定了首批 15 个安静小区的名单。这些小区的区域环境噪声都达到了《城市区域环境噪声标准》（GB 3096—1993）的 1 类标准，小区居民对小区内部声环境质量的满意率也达到 95% 以上。

为更好地规范安静居住小区创建工作，形成创建安静居住小区的长效工作机制，通过反复摸索，市环保局组织制定了《北京市安静居住小区评审管理办法》（试行），于 2005 年 5 月 20 日以京环发〔2005〕73 号印发。规定：申请"安静小区"的小区其区域环境噪声须达到噪声环境质量 1 类标准，即昼间低于 55 dB（A），夜间低于 45 dB（A）；该小区居民不受建筑施工噪声的污染；城区的小区建筑面积不低于 3 万 m²、其余的小区建筑面积不低于 5 万 m²，居民实际入住率不低于 80%。同时在管理、公用设施建设和公众参与等方面的考核指标作了规定。

2005 年 6 月 5 日，第一块"安静居住小区"的牌匾挂在了朝阳区西坝河西里小区的大门口。同时，北京市环保局授予西坝河西里小区、现代城小区、柏儒苑小区等 15 个小区"安静居住小区"称号。在 15 个小区中，除了 2 个在海淀区外，其余 13 个都集中在朝阳区。2005 年，累计在 80 多个小区开展了"安静居住小区"创建活动（图 2-12）。

图 2-12　安静居住小区——海淀区阳春光华小区

2006 年 6 月 4 日，在西城区三里河一区三号院举行本市第二批安静居住小区命名及授牌仪式。第二批评审出 53 个小区，使全市"安静居住小区"总数达到了 68 个。被市环保局授牌的 53 个小区覆盖了京城九个城区，其中还包括了怀柔、密云的两个小区。创建"安静居住小区"是社区建设和管理工作的创新，其形式和内容与市委、市政府建设和谐社区、构建和谐社会的要求一致，是一项顺民意、得民心、为民造福的工程。两批安静居住小区名单如下：

北京市首批安静居住小区：

朝阳区：西坝河西里小区、现代城小区、力鸿花园小区、世贸国际公寓、安华西里新一区、嘉禾园小区、北辰汇园国际公寓、龙潭湖小区、团结公寓、甜水西园小区、锦绣园公寓、红庙小区、和平街西苑小区。

海淀区：阳春光华家园、柏儒苑小区。

2006 年度 53 个"安静小区"：

东城区：和平里六区、安贞苑 50 号院、台基厂小区。

西城区：三里河一区 3 号院、新北社区、德外新风中直社区、广电总局西便门小区、中国银行小区、官园公寓。

崇文区：富莱茵花园小区、东四块玉南街 4 号院。

宣武区：广安小区、康乐里小区。

朝阳区：安贞医院家属区、中建二局宿舍院、柳芳南里小区、农丰里小区、高家园小区、甘露家园小区、北京国际友谊花园、润民柳芳居小区、伊东漪龙台公寓、富成花园、团结湖北五条小区、甜水园东里小区、安慧里三区甲宅、华严北里 1 号院、新源里小区、北京紫玉山庄别墅区。

海淀区：上地西里小区、永定路三街坊小区、光大花园、鑫雅苑小区、天秀花园安和园、颐东苑小区、清林苑小区、北京印象小区、巨山家园、颐源居小区、永定路一街坊小区、恩济花园小区、中国林业科学研究所京区大院。

丰台区：杏林苑小区、201 所小区、未来假日花园小区、开阳里第一社区、益丰园小区、翠园小区、莲香园小区、芳城东里小区、东安街头条 19 号园小区。

怀柔区：丽湖馨居小区。

密云区：沿湖小区。

2006 年年底，因日益严重的交通噪声影响，越来越多的原先创建的安静居住小区实际声环境质量受到影响，因而无法达到"安静居住小区"的标准，因此，根据市领导要求取消了这一创建工作。

第七节　噪声功能区划

1987 年，根据国家环保局的要求，以《城市区域环境噪声标准》（GB 3096—82）为依据，北京市在城区范围内首次划定了环境噪声功能区，按照功能区的标准进行监测和环境质量评价。1994 年和 2004 年北京市又分别进行了两次声环境功能区划的调整，以适应城市发展和人民生活的需要。

一、第一次噪声功能区划调整

经原国家环保局组织有关部门修改后的《城市区域环境噪声标准》（GB 3096—1993），于 1994 年 3 月 1 日开始实施。该标准对原《城市区域环境噪声标准》（GB 3096—82）做了一些修改，目的是要便于环境管理，并与《工业企业厂界噪声标准测量方法》（GB 12349—1990）衔接，"类别"这一栏的称呼也相一致了。因此，原已区划好的环境噪声功能区，必须做出相应的修改。城市区域现状环境噪声网格平均值结合城市用地功能是修改区划的主要原则，同时还应考虑其他一些区划的指标，如其他城市用地、人口密度、噪声源的治理难度等。

经反复修改、调整，并征求所在区、县规划、城建、交通、公安、基层政府等部门的意见后，确定了噪声区划方案，同时要求要绘制噪声区划图，拟修改区划好的单元要有明显的边界，如道路、河流、绿地等，同时还要制定区划实施细则。修改区划任务完成后，各区、县环保局要有完整的城市用地分类统计；环境噪声现状监测统计资料；拟修改划定的区划要有典型地点 24 小时的连续监测统计数据等。

1994 年 8 月全市各区、县环保局完成了对原划定的噪声功能区划的修改，修改的结果得到了各区、县人民政府批准。各区县声环境功能区划结果见表 2-8。

表2-8　1994年各区县环境噪声功能区划　　　　　　　　单位：km²

区县	建成区面积[1]	功能区划面积				交通干线/条	
		I类	II类	III类	IV类	公路	铁路
东城	25.38	20.92	0	0	4.46	50	0
西城	31.66	26.92	0	0	4.74	67	1
宣武	16.53	11.71	3.07	0	1.75	38	0
崇文	16.46	12.86	2.53	0	1.07	31	1
朝阳	476	230.2	191.9	34	14.7	39	3
海淀	183	128.6	0	12.89	4.51	35	1
丰台	184.5	77	52.2	44.4	10.9	31	1
石景山	55.54	7.32	32.83	12.88	2.51	8	1
昌平	23.06	6.12	5.62	7.98	3.02	15	1
房山	9	2.94	2.11	2.75	1.2	6	0
门头沟	33.58	0	18.4	9.33	5.85	23[2]	—
通州	36.4	0	19.96	15.55	0.89	9	0
顺义	24	8.25	9.19	5	1.56	8	1
大兴	20.56	7.48	4.11	6.8	2.26	7	1
平谷	15.73	1.09	3.48	8.5	2.66	8	0
延庆	10.5	5.7	2.8	0	2	8	1
怀柔	8.75	1.5	5.28	0	1.98	7	0
密云	17.1	5.24	3.42	2.15	2.58	5	1

注：1. 城四区为建成区面积，其他区县为"建设规划用地范围"；2. 门头沟区公路含铁路线。

二、第二次噪声功能区划调整

在第一次环境噪声功能区区划调整工作时，东城、西城、崇文、宣武4个区的划分较为详细，朝阳、海淀、丰台、石景山4个区仅对城区部分进行了划分，其他郊区区县则仅对区县中心（城关）部分进行了划分。10年来，北京城市建设发生了相当大的变化，市区的一些工业集中区随着企业的改制、转产、搬迁、破产等，已经不复存在，相当多的原来的工业用地已改建成了成片的住宅；一些当年属于集中居住区内的小街、胡同现已拓宽为城市主干线、城市快速路、轻轨铁路。一批相对集中的商务区也相继出现。郊区县也进行了大规模的扩建和改造，在对原有工业、商业等进行调整和改造的同时，城镇规模不断扩大，国家级、市级、区县级乃至乡镇级工业开发区相继出现并形成规模。总体来看，1994 年北京市划分的噪声功能区已不能完全适应环境管理及建设项目环境管理的需要，须进行重新划分调整。

2003 年 6 月 2 日，市环保局召开会议，部署区域环境噪声功能区划分第二次调整工作。此次调整依据《城市区域环境噪声适用区划分技术规范》（GB/T 15190—94）、北京城市总体规划和各区县详细控制规划以及各区县的噪声污染现状。调整范围为北京市规划市区、各远郊区县城市化管理地区（城关镇，已建、新建及拟建的规模不小于 1 km² 的各类园区、开发区及居住区域）、交通干线（包括公路、铁路和轻轨）通过的乡村生活地带。具体步骤为：各区县环保局协调所在区县有关部门制定调整方案，经市环保局审查合格，报各区县政府批准实施。调整后的区域环境噪声功能区将于 2004 年 1 月 1 日起实施。

调整范围：主要以东城、西城、崇文、宣武、朝阳、海淀、丰台、石景山 8 个城近郊区为主，其他远郊区县为辅。调整的范围为：规划市区范围为北京市城八区范围，即东城、西城、崇文、宣武、朝阳、海淀、丰台、石景山区所属的全部范围；各远郊区县的规划城区及已建、新建及拟建且具有规模（面积不小于 1.0 km²）的各类规划园区、开发区及居住区域。

调整原则：

（1）市区四环路以内除交通干线（含道路交通、轻轨、铁路枢纽、编组场）和部分集中商业区外，原则上划分为Ⅰ类噪声功能区，集中商业区（包括西单、王府井、前门地区、CBD 地区、金融街地区等）可按实际面积划为Ⅱ类混合区并按Ⅱ类混合区管理；

（2）交通枢纽（包括西直门、东直门、动物园、六里桥、四惠、宋家庄）、铁路站场和枢纽、编组场（北京站、北京北站、北京南站、广安门货场、北京西站等）按其实际所占面积划分为Ⅳ类地区，并对周围区域划分出相应的防护距离；

（3）城市高速路、快速路、铁路主干线、轻轨铁路两侧的防护距离原则上控制在 100 m，但其跨经Ⅲ类地区时，可按《城市区域环境噪声适用区划分技术规范》（GB/T 15190—94）中的规定执行。其他城市道路主干线、铁路支线等应划为Ⅳ类地区的，其防护距离仍按照GB/T 1590—94 的规定执行；

（4）机场附近地区应另行划定，其中西郊机场附近按照跑道两侧各500 m，南端 2 000 m 划为机场噪声控制区：南苑机场北侧控制到南四环路，南侧控制距离距跑道南端 3 000 m，东西两侧各距跑道两侧1 000 m。首都机场噪声控制区按其实际划分的功能区进行划分；

（5）已有明确规划的工业园区、已形成规模且规划继续作为工业用地的传统工业区原则上应划分为Ⅲ类功能区；高新技术园区原则上应划分为Ⅱ类区；工业区内的生活小区可按具体情况分别定为Ⅱ类区或Ⅰ类区；

（6）各区县没有进行实际规划的农村地区，原则上划分为Ⅰ类噪声功能区并按Ⅰ类噪声功能区进行管理。

调整特点：规划城区主要分为四环路以内和四环路以外两部分。四环路以内地区除交通干线、铁路、轻轨外的绝大多数地区均调整为Ⅰ类噪声功能适用区；四环路以外地区主要为 4 个近郊区的范围，一是对西郊机场及南苑机场周围地区将其纳入机场飞机噪声影响区，执行机场飞机噪声标准，而不再执行城市区域环境噪声标准。二是原有工业用地，根据其实际情况进行了调整，不再简单地划为Ⅲ类区域。三是原来的农业地区，现变为各类工业园区，分别将其调整为Ⅰ类、Ⅱ类或Ⅲ类噪声功能区。四是本次调整时，注意了保护集中居住区域，如亦庄地区，除集中的Ⅲ类噪声功能区外，将规划为集中居住的区域划定了Ⅰ类噪声功能区。

远郊区县在 1994 年进行噪声功能区划分时，均仅对区县所在的城区建成区范围进行了划定，但近 10 年来各远郊区县的变化也非常大，本次调整变化较大，如专门对首都机场飞机噪声进行噪声功能区域划分，不再划入顺义噪声功能区的范围；以规划范围为依据，大大增加了噪声功能区的覆盖面积；一些区县在与邻区县交界处的噪声功能区划分时，考虑了相邻区县的噪声功能区设置，划分比较合理；对没有进行噪声功能区划定的广大农村地区作出了执行 I 类噪声功能区标准的规定。

调整结果：城近郊区声环境功能区总面积为 1 280.91 km^2，其中，划为 I 类声环境功能区的总面积为 887.97 km^2；划为 II 类声环境功能区的总面积为 215.12 km^2；划为 III 类声环境功能区的总面积为 35.72 km^2；划为 IV 类声环境功能区的总面积为 142.095 km^2。

远郊区县声环境功能区总面积为 568.31 km^2，其中，I 类声环境功能区面积为 167.43 km^2；II 类声环境功能区面积为 164.2 km^2；III 类声环境功能区面积为 148.26 km^2；IV 类声环境功能区面积为 88.42 km^2。首都机场声环境功能区的划分工作由于受机场设计进度的影响，当时尚未完成，其面积没有计入。

全市划入声环境功能区的总面积为 1 849.22 km^2，占北京市总面积 16 872.31 km^2 的 10.96%，其中，I 类声环境功能区面积为 1 055.4 km^2；II 类声环境功能区面积为 379.32 km^2；III 类声环境功能区面积为 183.98 km^2；IV 类声环境功能区面积为 230.515 km^2。

2004 年，完成全市噪声功能区划分的调整工作。18 个区县政府以及北京经济技术开发区管委会已经全部批准了辖区内环境噪声功能区划分方案，全市噪声功能区划分的调整工作已经完成，为全市噪声污染防治的环境管理工作提供了依据（表 2-9）。

表 2-9　2004 年北京市各区县环境噪声功能区划结果统计　　　　单位：km^2

区县	建成区面积	功能区划面积			
		I 类	II 类	III 类	IV 类
东城	25.38	14.44	0.28	—	10.66
西城	26.5	13.29	3.33	—	9.88
宣武	19.04	14.82	—	—	4.22
崇文	16.46	10.94	—	—	5.52
朝阳	470.6	318.98	104.34	22.84	24.44
海淀	424.7	350.73	29.07	—	44.90
丰台	229.88	135.38	59.75	—	34.75
石景山	68.35	29.39	18.35	12.88	7.725
昌平	139.8	66.7	41.2	23.9	8
房山	72.3	19.81	23.95	22.24	6.3
门头沟	31.98	0.6	22.41	2.05	6.92
通州	36.5	2	26.5	7	1
顺义	96.7	28.2	14.4	21.4	32.7
大兴	39.28	10.72	16.91	7.27	4.38
平谷	17.5	2.07	8.87	5.04	1.52
延庆	38.05	12.31	3.26	12.08	10.4
怀柔	24.59	3.31	4.3	14.78	2.2
密云	26.6	7	2.4	8.5	8.7
经济技术开发区	45.01	14.71	—	24	6.3

说明："—"表示无此类功能区。

第三章　固体废物污染防治

　　20 世纪 60 年代,北京市建立了国内第一个现代化的加气混凝土厂,实现了对燃煤电厂排放的固体废物——粉煤灰的综合利用。70 年代,市"三废"治理办公室组织有关部门,对全市工业固体废物的产生及处置利用情况进行过两次大规模调查,并与相关部门配合,制定了鼓励和促进综合利用固体废物的优惠政策,北京市先后建设了利用粉煤灰、锅炉渣、冶炼渣、尾矿渣、电石渣等工业固体废物生产水泥、砖、砌块等建筑及铺路材料的工厂,使工业固体废物的综合利用率逐年提高。

　　20 世纪 70 年代,北京多数工业有害废物与一般工业固体废物混堆在一起,只对部分废酸和电石渣等有害废物进行综合利用。80 年代开展危险废物首次调查,初步掌握了工业有害废物排放量,当时只有几家排放企业配套建设了有害废物焚烧装置。90 年代后期,北京市政府加快了危险废物处置设施的建设,2000 年,第一座利用水泥窑处置危险废物装置建成。2004 年,南宫医疗废物处理厂建成。2005 年,编制完成危险废物集中处理处置建设规划,按照规划全市逐步建设起相应处理能力的医疗废物和工业危险废物集中处置设施,保证了北京市危险固体废物得到安全处置。截至 2010 年,已建立起处置规模 1 万 t/a 以上的工业危险废物综合处置中心 2 座,医疗废物集中处置中心 2 座。

　　1983 年航空遥感遥测解析结果表明,北京 750 km^2 的规划市区内,占地 16 m^2 以上的垃圾堆约 4 699 处,占地 621 hm^2,已形成垃圾包围城市的局面。20 世纪 80 年代末，建设垃圾卫生填埋场项目列入世界银行贷款北京环境项目计划，为实现全市垃圾无害化处理创造了条件。截至 2016 年，北京市已建成垃圾处理设施 33 座，其中，综合处理厂 6 座，垃圾转运站 9 座，焚烧厂 7 座，填埋场 11 座，设计总处理能力 24 341 t/d。生活垃圾无害化处理率达到 99.56%。

经市环保局和市经委协商，将原隶属于市经委的"北京市工业固体废物管理中心"的职能、设备和人员整编制移交市环保局，2001 年 5 月 9 日，北京市固体废物管理中心成立。其主要职责是：受市环保局委托承担对全市固体废物实施监督管理，开展有关固体废物防治方面的技术研究、培训和咨询服务等工作。

北京市推进固体废物污染防治的工作思路是：加强城市固体废物集中处置能力建设，着力推进固体废物的减量化和资源化。同时，加强各部门之间的分工与合作。目前，全市工业固体废物大部分得到了综合利用处置，危险废物和医疗废物基本得到安全处置，市区生活垃圾得到无害化处置。

第一节　工业固体废物污染防治

一、产生量、处置量

1972 年调查结果表明：全市工业固体废物产生量为 269.8 万 t（不含煤矸石），综合利用量为 155 万 t，利用率为 57.4%，主要用于生产建筑用砖 8.5 亿块，砌块 10.8 万 m^3，以及水泥、矿渣楼板等；尚有 114.8 万 t 未能利用。其中大量粉煤灰排入永定河（图 3-1），钢渣存放在卢沟桥渣场。

图 3-1　粉煤灰排入永定河

1979 年，煤矸石被列入工业固体废物统计范围，全市工业固体废物年产生量增至 554 万 t，其中煤矸石为 210 万 t；固体废物综合利用量为 216.5 万 t，其中煤矸石利用量只有 15 万 t。

1981—1990 年，北京市在工业生产增长的同时，工业固体废物产生量基本持平，工业固体废物综合利用率由 31.7%提高到 49.8%，年排放量由 330 万 t 降至 213 万 t；但累计堆存量由 3 500 万 t 增到 9 782 万 t，占地面积 158 万 m²。历年来较大的工业固体废物堆有：门头沟煤矿的矸石区，卢沟桥一带的钢渣山，朝阳区豆各庄的硼泥，怀柔县黄花城乡的钼矿尾矿山，门头沟区永定乡的工业垃圾等。

1991—1995 年，工业固体废物产生量呈上升的趋势，由 710 万 t 增加到 1 136 万 t，主要集中在冶炼渣、炉渣和粉煤灰上；综合利用率由 1985 年的 42.19%上升到 65.58%；每年利用过去累积的堆存废物 7 万～ 40 万 t；工业固体废物排放量在减少，1985 年的排放量占总产生量的 54.2%，而到 1995 年，排放量仅占总产生量的 5.03%。

1996—2000 年，北京市共产生工业固体废物约 5 800 万 t。其中主要的工业固体废物为：冶炼渣、粉煤灰、炉渣、煤矸石和尾矿 5 类。工业固体废物综合利用量约为 4 200 万 t，平均综合利用率为 72.4%；工业固体废物处置量为 46 万 t，其中处置危险废物 2.4 万 t。截至 2000 年，工业固体废物历年累计堆存量达到 1.18 亿 t，占地面积 291 万 m^2。

2001—2005 年，工业固体废物产生量为 5 907 万 t，比"九五"期间略有增长，综合利用率基本保持在 75% 左右，排放量显著减少。

2006—2010 年，北京市共产生工业固体废物 6 298 万 t，工业固体废物综合利用量 4 617 万 t（含处置以往堆存的量），工业固体废物处置量 3 241 万 t。北京市主要产生的工业固体废物有：冶炼废渣、粉煤灰、尾矿、炉渣和煤矸石。其中，冶炼废渣、粉煤灰和炉渣全部得到综合利用，尾矿基本得到安全处置，历年堆存的煤矸石正逐步得到综合利用或生态恢复。

工业固体废物综合利用处置率从 1990 年的 49.8% 上升到 2010 年的 97.59%。从 2013 年起北京市工业固体废物综合利用处置率已达到 100%。

1991—2010 年北京市工业固体废物统计见表 3-1。

表 3-1　1991—2010 年北京市工业固体废物统计　　　　　　　　　　单位：万 t

年份	产生量	综合利用量	处置量	贮存量	排放量
1991	710	447	2.5	65	222
1992	841	522	1.5	237	101
1993	877	625	4.1	227	62
1994	1 136	778	6.1	315	53
1995	1 076	705	4.5	319	54
1996	1 116	771	4.7	316	42
1997	1 133	791	15.7	200	32
1998	1 236	949	13.7	80	55
1999	1 161	839	3.1	197	35
2000	1 139	838	8.5	157	33
2001	1 136	880	6.7	267	20
2002	1 052	795	3.6	239	17

年份	产生量	综合利用量	处置量	贮存量	排放量
2003	1 186	709	367.5	99	10
2004	1 303	973	235.7	101	10
2005	1 229	779	389	170	0.16
2006	1 356	1 095	632.3	63	0.1
2007	1 274	1 042	690.7	63	0.09
2008	1 157	735	383.4	39	0.09
2009	1 242	910	754.6	44	0.08
2010	1 269	835	780.2	40	0.06

二、综合利用项目

1980 年 4 月，北京市财政局和北京市环保局联合转发财政部、国务院环境保护领导小组《关于工矿企业治理"三废"污染开展综合利用产品利润提成办法》的通知，规定凡 1979 年 1 月 1 日以后投产的，为消除污染治理"三废"开展综合利用项目的产品实现的利润，可在 5 年以内不上交；企业自筹资金治理"三废"的产品利润，全部留给企业；企业和主管部门共同投资或主管部门投资治理"三废"的产品利润主要留给企业，主管部门如需要提留，其比例不得超过 30%；提留用以治理"三废"的产品利润，要继续用于"三废"治理。该通知大大提高了企业综合利用工业固体废物的积极性。截至 1985 年，全市每年提留的利润达 1 000 余万元，用于企业的污染治理，共完成综合利用项目 60 多项。

1993 年，北京市经委、北京市计委、北京市财政局、北京市税务局共同组织并认定批准了北京市第一批资源综合利用企业（项目）共 38 个 [（93）京经节字第 077 号]，享受国家规定的有关减免税扶持政策。

1. 粉煤灰

粉煤灰主要来自高井电厂、石景山电厂、第一热电厂、第三热电厂和首钢公司自备电厂。1970 年，市建材局在石景山高井电厂附近建设了北京市加气混凝土三厂，利用高井电厂粉煤灰生产水泥，设计能力为年产 5 万 t，每年可利用粉煤灰 1 万 t。1974 年开始，又投资 800 万元，建设了年生产能力为 7 500 万块蒸压粉煤灰砖的生产线，每年可利用粉煤灰 15 万 t，1976 年投入运行。

1984 年，市环保局为解决北京第一热电厂、石景山发电厂和高井电厂的粉煤灰综合利用问题，向市建委报送《关于建议组织起来，研究解决北京市粉煤灰综合利用问题的报告》，提出粉煤灰的利用途径很广，不应仅限于市建材局的几个厂，建工、市政、地铁、各开发公司以及小水泥厂均可利用；建议组成专业机构和人员经营管理，对以粉煤灰为主要原材料生产的产品税收、利润提留等经济政策做出具体规定，制定对用灰和供灰单位及个人的奖励办法；加强粉煤灰利用的规划工作；大力开展粉煤灰利用的技术开发及推广应用。市建委采纳了这一建议，建工、市政等行业从此开始研究并实施粉煤灰的综合利用。

1985 年，为进一步鼓励各行业开展粉煤灰综合利用工作，市计委组织有关单位开展调查研究。1986 年，根据国务院转发的《建材工业发展纲要》和财政部对开展资源综合利用，支持建材工业发展有关减免税的规定，市计委、市建委、市经委、市财政局、市税务局等单位联合印发《关于扶持本市粉煤灰综合利用若干经济政策》的通知，于 1987 年起执行。通知明确有关部门要对有一定经济效益的粉煤灰综合利用项目，给予积极扶持，在还贷款期限和利息等方面给予优惠，以电厂粉煤灰为主要原料的建设项目，可以减免征建筑税；以灰渣为主要原料的建材产品，可免征产品税；自筹资金利用粉煤灰的项目投产后，5 年内免征调节税和所得税。通知还规定对利用灰渣无利或微利的企业，每多用 1 t 灰渣，市财政给予补贴 1.5 元，用于职工奖金，并免征奖金税等。从而极大地调动了各行业开展粉煤灰综合利用的积极性和主动性。1987 年开始，北京市建筑工程总公司重点推广商品混凝土及砂浆中掺用粉煤灰两项技术，并制定内部用粉煤灰奖励办法，仅 1989 年就用粉煤灰 2.3 万 t，节约水泥 1.6 万 t，创收 140 余万元。市政工程局的筑路工程，已全部使用粉煤灰掺入石灰、砂砾生产无机混合料做道路承重层，年用灰 12 万～15 万 t，生产混合料 100 万～130 万 t。北京市公路系统在京石、京哈等 14 条公路约 100 km 的筑路工程中，使用粉煤灰无机混合料，年用粉煤灰达 2 万～3 万 t。1989 年燕山水泥厂扩建的 30 万 t 水泥生产线，掺用粉煤灰 2.1 万 t。1970—1990 年，北京市加气混凝土三厂累计利用粉煤灰、渣共 230 万 t，销售粉煤灰加气混凝土制品 80 万 m³，蒸压粉煤灰砖 8 亿块，粉煤灰水泥 9 万 t，磨细粉煤灰 10 万 t，年创产值 1 亿元，还为石景山电厂、高井电厂节省粉煤灰处理费用 4 600 万元，每年少占地 13.3 hm²，节约水费 980 万元。

1991 年，市政部门开始利用粉煤灰制作水泥混凝土管的研究和试验。

1993 年，第三热电厂扩建后将粉煤灰送至琉璃河水泥厂生产水泥；送房山第一水泥厂生产砌筑水泥。

1991—1995 年，电力部门投资约 2 亿元，建设了龙口灰场和高井电厂粉煤灰综合利用工厂，彻底结束了向永定河排灰的历史，提高了粉煤灰的综合利用率。其主要用途是：生产加气混凝土砌块，墙体材料等建材制品，占利用总量的 43%。用于水泥混合材料、砂浆占 34%，用筑路、填废坑占 23%，其余未被利用的粉煤灰送至专用贮灰厂。其中磨细灰用于混凝土、建筑构件，原状灰用于水泥混合材料、砂浆等。2006 年，龙口灰场粉煤灰扬尘污染综合治理工程启动。

2. 冶炼废渣

1981 年，首钢公司筹建重矿渣车间，处理积存的旧矿渣用于铺路和生产建筑材料。1981 年该公司投资 369 万元筹建钢渣破碎车间。1984 年投资 231.5 万元进行扩大改造，使生产能力达到年产 20 万 t，每年增加利润 30 万～50 万元。1988—1989 年投资 716.5 万元，新建两条焖渣线，年钢渣破碎能力达 36 万 t，年产钢渣粉 18 万 t，回用于烧结。每配加 1 t 钢渣粉，可获综合效益 13.9 元。1991—1995 年，首钢公司的高炉渣供水泥厂生产水泥，基本上全部利用；钢渣破碎后供本公司做烧结原料用。同年，首钢公司新建了一条钢渣生产线，可生产渣钢 8 万 t，钢渣粉 40 万 t，剩余物用于筑路和生产建材制品，不仅可以做到新产生的钢渣全部利用，还可销纳部分积存陈渣。1998 年 10 月首钢年处理量 120 万 t 的钢渣加工生产线竣工投产，经破碎、筛分、磁选工艺产生渣钢，一部分可返回生产线作为原料，其余部分作为道路施工用料。2007 年 1 月 22 日，经过两年的努力，首钢卢沟桥钢渣场已消纳钢渣 208 万 t，尚余少量钢渣。截至 2007 年年底，首钢公司 40 余年形成的 300 万 t 钢渣山全部消纳完毕。

1985 年，北京铝加工厂投资 1 万元建成铝灰熔炼回收装置，从含铝 20%～30% 的铝灰中炼出含铝 85% 的灰化锭，用于生产，消除了铝灰的污染，每年获利润 80 万元。

3．尾矿

北京怀柔有色矿用氰化物精选钼矿粉，年排出含氰尾矿 4 万 t，对怀柔水库水质造成污染。1972 年由冶金部投资 60 万元，建设尾矿制砖工程。1973 年市环保局又增拨 30 万元添置设备，使生产形成规模，截至 1978 年该厂尾矿制砖能力已达 1 000 万块/a。

北京灰石厂生产过程中，每年排出 0.6 cm 以下废石屑 10 万 t，1973—1976 年投资 374 万元，利用废石屑生产碳化砖，设计能力为年产 3 500 万块。

2004 年，北京市环保局对尾矿库封场工作进行核查，对不符合环境要求的尾矿库进行治理，建设规范的尾矿库；2005 年实施了平谷区 11 座黄金尾矿库的封场治理项目，该项目建成了规范的尾矿库 8 座，规范处置含氰化物尾矿 110 万 t。

4．煤矸石

煤矸石主要来源于北京矿物局的各煤矿，利用率较低，仅有少量煤矸石用于发电和制砖。北京市的煤矸石主要有两种：一种是白矸石，约占 70%，硬度高，发热量低，20 世纪 90 年代，尚无成熟利用技术；二是煤矸石，可作低热热值燃料，用于发电和制砖。1987年，北京矿务局投资 8 000 万元建设王平村发电厂，以煤矸石为燃料，总装机容量为 1.2 万 kW，配有两台 35 t/h 沸腾锅炉，每年可利用煤矸石 5 万 t。截至 1996 年 5 月，王平村发电厂一期工程已建成，装机容量 1.2 万 kW，每年可利用煤矸石 5 万 t。北京市累计堆存的煤矸石已达 2 560 万 t。

2010 年，北京首条低碳示范路在门头沟地区铺设。作为 109 国道的附线即担下路，12 cm 厚沥青混合料摊铺层，全部采用环保材料——温拌煤矸石和温拌钢渣沥青混合料，道路基层部分也应用了煤矸石。截至 2010 年，历年堆存的煤矸石正逐步削减，并得到综合利用或生态恢复。

5．炉渣

由于北京市的能源结构以煤为主，因此炉渣的产生量大且分散，主要用于建筑材料、砌块、制砖、铺路、作基础垫层等。

6．化工废渣和其他废渣

化工废渣种类多，污染重，如不妥善利用或处理，将会给城市带来严重污染。北京化工三厂从化工废渣中回收甲酸钠和季戊四醇，每年可回收约 6 000 t，综合利用产值达 661 万元。燕山石化公司从炼油厂催化汽油废渣中分离粗酚，从化工三厂烷基苯和润滑油装置产生的泥脚中回收洗油，综合利用产值 60 万元。1991—1995 年，北京有机化工厂通过技术改造、工艺改革，改变生产醋酸乙烯的原料路线，由乙炔法改为乙烯法，停产了 3 台石灰窑，4 台电石炉。减少粉尘 5 000 t，电石渣 6 万 t。

其他废渣包括工业粉尘和有色金属渣等。其中工业粉尘绝大部分返回生产作原料，有色金属渣利用价值高，供应紧张，几乎全部利用。

第二节　危险废物污染防治

一、产生量处置量

2003 年，北京市对全市社会源危险废物产生量进行了摸底调查：全市共产生社会源危险废物 6.1 万 t。其中医疗废物 1.6 万 t，废铅酸蓄电池 1.8 万 t，废矿物油 2.5 万 t，废荧光灯管 657 万只、约 0.1 万 t，废感光材料 0.1 万 t。

社会源危险废物中医疗废物基本实现了无害化处置，其他社会源危险废物中仅有部分废矿物油和部分废荧光灯管由专业处理单位进行处理，其他基本进入废物市场进行低水平利用（表 3-2）。

表 3-2　2003 年北京市危险废物产生及处理处置统计　　　　　　　单位：万 t

废物名称	产生量	企业自行利用、处置量	社会集中处理处置总量	社会化综合利用量	集中处置量	处置方式
工业危险废物	13.5	11.9	1.4	0.1	1.3	焚烧（0.2 万 t 排放）
汽修废矿物油	2.5	2.5				大量流入市场，降级使用
感光材料废物	0.1	0.1				简易提银
废荧光灯管	0.1					基本混入生活垃圾
铅酸蓄电池	1.8	1.8				铅由炼铅企业回收，酸液排入环境
小计	18	16.3	1.4			0.3 万 t 排放
医疗废物	1.6	0	0.9	0	0.9	焚烧（0.7 万 t 分散、流失）
总计	19.6	16.3	2.3	0.1	2.2	

2010 年，北京市危险废物产生量 14.29 万 t，综合利用量 4.87 万 t，处理处置量 8.76 万 t，贮存量 0.66 万 t。产生量中工业危险废物 11.45 万 t，医疗废物 1.88 万 t，其他社会源废物 0.96 万 t。医疗废物全部进行安全处置。

工业危险废物中，综合利用量 4.97 万 t，处置量 6.47 万 t，处置利用率 99.99%。工业危险废物中产生量最大的前 5 名分别是废碱、精（蒸）

馏残渣、废酸、表面处理废物和废矿物油。这 5 种废物的产生量为 7.67 t，占工业危险废物总产生量的 66.99%。2010 年，中国石油化工股份有限公司北京燕山分公司共产生危险废物 3.19 万 t，占全市工业危险废物总产生量的 27.86%。

2004—2010 年北京市危险废物产生处理处置情况见表 3-3。

表 3-3　2004—2010 年北京市危险废物产生处理处置情况统计　　　单位：万 t

年份	危险废物产生量	工业危险废物产生量	医疗废物产生量	其他危险废物产生量	危险废物综合利用量	危险废物处置量	危险废物综合利用处置率/%
2004	12.97	12.32	—	—	5.76	7.20	99.92
2005	13.85	12.89	—		6.15	7.68	99.86
2006	14.39	12.89	1.19	0.31	5.90	6.96	89.37
2007	15.84	14.21	1.04	0.59	6.51	9.06	98.30
2008	13.76	11.53	1.15	1.08	4.82	8.94	100
2009	13.04	11.19	1.2	0.65	5.80	7.24	100
2010	14.29	11.45	1.88	0.96	4.87	8.76	95.38

注："—"数据缺失。

二、管理制度

1. 排污申报登记制度

20 世纪 80 年代，北京市首次开展危险废物污染源调查，初步掌握了工业有害废物排放情况。1997 年，为完善排放污染物申报登记制度、完成 1996 年城市环境综合整治定量考核任务，市环保局决定实行危险废物申报登记工作。2004 年，北京市固管中心编制了危险废物申报登记表格及填报说明。2005 年，在工业污染物排放申报登记中增加了危险废物产生、贮存、转移、利用处置等申报内容，并对区县环保局进行了培训，实施了危险废物申报管理工作制度。根据国家环保总局的要求，2007

年完成了化工行业和原料药行业危险废物专项申报登记工作，申报企业281家。结果显示，北京市化工行业和原料药行业危险废物产生量为9万t，占全市工业危险废物产生量的66.9%，废物种类主要有废碱、精蒸馏残渣等17类，处置利用率为93.8%。

2. 转移联单制度

按照国家环保总局编制、1999年10月1日起施行的《危险废物转移联单管理办法》的规定，产废单位需转移危险废物时，要到环保部门提交申请转移计划，环保部门批准后，产废单位还需到环保部门领取转移联单。只有持有危险废物转移联单的单位才能进行危险废物的转移。2006年7月，北京市率先研究建立了固体废物管理信息系统，实行了危险废物市内转移电子联单，2007年正式运行。北京市固体废物管理信息系统可以实现网上的危险废物转移申报、联单自动申领、打印、固体废物申报登记、重点单位固体废物月报、危险废物经营单位月报、废物进口加工利用单位季报、监测监管、数据统计分析等15项功能。系统的应用，提高了固体废物管理水平，及时提供管理相关信息和数据，简化危险废物产生企业和经营单位的工作程序，提高了办事效率。截至2010年年底，本市执行危险废物转移联单制度的工业企业有1 266家，2010年市内转移量7.03万t，跨省转移量为1.78万t，其余为产废企业内部自行利用或处置。

3. 经营许可证制度

北京市工业危险废物的处置，采用社会化集中处置和企业自行处置相结合的管理机制。2000年，市环保局印发《北京市危险废物经营许可证管理暂行办法》的通知，禁止无经营许可证或者不按许可证的规定从事危险废物经营活动。禁止将危险废物提供、委托给无许可证的单位，或者虽有许可证，但其许可证所载明的危险废物类别与所提供、委托的危险废物类别不符的单位。危险废物经营许可证分为《北京市危险废物经营（临时）许可证》和《北京市危险废物经营许可证》，有效期分别为不超过 1 年、3 年。市环保局根据申请单位的设施水平、经营能力，在许可证中明确规定危险废物经营活动的期限、方式、范围、场所、危险废物的类别与数量等。经营单位必须严格按照许可证的规定进行经营。并对持证单位换领、变更、注销和报送废物转移联单等作了相关规定。

2005 年，市环保局发布《关于危险废物经营许可证申请和审批有关事项的通知》。通知规定：国家对危险废物经营许可证实行分级审批颁发。国家环境保护总局负责对年焚烧 1 万 t 以上危险废物的、处置含多氯联苯、汞等对环境和人体健康威胁极大的危险废物的、利用列入国家危险废物处置设施规划的综合性集中处置设施处置危险废物的单位审批颁发危险废物经营许可证；各区县环保局负责审批颁发危险废物收集经营许可证；市环保局负责审批颁发国家环保总局和区县环保局审批范围以外的危险废物经营许可证。

2010 年，本市共有 13 家单位持有危险废物经营许可证，经营范围覆盖 47 类危险废物，核准的经营规模 24.79 万 t/a，2010 年实际处置利用危险废物 8.82 万 t。

4．管理标准

2005—2016 年，北京市不断制定完善有关危险废物管理的规章、标准、技术规范等，主要有《危险废物集中焚烧处置工程建设技术规范》（HJ/T 176—2005）、《危险废物焚烧大气污染物排放标准》（DB 11/503—2007）、《危险废物集中焚烧处置设施运行监督管理技术规范（试行）》、《北京市水泥窑共处置危险废物环境保护技术规范》及《北京市水泥窑共处置危险废物管理办法》、《医疗废物一次性包装箱》（DB11/T 1032—2013）、《实验室危险废物污染防治技术规范》（DB11/T 1368—2016）等。

2010 年，按照市环保局《北京市机动车维修、拆解企业危险废物环境监管工作实施方案》要求，市固管中心编制了《机动车维修、拆解企业危险废物环境管理工作指南》，印刷 2 万册发至区县环保局及各机动车维修、拆解企业。对 15 个区县一类、二类机动车维修、拆解企业进行了危险废物环境管理培训。编写《北京市机动车维修拆解企业危险废物规范化管理指标体系》，用以指导、规范环保监察人员对机动车维修、拆解企业进行现场检查。

三、处理处置设施

1. 综合处置设施

20 世纪 90 年代末，为解决工业有毒有害废物的污染问题，市政府决定将北京市工业有害固体废物处理的研究项目列入世界银行北京环境项目贷款计划中，由市经委下属的北京市工业有害固体废物管理中心承担世行贷款子项目中"北京市工业有害废物管理和处理工程"及亚洲银行贷款子项目中"北京市工业有害废物处理和处置示范工程"。1997年完成了世行项目"危险废物贮存场"的建设，在北京市大兴县占地45.75 亩，建筑面积 1 690 m^2（含 3 个库房），从事电子废物的拆解工作。亚洲银行贷款子项目中"北京市工业有害废物处理和处置示范工程"拟投资 1.3 亿元人民币在大兴建设集焚烧、填埋、综合利用一体的工业有害固体废物处理处置设施。因投资过大一直未实施。

1999 年，北京水泥厂提出利用水泥窑焚烧处置危险废物的方案，改造投资约 2 000 万元人民币。同年 7 月 28 日，市计委主持召开工业有害废物处理处置工程项目专题会。市经委、市环保局、市建材集团、亚行项目办、固废中心、北京水泥厂的有关领导参加会议。北京市水泥厂和市环保局分别介绍水泥厂的基本情况、试烧工业有害废物的情况、专家技术论证的主要结论和市环保部门对固体废物的管理情况。会议对北京水泥厂利用水泥旋窑焚烧工业有害废物的可行性、是否继续建设亚行工业有害废物处理处置示范工程等进行讨论。经过调研和专家论证，北京市环保局与市发改委决定利用北京水泥厂生产水泥的回转式水泥窑焚烧处置危险废物，处置能力约 1 万 t/a，可对 28 类危险废物进行安全处

置。北京市环保局向北京水泥厂颁发了危险废物经营许可证。2001 年 3
月 8 日，市环保局向市政府报送《关于北京水泥厂利用水泥旋窑处理工
业废物情况的报告》。该报告是回应时任北京市副市长汪光焘在国家环
保总局转来《解振华同志"关于反映北京市在工业固体废物处理中存在
的问题"信件上的批示》的批示。报告认为选择利用北京水泥厂旋窑处
理工业废物是经过慎重考虑的，废物的焚烧严格按照规范进行，增加的
污染份额微乎其微。

2004 年，北京水泥厂建成国内首条利用水泥窑处置城市工业废弃物
的示范线，处置能力 10 万 t，2007 年完成调试验收。

2006 年，北京水泥厂利用水泥窑成功地处理了燕化集团历史积存的
含油废白土 1.3 万 t，首钢公司除尘灰 2 万 t。同时通过对城市污水处理
厂含水率 35% 和 80% 的污泥进行水泥窑焚烧试验，积累了基础数据。
2007 年北京水泥厂将处理危险废物的设备和人员独立出来成立了"金
隅红树林环保技术工程有限公司"。2009 年 10 月底，北京市首条水泥
窑处置城市污水处理厂污泥生产线在北京水泥厂建成并投入试运行
（图 3-2）。生产线于 2008 年 10 月开工建设，每日可处置污泥约 500 t，
可处理酒仙桥污水处理厂的全部污泥和清河污水处理厂一半的污泥，年
处理能力达 22 万 t。利用水泥窑处置危险废物无底渣，成本低，符合废
物处置减量化、资源化原则，北京市将继续推行该工艺，对现有设施进
一步改造，提高处置技术水平，强化污染防治措施。2010 年 3 月 11 日，
环保部批准北京"金隅红树林环保技术有限公司"经营许可证能力为 10
万 t/a，实际焚烧处置能力达到 1.7 万 t/a。

2005 年，北京市编制并发布了《危险废物处置设施建设规划》，规
划在房山区新建一座北京市危险废物集中处置中心，保留并进一步完善
现有北京水泥厂处置设施。

图 3-2　金隅红树林环保技术有限公司水泥窑处置危险废物

2007 年 2 月，北京"生态岛"危险废物集中处置中心开工建设，2008 年 12 月建成，2009 年 3 月投入试运行（图 3-3）。2010 年 12 月 2 日，市环保局、市发改委批复该项目竣工综合验收。"生态岛"危险废物处置中心位于北京市房山区窦店镇金隅集团工业区内，占地面积 19 万 m^2，总投资约 4 亿元。该项目是本市已建成的唯一一家集焚烧、安全填埋、资源综合利用于一体的现代化危险废物综合处理中心，是未来全市危险废物交换中心。配备有综合利用、焚烧和安全填埋等多

图 3-3　北京"生态岛"危险废物集中处置中心危险废物焚烧系统

种处理工艺装置。实际建成规模为 4.7 万 t/a，其中焚烧系统 1 万 t/a，填埋系统 1.2 万 t/a，物化处理系统 0.6 万 t/a，资源综合利用系统 1.9 万 t/a。可处理《国家危险废物名录》中的废矿物油、废酸、废碱等 43 类危险废物。

截至 2016 年，本市共有 16 家单位持有危险废物经营许可证，经营范围覆盖 43 类危险废物，核准的经营规模 31.60 万 t/a，2016 年实际处置利用危险废物（含医疗废物）16.38 万 t。工业危险废物和医疗废物实现 100%安全处置。所有许可证单位均依法制定了意外事故防范措施和应急预案。

危险废物经营许可证单位一览表见表 3-4。

2．企业自处理设施

2006 年，北京市共有 28 家化工企业（或集团）拥有自建的危险废物处理或利用设施，对生产过程中产生的危险废物进行回收并返回生产过程进行综合利用或进行热能回收，涉及 11 类危险废物，共33 756 t。

3．上下游企业间利用

据 2006 年化工行业试点申报统计，2006 年共有 14 家京内企业以及 7 家京外企业接收危险废物作为生产原料，涉及 9 类 1.8 万 t 危险废物。化工行业产生危险废物外部利用除了一对一利用模式外，一对多利用情况较为普遍，存在废物去向不明、转移给无资质企业等现象。

表 3-4　北京市 2016 年危险废物经营许可证单位

序号	单位名称	许可证号	经营方式	经营类别	经营能力/（t/a）
1	北京金隅红树林环保技术有限责任公司	D11000018	收集、贮存、处置	HW02（医药废物）、HW03（废药物、药品）、HW04（农药废物）、HW05（木材防腐剂废物）、HW06（废有机溶剂与含有机溶剂废物）、HW07（热处理含氰废物）、HW08（废矿物油与含矿物油废物）、HW09（油/水、烃/水混合物或乳化液）、HW11（精（蒸）馏残渣）、HW12（染料、涂料废物）、HW13（有机树脂类废物）、HW14（新化学品废物）、HW16（感光材料废物）、HW17（表面处理废物）、HW18（焚烧处置残渣）、HW19（含金属羰基化合物废物）、HW24（含砷废物）、HW32（无机氟化物废物）、HW33（无机氰化物废物）、HW34（废酸）、HW35（废碱）、HW37（有机磷化合物废物）、HW38（有机氰化物废物）、HW39（含酚废物）、HW40（含醚废物）、HW47（含钡废物）、HW49（其他废物）、HW50（废催化剂）共 28 类	100 000

序号	单位名称	许可证号	经营方式	经营类别	经营能力/（t/a）
2	北京生态岛科技有限责任公司	D11000022	收集、贮存、利用处置	HW02（医药废物）、HW03（废药物、药品）、HW04（农药废物）、HW05（木材防腐剂废物）、HW06（废有机溶剂与含有机溶剂废物）、HW07（热处理含氰废物）、HW08（废矿物油与含矿物油废物）、HW09（油/水、烃/水混合物或乳化液）、HW11（精（蒸）馏残渣）、HW12（染料、涂料废物）、HW13（有机树脂类废物）、HW14（新化学品废物）、HW16（感光材料废物）、HW17（表面处理废物）、HW18（焚烧处置残渣）、HW20（含铍废物）、HW21（含铬废物）、HW22（含铜废物）、HW23（含锌废物）、HW24（含砷废物）、HW25（含硒废物）、HW26（含镉废物）、HW27（含锑废物）、HW28（含碲废物）、HW29（含汞废物）、HW30（含铊废物）、HW31（含铅废物）、HW32（无机氟化物废物）、HW33（无机氰化物废物）、HW34（废酸）、HW35（废碱）、HW36（石棉废物）、HW37（有机磷化合物废物）、HW38（有机氰化物废物）、HW39（含酚废物）、HW40（含醚废物）、HW45（含有机卤化物废物）、HW46（含镍废物）、HW47（含钡废物）、HW49（其他废物）、HW50（废催化剂）共40类	47 000

序号	单位名称	许可证号	经营方式	经营类别	经营能力/(t/a)
3	北京中首精滤科贸有限公司	D11000002	收集、贮存、利用	HW06（废有机溶剂与含有机溶剂废物）、HW08（废矿物油与含矿物油废物）、HW12（染料、涂料废物）、HW49（其他废物）	5 000
4	北京科丽力尔净水科技有限公司	D11000003	收集、贮存、利用	HW17（表面处理废物）、HW22（含铜废物）	30 000
5	北京航兴宏达化工有限公司	D11000007	收集、贮存、利用	HW34（废酸）、HW35（废碱）	17 200
6	伟翔联合示环科技发展（北京）有限公司	D11000015	收集、贮存、利用	HW49（废电路板）	1 700
7	北京鼎泰鹏宇环保科技有限公司	D11000017	收集、贮存、利用	HW02（医药废物）、HW03（废药物、药品）、HW06（废有机溶剂与含有机溶剂废物）、HW08（废矿物油与含矿物油废物）、HW09（油/水、烃/水混合物或乳化液）、HW11［精（蒸）馏残渣］、HW12（染料、涂料废物）、HW13（有机树脂类废物）、HW16（感光材料废物）、HW17（表面处理废物）、HW22（含铜废物）、HW29（废荧光灯管）、HW31（含铅废物）、HW34（废酸）、HW35（废碱）、HW36（石棉废物）、HW49（其他废物）、HW50（废催化剂）共18类（不含甲类危险化学品废物）	8 060

序号	单位名称	许可证号	经营方式	经营类别	经营能力/(t/a)
8	北京金州安洁废物处理有限公司	D11000010	收集、贮存、处置	HW01（医疗废物）	10 950
9	北京华腾天海环保科技有限公司	D11000023	收集、贮存、利用	HW03（废药物、药品）、HW06（废有机溶剂与含有机溶剂废物）、HW49（废化学试剂）	6 050
10	华新绿源环保股份有限公司	D11000024	收集、贮存、利用	HW49（废电路板）	2 500
11	北京固废物流有限公司	D11000025	收集、运输	HW01（医疗废物）	15 000
12	北京润泰环保科技有限公司	D11000014	收集、贮存、处置	HW01（医疗废物）	16 425
13	北京东进世美肯科技有限公司	D11000016	收集、贮存、利用	HW06（废剥离液）	14 400
14	北京金隅琉水环保科技有限公司	D11000019	收集、贮存、处置	HW18（焚烧处置残渣）	9 600
15	北京燕昌石化制品有限公司	D11000020	收集、贮存、利用	HW11［精（蒸）馏残渣］	7 000
16	北京燕山集联石油化工有限公司	D11000021	收集、贮存、利用	HW06（废有机溶剂与含有机溶剂废物）、HW11［精（蒸）馏残渣］	25 130

四、环境监管

1. 推进危险废物地方立法

危险废物由于具有多种危险特性，会对生态环境、人类健康和社会安全构成潜在威胁。危险废物的污染防治工作一直以来都是北京市固体废物管理的重点工作之一。为进一步创新管理机制，完善监管手段，解决危险废物防治过程中存在的实际问题，2013 年以来，《北京市危险废物污染环境防治条例》（以下简称《危险废物条例》）相继列入市人大 5 年立法规划、市政府年度立法调研项目。在市人大城建环保委、市人大法制委、市政府法制办的大力指导下，市环保局开展了一系列调研论证工作。《危险废物条例》已于 2016 年 12 月通过市人大立法立项论证，正式进入法规草案制定阶段。

2. 严格进口废物环境管理

2010 年北京市废五金类固体废物实际进口量 2.9 万 t，废塑料类固体废物实际进口量 2.8 万 t，自 2011 年起，逐年缩减进口固体废物批准量，废五金类固体废物批准进口量由 2011 年的 6 万 t 缩减至 2013 年的 1.6 万 t，废塑料类固体废物批准进口量由 2011 年的 3.8 万 t 缩减至 2014 年的 0.5 万 t，2013 年以后，两类固体废物均不再进入北京市。

3. 监督性监测

将危险废物处置设施作为污染源进行监测开始于 2008 年，对固体废物重点污染源名单内的大气和水进行年度监测，大气监测项目为烟气量、烟尘、烟气黑度、二氧化硫、氮氧化物、一氧化碳、氯化氢、氟化氢、汞、铅、镉等，水监测项目为 pH、化学需氧量、生化需氧量、氨氮、悬浮物、汞、色度、石油类等。2009 年起，监测频次和监测项目较 2008 年均有增加。2010 年，危险废物焚烧厂的监测项目增加至 17 项，监测频次增加至每季度一次。

4．执法检查

市环保局每年对全市约 500 家经营、转移以及进口危险废物企业、161 家涉及危险废物产生、收集、贮存、转移及处理处置的单位进行监督检查。

1997 年以来，市二清集团公司回收废干电池总量达 506.87 t，其中河北省易县陶瓷厂于 2001 年运走 227.86 t 做处理试验；其余 279.01 t 仍在市二清集团公司堆置，2014 年全部转移到天津危废处置中心安全处置。

2000 年 5 月 22 日，市环保局向各有关局（总公司），各区县环保局、教育局，各有关单位印发《关于加强对废弃化学药品进行管理的通知》。要求对废弃的化学药品妥善贮存，向环保部门申报登记。本单位无处理能力的，经环保部门同意后，委托有资格的单位处置，杜绝污染事故的发生。

2000 年 7 月 15 日，延庆县靳家堡电镀厂危险废物开始转移。该厂建于 1983 年，2000 年 4 月被责令停产，停产时遗留的电镀废液、废渣及电镀废液污染的渣土一直在延庆县环保和公安部门监督下保存。经调查估算，电镀厂存有含氰废液约 17 t、含氯化锌废液 20 t、含铬废物约 91.3 t，市环保局对危险废物转移、处置实施全程监管。

2004 年 4 月 30 日，历经 6 个月的努力，市环保局将历年回收的废干电池（279.01 t）分批转至天津危废处置中心进行安全填埋处置。

2006 年，市环保局组织各区县环保局对全市汽修行业废矿物油处理处置开展了专项执法检查。

2008 年 7 月 26 日，北京市危险废物处置中心多年收集、贮存的 1 t 多重含汞剧毒危险废物在市公安局治安总队警车的押运下，由贵阳天龙建筑工程有限公司全部安全转移出本市，送往贵州省铜仁化学试剂厂安全处置，彻底消除了安全隐患。

2008 年，市环保局制定实施了《奥运期间固体废物环境保障工作方案》等奥运赛时危险废物监管和应急跨省处置保障方案。向各区县环保局下发了《关于加强废弃危险化学品环境监管的通知》，联合市安监局、公安局下发了《关于开展废弃危险化学品专项检查的紧急通知》，对重点产废单位、危险废物经营许可证单位加强监督检查，全市危险废物得到安全收集、贮存、运输及处置。开展对非经营性危险废物焚烧设施的专项检查。

2009 年，市环保局完成高校实验室、汽修行业和抗生素生产企业危险废物专项调查；开展了停产企业危险废物处置专项检查，对北京东方石化公司化工二厂、有机化工厂生产装置拆除过程中产生的危险废物处置情况进行了检查，确保危险废物安全处置；开展了抗生素、药渣等危险废物专项检查，对北京市 6 家抗生素生产企业进行了检查，并对河北、天津、江苏、山东接收北京市跨省转移危险废物的 9 家处置、利用单位进行了追踪检查。

2010 年，有毒化学品进出口企业的环境管理工作从环保部下移到省级环保部门，北京市首次开展了对生产和使用企业进出口有毒化学品环境管理登记事项的预审工作。编制了"北京市有毒化学品进出口预审工作流程"，建立了《北京市有毒化学品进出口企业环境管理档案》，完成了对 5 家申请企业的预审。

2010 年，建立了机动车拆解、维修行业、重点产废单位的污染源档案。2011 年，配合环境保护部华北督查中心，开展机动车维修、拆解企业监督检查。联合市财政局、中国物质再生协会、市节能协会组织了报废汽车拆解企业升级改造项目专项检查。

按照国家要求，自 2011 年起，每年在全市范围开展危险废物规范化督察考核。将其作为重要抓手，督促各区政府牢固树立属地监管责任意识，抓好危险废物各项管理工作的落实；同时，要求相关企业强化主体责任意识，建立健全内部规章制度，切实加强危险废物收集、贮存、运输和处置利用的全过程管理。近年来，各单位危险废物管理水平逐步提升，有效保障了首都环境安全。在环境保护部组织的全国危险废物规范化管理督察考核中，北京市总分排名持续位居前列。

五、遗存多氯联苯处置

多氯联苯是国际公认的有毒有害物质，1974年起全国严禁使用并停止生产多氯联苯。北京供电局及各电力用户陆续替换下以多氯联苯（PCB）作为绝缘油的电力电容器1.09万台。这些电容器分散在全市各单位，长期存放难免泄漏，污染环境。1981年，北京供电局在延庆县北部山区清泉铺建设一座电容器封存洞，截至1983年，共封存多氯联苯电容器4 500台。1985年又在延庆县黄石礓建设电容器封存洞，截至1989年5月存入电容器4 350台。因运输、贮存过程中管理不善，少量电容器在运输过程中泄漏，污染了土壤，部分电容器在贮存中也出现泄漏，对当地土壤及地下水形成威胁。采取措施后污染虽有所减轻，但仍存在重大隐患。1998年9月11日，根据国家环保总局关于集中处置多氯联苯问题的意见，北内集团内燃机四厂将现存的53台多氯联苯废电容器装车启运，委托沈阳市环保所焚烧处理。1999年按照国家环保总局的安排，北京市将延庆山洞封存的约400 t多氯联苯电容器运往沈阳环保所异地焚烧处理，彻底解决了北京市一大安全隐患。

第三节　医疗废物污染防治

一、设施建设

1998年《国家危险废物名录》颁布，将医疗废物列入危险废物管理范畴，但直至"非典"疫情之前，北京市对医疗废物的收集处理环节薄弱，除2家相对集中的小型医疗废物焚烧设施（北京市洁净医用污物处理有限公司、北京胸科医院）外，绝大部分医院自行处置医疗废物，存在环境安全隐患，而 2 家小型焚烧炉焚烧医疗废物对周围环境的污染，引起周围居民的强烈不满。

1989 年，北京市温泉结核病医院筹资安装一台燃油式医用焚烧炉，在市环保局、市卫生局的支持和协调下，开始进行分片集中焚烧医院污物的试点工作。将附近中关村医院、海淀医院、西苑医院、总参 316 医院、海淀妇产医院的传染病污物集中焚烧。由有关医院负责污物的分类、定点存放，温泉结核病医院负责清运、焚烧。此后在丰台区医院也进行了试点，负责丰台区 10 个医院的污物处理。

1992 年 4 月 7 日,市环保局和市卫生局在北京市胸科医院联合召开医院污物焚烧工作会议，决定从当年开始实行焚烧污物收费制度，该制度能够减少分散焚烧造成的污染，节约各医院人力物力的投入。

1999 年 10 月 19 日，市环保局、市卫生局联合发布《关于加强医院临床废物收集处置管理工作的通知》。通知明确指出不再批准新建、改建、扩建医院自备的临床废物焚烧设施；位于居民区、设施落后或没有处理废物能力的医院，可委托北京市境洁医用污物处理有限公司进行处理。

2000 年市环保局、市卫生局对全市性医疗废物集中处理系统进行了积极筹建工作，委托中国环科院进行调研，编制了《北京市医疗废物集中处置方案规划研究》，2002 年，市环保局组织编制的"医疗固体废物无害化集中处置项目"通过可行性论证。

2003 年"非典"时期，医疗废物产生量急剧增加，从平时的日产约 40 t 迅速突破 100 t。为及时妥善处置医疗废物，切断医疗废物传播"非典"的途径，5 月 13 日，市政府决定，由市市政管委牵头，各级政府和相关部门协同合作，突击建设了 34 座焚烧炉，其中包括利用首都机场航空垃圾焚烧厂，昌平区生活垃圾焚烧厂和顺义区生活垃圾综合处理厂处理医疗垃圾。使医疗废物日处理能力达到 70 t。

2003 年 6 月，国务院制定出台《医疗废物管理条例》。北京市严格贯彻落实条例规定要求，7 月 23 日市环保局和市卫生局联合印发《关于加强医疗废物管理的通知》。要求各有关单位要认真贯彻落实《医疗废物管理条例》，加强医疗废物的收集、储存、转移、处置的监督管理。通知决定在全市规范化医疗废物集中处置设施未建成前，作为过渡，利用部分现有设施临时承担医疗废物的集中处置。之后，北京市取缔了医院内部医疗废物简易处理设施，保留其中 3 家作为临时过渡性医疗废物集中处理厂并进行了改造：北京中意洁医疗废物处理公司（原北京胸科医院）、北京二清环卫集团南宫医疗废物处理厂、北京市境洁医用污物处理有限公司。处置能力为 25 t/d，基本保证了城八区医疗废物的集中处置。

此后，北京市加快了医疗废物处理设施的建设，逐步取消了过渡性处置设施：2004 年，南宫医疗废物焚烧设施建成，北京中意洁医疗废物处理公司（原北京胸科医院）医疗废物处理设施停产；2006 年，北京金州安洁医疗废物处理有限公司第一套焚烧装置投入运行，北京市境洁医用污物处理有限公司医疗废物处置设施停止使用；2007 年，北京金州安洁第二套焚烧设施建成并经报请市政府同意该焚烧设施投入运行；2008 年，南宫医疗废物处理厂因焚烧设施排放不能达到环境排放标准，只负责医疗废物的收集储运；2010 年北京润泰环保科技有限公司的医疗废物处置设施开始兴建，2011 年正式投入运行。截至 2016 年年底，本市共有医疗废物经营单位 3 家，核准经营规模 42 375 t/a，医疗废物清运范围覆盖包括经济技术开发区在内的全部 16 个行政区域。

2008 年之前，北京市密云、怀柔、延庆、平谷 4 个远郊区县都是自行处理本辖区的医疗废物，存在处理设施不完善的问题。2008 年 4 月 8 日，市环保局下发了《关于进一步规范远郊区县医疗废物处置工作的通知》，督促 4 个远郊区县实现辖区内医疗废物的规范处置，经过多次协调、检查、督促，2008 年年底之前，4 个区县的医疗废物全部送往北京金州安洁医疗废物处理有限公司处置，实现全市医疗废物处置规范化管理。

2008 年以后，北京市日产医疗废物 60 t，鉴于北京市当时只有金州安洁一家医废处理厂，处置能力不足，为确保奥运期间医疗废物安全及时得到处置，决定将其中 40 t 由金州安洁处理，剩下的 20 t 由北京环卫集团转运至天津合佳威立雅环境服务有限公司焚烧处理，同时明确规定了运输路线。奥运会和残奥会期间，共收集奥运场馆医疗站（点）产生的医疗废物 8.38 t，全部实现安全处置。2010 年，本市医疗机构共产生医疗废物 1.88 万 t，约 8 000 t 跨省转移处置，其余由北京金州安洁废物处理有限公司集中处置，基本实现了医疗废物无害化集中处置。

北京市医疗机构的医疗废物产生量呈增长趋势，由 2006 年的 1.19 万 t 增至 2016 年的 3.31 万 t，全部由持有医疗废物处置经营许可证的单位进行收集、运输、贮存、处置。

二、收集、贮存、处置技术

北京市医疗废物处置模式为：统一收集—集中清运—冷藏贮存—安全处置。

医疗废物的收集工作由持有经营许可证的单位进行收集，运输车辆采用温控调温冷藏车，医疗废物采用医疗废物周转箱周转医疗垃圾，周转箱使用后按要求对周转箱进行清洗、消毒。

北京市医疗废物安全处置方式主要采用高温焚烧处理技术，焚烧排放的烟气经化学吸收、布袋除尘等设施进行后处理，使其达到国家或地方污染物排放标准。

北京润泰环保科技有限公司处理医疗废物采用回转窑焚烧系统，处理量 45 t/d，单条线处理量 22.5 t/d，工艺流程见图 3-4。

全市三家医疗废物经营许可证单位，基本情况见表 3-5。

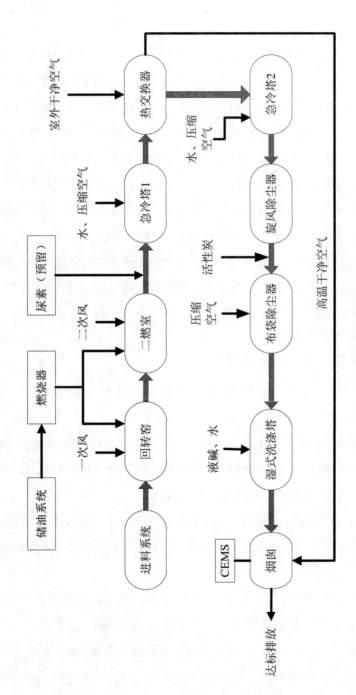

图 3-4 医疗废物焚烧处理工艺流程

表 3-5　医疗废物经营许可证单位

序号	单位名称	许可证号	发证单位	成立时间	经营方式	经营类别	经营能力/(t/a)
1	北京金州安洁医疗废物处理有限公司	D11000010	市环保局	2005 年	收集、贮存、处置	HW01（医疗废物）	10 950
2	北京市环境卫生工程集团有限公司二清分公司	1101060102	市环保局	2003 年	收集、贮存、处置（2008年取消焚烧资质）	HW01（医疗废物）	15 000
3	北京润泰环保科技有限公司	D11000014	市环保局	2010 年	收集、贮存、处置	HW01（医疗废物）	16 425

1. 北京金州安洁医疗废物处理有限公司

北京金州安洁医疗废物处理有限公司（以下简称"金州安洁公司"）位于朝阳区高安屯生活垃圾无害化处理中心院内，是北京市颁布实施《北京市城市基础设施特许经营办法》后，由市政府通过国际公开招标方式确定的医疗废物处置特许经营单位，项目占地 1.5 万 m²，总投资7 260 万元。该项目采用回转窑焚烧工艺，批准处置能力为 6 600 t/a。于2004 年 11 月开工建设，现有两条医疗废物集中焚烧处置生产线，分别于 2006 年 3 月和 2007 年 6 月投入运行，处置总规模为 30 t/d。现有医疗废物运输车 37 辆（图 3-5）。2008 年以后北京市日产医疗废物 60 t，其中 40 t 由北京金州安洁公司处理，剩下的 20 t 由北京环卫集团转运至天津合佳威立雅环境服务有限公司焚烧处理。

图 3-5　北京金州安洁医疗废物处理有限公司医疗废物处置设施

2. 北京环卫集团南宫医疗废物处理厂

北京环卫集团南宫医疗废物处理厂位于大兴区,隶属北京环境卫生集团公司二清分公司,建于 2003 年 5 月。该项目两条医疗废物集中焚烧处置生产线,采用热解焚烧工艺,分别于 2004 年 12 月和 2005 年 10 月投入使用,总投资 6 000 万元。处置总规模为 30 t/d。作为"非典"时期医疗废物应急处置设施,北京环卫集团南宫医疗废物处理厂为处置突增的大量医疗废物,发挥了很大作用。但因该设施建设匆忙,企业虽对其进行了改造,焚烧系统仍不能满足国家相关技术规范和环境保护的要求。2008 年北京奥运会前,为确保医疗废物处置的环境安全,市环保局会同北京市市政市容委员会,经报请市政府同意,决定自 2008 年 7 月起,北京环卫集团南宫医疗废物处理厂停止焚烧设施运行,继续承担原收集范围内的医疗废物收集、运输工作。现有医疗废物运输车 26 辆,核准经营规模 15 000 t/a。北京环卫集团承担了北京市 300 多家医院、1 000 多家医疗机构的医疗垃圾清运、处理任务。该集团采用全密闭专用车辆收运医疗垃圾,保证了医疗垃圾的安全收运、无害化处理。

2016 年 2 月，环卫集团子公司北京固废物流有限公司成立，医疗废物收集、运输工作业务划至该公司。

3．北京润泰环保科技有限公司

为解决北京市医疗废物处置能力不足问题，按照市政府会议精神，决定由北京润泰环保科技有限公司作为北京环卫集团南宫医疗废物处理厂替代项目，承担医疗废物处置工作。该项目位于通州区永乐店镇，占地面积 40 亩。一期工程采用回转窑处置工艺，2010 年 10 月开工建设，2012 年 11 月通过环保验收，2013 年 2 月取得市环保局颁发的危险废物经营许可证，核准经营规模 45 t/d，总投资 1.07 亿元，现有医疗废物运输车 16 辆。

三、医疗废物处置收费

2003 年 7 月，市物价局《关于北京市医疗废物处置收费标准（试行）的函》（京价〔收〕字〔2003〕303 号）明确："经有关政府管理部门批准从事医疗废物处置工作的单位，可暂按每吨不高于 3 000 元的水平试行"。

北京金州安洁公司 2004 年 8 月与市政府签订的特许经营协议中，医疗废物处置中标运行价格为 1 980 元/t，同时市发展改革委《关于审定高安屯医疗废物处理厂调价公式的函》（京发改〔2004〕1017 号）同意该价格可以原则上每两年调整一次，调价幅度按调价公式规定执行。按照约定方式市发展改革委分别于 2011 年 5 月和 2014 年 9 月同意金州安洁公司医疗废物处理价格进行调整。其中 2011 年 5 月调整后价格为 2 407 元/t；最新收费价格自 2014 年 10 月 1 日起执行，为 2 873 元/t。

四、医疗废物环境监管

2003 年 8 月 15 日，市环保局、市卫生局联合印发《关于在全市开展医疗废物管理专项检查工作的紧急通知》。通知要求各区县环保局和卫生局把做好医疗废物的管理工作作为一项事关人民群众生命安全的大事来抓，规范各医院对医疗废物的管理和处置，防止环境污染，保障人民身体健康。市环保局和市卫生局将联合开展医疗废物管理专项检查，对违法行为依法从严处理。

2003年9月初，城八区环保局、卫生局对城近郊区有住院病床的医院医疗废物管理处置情况进行了检查，共检查医院265家。检查发现，本市医疗废物在收集、贮存、处置等环节存在较多问题，多数医疗机构的医疗废物污染防治意识淡薄，对相关法规了解不够，管理制度不健全。市、区环保和卫生部门对存在问题的医院警告并要求整改，对问题较为严重的医院进行了行政处罚。

2004年12月20日，市环保局、市卫生局联合印发《关于开展医院污水处理污泥调查的通知》。通知要求加强本市医院污水处理污泥的管理，防止疫病传播。

为规范医疗废物的处置，2006年，市环保局联合市卫生局组织了全市医疗废物专项执法检查，对全市369家医疗机构和3家医疗废物处置单位的医疗废物分类收集、贮存、转移和处理处置状况进行了系统检查，纠正了医疗废物包装、贮存不规范的行为，进一步规范了顺义、房山等远郊区县医疗废物的处置。

2009年5月8日，市环保局就加强甲型H1N1流感疫情防控工作发出通知。通知要求各区县环保局加强对各级定（备）点医院、定点隔离场所的环保监管，继续开展医疗污水监督性监测和医疗废物规范化处置的监督检查。制定了应对甲型H1N1流感疫情医疗废物应急处置方案，严格规范医院、各定点隔离场所产生的医疗废物的收集、贮存、运输、处置行为，市环保局组织开展了医疗废物处置专项检查，对全市50余家三级医院和15家部队医院的医疗废物收集、贮存、转移、处置等情况进行了全面检查，对存在问题的医院提出了整改要求；对应急送往天津处置的医疗废物进行了运输、焚烧处置过程的跟踪检查。

2010 年，督促金州安洁公司进行了布袋除尘器、液碱投加装置的改造和烟道清理工作，并完成了在线监测设备的人工比对监测。

第四节　生活垃圾污染防治

20 世纪 70 年代以前，北京的城市生活垃圾处置有两个渠道：一是运往郊区填坑垫洼；二是经简易筛选后，将筛下物做肥料施入农田。日复一日，年复一年，近郊区坑洼已填满，农民也不愿再用无机成分越来越大的垃圾做肥料。

1986 年开始，市政府下决心解决城市垃圾收运和处理问题，由市环卫局征地 310 hm^2，新建、扩建 7 个垃圾堆放场、8 个垃圾转运站。截至 1990 年年底，全市共建成 230 多座集装箱垃圾站，市区生活垃圾做到日产日清。

为尽早解决北京市生活垃圾大量堆存污染农村环境问题，20 世纪 80 年代末，市政府决定引进国外技术和装备，对城市垃圾进行无害化处理，将其列为利用世界银行贷款进行的北京环境项目之中，原计划建设堆肥场，经世行评估团专家现场调研后，改为投资及运行费用最少的卫生填埋场。

随着管理经验的提高，北京市的生活垃圾管理逐渐走上法制化管理轨道，2011 年 11 月出台了《北京市生活垃圾管理条例》，2012 年 3 月 1 日起实施。作为我国首部针对生活垃圾管理工作的地方性法规，《北京市生活垃圾管理条例》的颁布实施，标志着北京市生活垃圾管理工作全面步入法制轨道，为本市生活垃圾管理工作提供了法律支持和政策保障。

一、生活垃圾产生量

随着城市规模的扩大，城市生活垃圾和粪便清运量逐年增加，垃圾

清运量由 1949 年的 40.5 万 t 增至 2010 年的 633.0 万 t，粪便清运量由
1957 年的 34.1 万 t 增至 2010 年的 194.4 万 t。值得指出的是，2009 年
大力推行垃圾分类并初获成效，生活垃圾产生量首次下降。2016 年，全
市生活垃圾产生量 872.61 万 t，日产生量 2.38 万 t，其中城区垃圾产生
量 553.11 万 t，无害化处理率 100%，郊区垃圾产生量 319.5 万 t，无害
化处理率 99.56%。

2001—2016 年生活垃圾产生、清运及处理情况见表 3-6。

表 3-6　2001—2016 年生活垃圾产生、清运及处理基本情况

年份	生活垃圾无害化处理能力/（t/d）	生活垃圾产生量/万 t	生活垃圾清运量/万 t	生活垃圾无害化处理率/%
2001	6 750	309.3	309.3	82.2
2002	8 750	321.4	321.4	86.4
2003	9 400	361.4	361.4	91.3
2004	10 050	495.5	405.9	93.8
2005	10 350	536.9	454.6	96.0
2006	10 350	585.1	538.3	92.5
2007	10 350	619.5	600.9	95.7
2008	12 148	672.8	656.6	97.7
2009	13 680	669.1	656.1	98.2
2010	16 680	634.9	633.0	96.9
2011	16 930	634	623	98
2012	17 530	648.31	642.60	99.12
2013	17 530	671.69	666.96	99.30
2014	20 441	733.84	730.84	99.59
2015	27 321	790.33	788.73	99.80
2016	24 341	872.61	871.21	99.84

二、集中处置设施

1989 年 6 月，市环卫局在通县次渠乡董村兴建处理能力 100 t/d 垃圾堆肥试验车间，对垃圾进行无害化处理试点。1990 年 9 月投入生产性实验，工程占地 20 亩，总投资 600 万元。同年，经国家科学技术委员会、市科委、市市政管委批准，投资 260 余万元，在石景山区黑石头村建设普及式垃圾堆肥示范工程，采用高温堆肥发酵工艺，经两次发酵后，对腐熟垃圾筛分，筛下物作为肥料，筛上物填埋，处理垃圾 100 t/d。两家处理厂于 1992 年初步形成生产能力，处理垃圾分别为 100 t/d（这两座设施在 1995 年前后停产）。以后又陆续建成了南宫垃圾堆肥厂、怀柔垃圾综合处理中心，处理能力分别为 600 t/d 和 200 t/d。堆肥处理方式承担着北京市约 5%的垃圾处理任务。

1993 年前，北京市垃圾无害化处理率基本为零。1993 年 4 月 26 日，利用世界银行贷款建设的阿苏卫垃圾卫生填埋场一期工程开工。1994 年 12 月 26 日正式投入运行。该厂占地 60 hm^2，处理垃圾 2 000 t/d，约占全市日处理量的 1/5。2001 年 10 月 15 日，阿苏卫垃圾填埋场二期工程完工。2004 年 3 月二期工程启用，处理垃圾 2 000 t/d。阿苏卫卫生填埋场是国内建设的第一座符合卫生填埋标准的无害化大型垃圾填埋场，它的使用标志着北京市在垃圾处理上开始改变露天堆放污染环境的状况，开始了垃圾无害化处理的时代。以后又陆续建成了北神树、安定、高安屯、六里屯等垃圾卫生填埋场。

1996 年，石景山建成第一条利用垃圾生产有机复合肥工程生产线，处理生活垃圾 100 t/d。

1997 年，高碑店粪便处理厂建成，使粪便的无害化处理实现零的突破。

2001 年 11 月 28 日，北京市首座现代化粪便消纳站在方庄地区建成并投入使用，该站无害化处理粪便 400 t/d。

2008 年 7 月 28 日，朝阳区高安屯生活垃圾焚烧发电厂建成并投入试运行。该厂是本市第一座大型现代化垃圾处理厂，可处理生活垃圾 1 600 t/d，每年可焚烧垃圾 53.3 万 t，产生的热能可发电 2.2 亿 kW，相当于每年节约标准煤 7 万 t，减排温室气体的二氧化碳当量约 20 万 t。

"十一五"（2006—2010 年）期间，垃圾处理设施建设取得阶段性突破。落实区县垃圾处理责任制，建立垃圾处理考核奖励机制、垃圾处理调控核算平台、区属焚烧生化处理设施运行补助等一系列政策机制；积极推进生活垃圾循环经济产业园区建设；建成高安屯生活垃圾焚烧厂等 21 座生活垃圾处理设施（含 5 座大中型垃圾转运站）、4 座 50 t 以上规模的餐厨垃圾处理厂、一批餐厨垃圾就地处理资源站和 7 座粪便消纳站。全市生活垃圾处理能力从 2005 年的 10 350 t/d 提高到 16 680 t/d，无害化处理率由 2005 年的 81.2%提高到 96.7%，焚烧、生化、填埋处理比例由"十五"期间的 2∶8∶90 优化为 10∶10∶80。

"十二五"（2011—2015 年）期间，按照"优先安排垃圾处理设施规划建设，优先采用垃圾焚烧、综合处理和餐厨垃圾资源化技术，优先推进垃圾源头减量，优先保障资金投入"的原则，着力建立城乡统筹、结构合理、技术先进、能力充足的垃圾处理体系和政府主导、社会参与、市级统筹、属地负责的生活垃圾管理体系。2013 年市委、市政府印发《北京市生活垃圾处理设施建设三年实施方案（2013—2015 年）》，截至 2015 年年底已经建设完成 16 项，其余项目全部建成投产后，处理能力达到 2.4 万 t/d。"十二五"期间，建成鲁家山、高安屯二期、大工村、南宫等垃圾焚烧厂，以及平谷垃圾综合处理厂、南宫堆肥厂二期工程、董村综合处理厂、延庆垃圾综合处理厂、燕山垃圾综合处理厂等 10 座生活垃圾处理设施，完成安定填埋场扩容改造工程，阿苏卫焚烧厂顺利实现开工，新增处理能力 10 200 t/d，其中新增生活垃圾焚烧处理能力 8 000 t/d。到"十二五"末，全市焚烧处理设施设计处理能力 9 800 t/d，生化处理设施设计处理能力 5 400 t/d，填埋处理设施设计处理能力

12 121 t/d。完成了全市 16 座垃圾卫生填埋场全密闭改造工程，不断提高设施污染防控水平和设施运行管理水平。高安屯填埋场、六里屯填埋场、半壁店填埋场、西田阳填埋场、南宫堆肥厂、大屯转运站 6 座垃圾处理设施渗滤液处理系统完成升级改造，新增渗滤液处理能力 1 720 t/d，渗滤液处理设施处理能力达到 7 950 t/d。完成酒仙桥、北小河、黄土岗、西道口、衙门口 5 座粪便处理设施升级改造，新增处理能力 1 300 t/d，粪便处理能力达到 6 200 t/d。

2016 年北京市已建成垃圾处理设施 33 座。其中，转运站 9 座，综合处理厂 6 座，填埋场 11 座，焚烧厂 7 座（其中 2 座在综合处理厂内），设计总处理能力 24 341 t/d，其中填埋场设计处理能力 9 141 t/d，焚烧 9 800 t/d，其他 5 400 t/d。

生活垃圾处理设施一览表见表 3-7。

表 3-7　2016 年北京市生活垃圾处理设施

序号		名称	投入运行时间	卫生填埋处理能力/（t/d）	焚烧处理能力/（t/d）	堆肥处理能力/（t/d）
综合处理厂	1	阿苏卫综合处理厂	1994-12	2 000	0	1 600
	2	沃绿洁垃圾综合处理厂	2004-10	300	0	200
	3	顺义区垃圾综合处理中心	2006-10	600	300	300
	4	高安屯垃圾处理厂	2002-12	1 000	1 600	400
	5	燕山综合处理厂	2011-04	0	0	250
	6	董村综合处理厂	2016-10	0	0	450
填埋场	1	安定卫生填埋场	1996-10	700	0	0
	2	六里屯垃圾卫生填埋场	1999-10	1 500	0	0
	3	西田阳卫生填埋场	1999-10	300	0	0
	4	滨阳垃圾卫生填埋场	2001-11	200	0	0
	5	前芮营垃圾卫生填埋场	2000-12	100	0	0
	6	小张家口垃圾卫生填埋场	2004-09	150	0	0
	7	永合庄垃圾卫生填埋场	2005-07	1 500	0	0

序号		名称	投入运行时间	卫生填埋处理能力/（t/d）	焚烧处理能力/（t/d）	堆肥处理能力/（t/d）
填埋场	8	北天堂垃圾卫生填埋场	2002-10	1 000	0	0
	9	东南召垃圾卫生填埋场	2005-03	200	0	0
	10	田各庄垃圾填埋场	2010-07	300	0	0
	11	峪口垃圾填埋场	2009-04	400	0	0
焚烧厂	1	高安屯垃圾焚烧厂二期	2016-05	0	1 800	0
	2	南宫垃圾焚烧厂	2018-01	0	1 000	0
	3	鲁家山垃圾焚烧厂	2013-11	0	3 000	0
	4	海淀区大工村焚烧厂	2018-01	0	1 800	0
	5	朝阳区生活垃圾综合处理厂焚烧中心	2009-03	0	1 800	0
转运站	1	大屯垃圾转运站	1994		1 500	
	2	小武基垃圾转运站	1996		1 000	
	3	马家楼垃圾转运站	1998		900	
	4	五路居垃圾转运站	1999-09		1 500	
	5	衙门口垃圾转运站	2004		400	
转运站	6	葡萄嘴垃圾转运站	2006		250	
	7	城关转运站	2007		200	
	8	丰台垃圾转运处理中心	2007		2 000	
	9	通州区生活垃圾转运站	2009		800	

三、生活垃圾环境监管

1. 法规标准

北京市政府 2004 年 3 月发布《北京市生活垃圾治理白皮书》，白皮书提出了全市生活垃圾治理的原则、目标、任务和措施。2005 年，北京市对历史遗留的非正规生活垃圾填埋场（堆放场）的污染风险进行评价研究，初步确定了污染治理方案。2008 年，市环保局制定《生活垃圾焚烧大气污染物排放标准》。2009 年 4 月，北京市市政市容委发布了《关于全面推进生活垃圾处理工作的意见》；市环保局完成了《生活垃圾填埋场恶臭污染标准》。2011 年，市环保局完成了顺义和高安屯垃圾焚烧二期工程的项目环评初审工作；编制完成《生活垃圾填埋场恶臭污染控制技术规范》。2012 年《北京市生活垃圾管理条例》正式实施，是全国第一部北京市属省级行政区域生活垃圾处理专项地方性法规，明确了生活垃圾处理是关系民生的基础性公益事业。通过完善生活垃圾处理经济补偿机制，充分调动区政府积极性，促进了生活垃圾处理设施建设。

2. 处置设施监测、检查

北京市环保局负责对生活垃圾处置设施运行及污染排放情况进行监管。2006 年起，生活垃圾处置设施的监测纳入污染源监测范围中，包括对北京市各辖区内生活垃圾填埋场排放的渗滤液监测和地下水观测井水质监测，监测频次为一年两次，渗滤液监测项目为 pH、悬浮物、化学需氧量、生化需氧量、氨氮，地下水观测井水质监测项目为 pH、总硬度、高锰酸盐指数、氨氮、硝酸盐氮、亚硝酸盐氮、挥发酚、氰化物等。此后，生活垃圾处置设施的监测不断完善，截至 2010 年，生活垃圾填埋场渗滤液监测项目增加至 15 项，地下水观测井水质监测项目增加至 22 项，还增加了氨、硫化氢、臭气浓度 3 项厂界大气环境质量监测，监测频次均增加至每季度一次；除了生活垃圾填埋场，生活垃圾堆肥厂和生活垃圾焚烧厂也纳入监测范围，监测频次为每季度一次，生活垃圾堆肥厂的监测项目为氨、硫化氢、臭气浓度，生活垃圾焚烧厂的监测项目为烟尘、烟气黑度、二氧化硫、氮氧化物、一氧化碳、氯化氢、汞、铅、镉 9 项指标。

2007 年，北京市垃圾、粪便处理设施在线监控系统投入试运行，这在全国尚属首次。该系统总投资 902.93 万元，监测内容包括气体污染物（总悬浮颗粒物、氨气、硫化氢、甲烷）和外排污水（化学需氧量、氨氮和常规五参数），垃圾、粪便处理设施的运行环境和工艺状况实现远程在线监控。

2007 年 8 月 24 日，时任北京市副市长主持召开会议，研究本市垃圾处理设施污染防治措施及非正规垃圾场的整治和治理工作。会议议定由北京市市政管委负责提出每个垃圾处理设施的改造方案，由市发改委、市财政局、市环保局等部门分别安排资金，确保 2008 年 6 月底前完成现有垃圾处理设施污染防治工作。

2008 年，市环保局下发了《关于加强生活垃圾处理厂环境监管的通知》，要求北京环卫集团、各区县环卫中心、垃圾处理厂等有关单位严格垃圾收集、运输、处理过程的环境管理，进一步完善垃圾填埋气、渗滤液的收集处理设施，保证连续运行。针对日益增多的生活垃圾填埋场异味扰民问题，市环保局多次与市政管委有关部门进行沟通，共同制定了生活垃圾填埋场环境治理方案。同时，加大对生活垃圾处理厂的环境监测力度，配合朝阳区政府加强对高安屯填埋场环境监测和监督管理，督促污染防治设施的建设进度，对 14 家生活垃圾填埋场的渗滤液和地下水观测井进行了监督性监测。

2009 年，为确保国庆期间生活垃圾填埋场运行稳定，避免发生异味投诉群体事件，市环保局会同监察队、市政管委对全市生活垃圾填埋场污染防治情况开展了专项检查。

2010 年 3 月 27 日，北京市环保局、北京市市政市容委联合下发《关于限期规范生活垃圾填埋场地下水监测井及加强运行管理的通知》（京环发〔2010〕86 号）。要求各生活垃圾填埋场于 2010 年 6 月底前完成地下水监测井配置，并加强运行管理，有效监测、控制污染。截至 2010 年 10 月底，各填埋场均已按照要求完成了监测井的规范化配置工作，共新增监测井 29 眼。

3. 杜绝"洋垃圾"非法入境

1996 年 4 月 29 日，经群众举报，在北京平谷县大华山镇西峪村发现进口"洋垃圾"。北京市环保局立即派人前往现场。经查，"洋垃圾"是由中澳合资北京志强草纤有限公司于 1995 年 9 月以混合废纸名义从美国进口的，共 639.4 t，"废纸"的主要成分是生活垃圾，内有大量塑料袋、卫生间废物和易腐烂的有机物等。市环保局当即向国家环保局和市政府报告，并采取果断措施，对"洋垃圾"及时予以封存、清点、监管，并采取防疫措施，防止了污染扩散和疫情发生。1997年11月，根据国家环保局环控函〔1997〕80号、84号文件要求，由中远公司负责对存放在厂内的28箱计540 t"洋垃圾"于11月20日—12月21日分别送至北京燕山石化公司焚烧厂和昌平当代吃垃圾工程有限责任公司焚烧厂焚烧销毁。市环保局和市公安交管局对拆封、运输、销毁全过程进行了严格监控，并委托市环保监测中心对两座焚烧设施的焚烧过程污染物排放进行了监测，对焚烧残余物作了妥善处置。由于措施得力，使"洋垃圾"得到了妥善处置，有关当事人被依法追究责任。北京市及时处理"洋垃圾"事件，维护了国家尊严，对全国范围查处"洋垃圾"问题起到了促进作用。

为确保进口固体废物加工利用过程中的环境安全，杜绝"洋垃圾"非法入境，2013年以来，按照国家的统一部署，在全市开展了进口固体废物专项整治工作。对申请进口废料的加工利用企业，从严审查和出具监管预审意见。对存在违法违规行为的企业废物进口申请，一律不予受理。环保、海关、质检等相关部门建立固体废物进口管理和执法信息共享机制，形成监管合力。将废物进口加工利用列入《北京市新增产业的禁止和限制目录》，倒逼企业转型升级、淘汰退出。2015年来，没有单位提出废物进口加工利用申请，进口固体废物行业基本退出。截至2017年，原有5家进口废五金、废电线电缆、废电机加工利用定点企业已全部退出本市。

四、治理白色污染

"白色污染"主要指塑料袋、塑料餐具等包装物使用后未很好地收集处理所带来的视觉污染，实质是生活垃圾问题。

1995年、1996年"两会"代表和委员提出治理"白色污染"的议案较多，市领导、市政管委领导（届时环保局归属市政管委领导）多次过问，并要求解决。市环保局于 1996 年 12 月完成《北京市治理"白色污染"调查报告》，提出基本思路："回收为主，替代为辅，区别对待，综合治理"的技术路线。1997 年 9 月 22 日，国家环境保护总局将北京作为全国白色污染治理试点城市之一。

1997 年 6 月 1 日，市环保局、市工商局联合发布了《关于对废弃的一次性塑制餐盒必须回收利用的通告》，1997 年的半年时间，回收量达到约 1 000 t，回收率达到约 30%。

1997 年 8 月 28 日，市环保局向各塑制快餐盒生产、经销单位印发《关于开展废弃的塑制快餐盒回收利用试行工作的通知》。1998 年，北京市 7 个塑制餐具生产厂家共同成立了凯发环保中心，在市区设立了 10 个回收站，开展了生产者出资、销售商出力的一次性发泡塑料餐具回收利用工作。1998 年全市塑制餐盒回收率已达到 57%。

为解决塑料袋造成的景观问题，1998 年 1 月 1 日起，由市环境综合整治委员会办公室牵头，会同环保、工商、卫生、市政等部门联合发布的《北京市禁止销售使用超薄塑料袋的通告》正式实施。各部门加强检查，致使超薄塑料袋的泛滥得到有效控制。

1998 年下半年开始了餐具回收、超薄塑料袋禁止使用的立法工作。1999 年 3 月，由市法制办上报市政府常务会议审定，1999 年 3 月 31 日，经时任北京市市长刘淇签发《北京市限制销售使用塑料袋和一次性塑料餐具管理办法》（以下简称《办法》），并以政府规章的形式正式颁布，5 月 1 日起施行。从此，治理白色污染有了法规依据。《办法》起草过程，国家经贸委发布 6 号令，要求 2000 年年底前，全国淘汰一次性发泡塑料餐具。为此，在《办法》中加入了"国家对塑料餐具的销售使用另有规定的，按照国家规定执行"，使北京市规章与国家规定相一致。在禁止超薄塑料袋方面，工商部门提出标准问题，2000 年，市法制办牵头制定了《北京市塑料袋地方标准》，使法规、标准配套。2008 年，根据国务院《关于限制生产销售使用塑料购物袋的通知》(以下简称"限塑通知")和原国家环保总局《废塑料回收与再利用污染控制技术规范》要求,市政府发布《商品零售场所塑料袋有偿使用管理办法》,北京市各大型商场落实国务院"限塑通知",执行塑料袋有偿使用,禁用 0.025 mm以下超薄塑料袋。进一步推动了北京市整治白色污染的进程,取得显著成效。

2008 年,市环保局组织各区县环保局对辖区内废塑料再利用企业进行了拉网式专项检查。检查中对未办理环保手续以及不符合《废塑料回收与再利用污染控制技术规范》的企业,责令限期整改或停止违法行为。2010 年,按照市人大常委会和市政府法制办的要求,市环保局对《北京市限制销售、使用塑料袋和一次性塑料餐具管理办法》进行了清理工作,建议修改《北京市限制销售、使用塑料袋和一次性塑料餐具管理办法》部分条文。截至 2010 年,北京市从事废塑料再利用的企业共 22 家。

第五节　废弃电器电子产品污染防治

一、法规文件

1999 年之前,北京市尚未集中开展废弃电子产品的拆解、处置工作。1999 年,北京市工业有害固体废物管理中心(隶属北京市经委)在北京市大兴县建成了北京市危险废物处置中心及工业有毒有害固体废物堆放场,安装了北京市首条电子废物拆解生产线,从事电子废物的拆解工作。2007 年 9 月 7 日,国家环保总局第三次局务会议通过《电子废物污染环境防治管理办法》,明确了国家环保总局对全国电子废物污染环境防治工作的监督管理职责,管理办法自 2008 年 2 月 1 日起施行,电子类危险废物相关活动污染环境的防治,仍然适用《固体废物污染环境防治法》有关危险废物管理的规定。2009 年 2 月 25 日，国务院发布了《废弃电器电子产品回收处理管理条例》（国务院令　第 551 号）（以下简称《条例》），并于 2011 年 1 月 1 日起执行，明确了国家对废弃电器电子产品处理实行资格许可制度；设区的市级人民政府环境保护主管部门审批废弃电器电子产品处理企业资格；国家建立废弃电器电子产品处理基金，用于废弃电器电子产品回收处理费用的补贴等规定。根据《条例》，2010 年 11 月 16 日环保部发布《废弃电器电子产品处理企业补贴审核指南》的公告（环保部公告　2010 年第 83 号），2010 年 12 月 9 日环保部发布《废弃电器电子产品处理企业资格审查和许可指南》的公告（环保部公告　2010 年第 90 号），2010 年 12 月 15 日环保部发布《废弃电器电子产品处理资格许可管理办法》（环保部令　第 13 号）。

按照国家关于电子废物污染防治工作相关要求，北京市制定了《关于规范北京市市级行政事业单位电子废弃物回收处置工作的通知》（京财绩效〔2007〕2736 号）、《关于做好本市家电以旧换新推广实施期工作的通知》（京政办发〔2010〕31 号）等文件，并在全市推广实施。市环保局根据国家规定，自 2008 年起对北京市经营电子废物拆解、处理企业的资质进行审查。

二、产生量、回收量

2009 年，北京市废弃电器电子产品（电视机、电冰箱、洗衣机、空调器、电脑）产生量为 438.74 万台。其中，居民家庭废弃电器电子产品所占比例最大，约占总产生量的 85%。

废弃电器电子产品回收渠道主要有以下几种：游动商贩上门收购、销售商"以旧换新"收购、废弃电器电子产品处理企业直接收购、商务部门建立的再生资源回收网络及其他渠道。2009 年，本市共回收废弃电器电子产品 307.5 万台，拆解 46 万台。

截至 2010 年年底，本市废弃电器电子产品拆解企业共接收家电"以旧换新"废旧电器 202.1 万台、拆解 170.7 万台。

三、环保监管

1. 名录管理

市环保局自 2008 年起，定期发布《北京市电子废物拆解利用处置单位临时名录》，禁止任何个人和未列入电子废物拆解利用处置名录（包括临时名录）的单位（包括个体工商户）从事拆解利用处置电子废物的活动。

2008 年，北京市发布了电子废物拆解利用处置单位临时名录（第 1 号），华星集团环保产业发展有限公司和伟翔联合环保科技有限公司两家单位列入临时名录。2010 年，华星废旧家电回收处理利用全国示范工程基本建成并试生产，设计能力 120 万台/a。

2010 年，市环保局发布电子废物拆解利用处置单位临时名录（第 2 号），新增了北京危险废物处置中心和北京金隅红树林环保技术有限公司。全市废弃电器电子产品拆解处理能力达到 200 万台/a。

2012 年起，北京市环保局按照《废弃电器电子产品处理资格许可管理办法》和《废弃电器电子产品处理企业资格审查和许可指南》有关规定，对申请废弃电器电子产品处理资格许可的企业开展审查，符合要求的企业颁发废弃电器电子产品处理资格证书。

图 3-6 为北京市电子废物拆解利用处置单位分布。

2. 拆解补贴审核

2012 年起，按照环境保护部、财政部《关于组织开展废弃电器电子产品拆解处理情况审核工作的通知》（环发〔2012〕110 号）要求，北京市建立拆解补贴审核机制。市环保局、市财政局联合制定了北京市废弃电器电子产品拆解处理情况审核工作方案，对列入国家废弃电器电子产品处理基金补贴范围的废弃电器电子产品处理企业开展拆解补贴审核。审核工作按季度开展，每季度第一个月 5 个工作日内，由企业上报上季

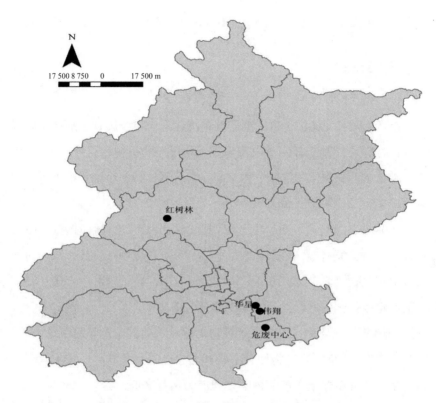

图 3-6　北京市电子废物拆解利用处置单位分布

度规范拆解数量，市环保局组织对企业申报情况进行核实，核实结果上报环境保护部，环境保护部定期组织抽查，抽查无误后，由财政部直接将补贴款项下发至企业。截至 2017 年第三季度，共核定规范拆解数量629 万余套，补贴基金 44 500 余万元。

3．日常监管

北京市电子废物拆解处置利用单位均为危险废物经营许可证单位，市环保局按照危险废物经营许可证单位的管理方式对其开展规范化管理。

（1）开展废弃电器电子产品处理资格技术审核。按照《废弃电器电子产品处理资格许可管理办法》和《废弃电器电子产品处理企业资格审查和许可指南》有关规定，开展了对北京市3家废弃电器电子产品处理资格许可的审核，提出了技术审核意见。按照《废弃电器电子产品处理企业补贴审核指南》要求，建立审核机制，对北京市废弃电器电子产品处理企业开展拆解补贴的审核。

（2）开展危险废物及电子废物许可证单位年度环保评估，建立年审制度，对存在问题的经营单位，督促整改及给予行政处理，并且每月对进入"电子废物拆解处置利用临时名录"的单位经营月报进行收集、核实、汇总，为危险废物管理提供依据。

四、持证单位介绍

1. 华新绿源环保产业发展有限公司

华新绿源环保产业发展有限公司成立于 2006 年 10 月，原名为华星集团环保产业发展有限公司。2011 年 8 月 8 日取得北京市环保局颁发的危险废物经营许可证（废弃的印刷电路板）。2012 年 7 月 11 日被财政部、环境保护部、国家发展改革委与工业和信息化部纳入第一批废弃电器电子产品处理基金补贴范围的处理企业名单。2012 年 7 月 24 日取得北京市环保局颁发的废弃电器电子产品处理资格证书，核定的处理能力为130 万台/a，其中电视机 84 万台/a，电冰箱 8 万台/a，洗衣机 6 万台/a，房间空调器 2 万台/a，微型计算机 30 万台/a。2014 年，该公司对废弃电器电子产品处理线进行改扩建，改扩建后"四机一脑"处理能力增至 150 万台/a，2016 年 8 月 5 日，改扩建项目取得竣工环保验收批复，2016 年年底，市环保局同意该公司废弃电器电子产品处理资格证书处理能力变更为 150 万台/a。

2. 北京市危险废物处置中心

北京市危险废物处置中心（原为北京市工业有害固体废物管理中心）于 1995 年建厂，2003 年年底划归北京金隅集团，从事电子废物的回收、拆解工作。2012 年 12 月 17 日取得北京市环保局颁发的废弃电器电子产品处理证书，核定的处理能力为 60 万台/a。2014 年 6 月 12 日被财政部、环境保护部、国家发展改革委与工业和信息化部纳入第四批废弃电器电子产品处理基金补贴范围的处理企业名单。2017 年，由于经营不善，该企业申请注销了废弃电器电子产品处理资格证书，不再从事电子废物拆解活动。

3. 伟翔联合环保科技发展（北京）有限公司

伟翔联合环保科技发展（北京）有限公司（以下简称"伟翔公司"）成立于 2006 年 8 月。2013 年 1 月 31 日取得北京市环保局颁发的废弃电器电子产品处理资格证书，核定的处理能力为 60 万台/a，2013 年年底按照环保部要求对处理能力重新核定为 70 万台/a，其中电视机 60 万台/a，电冰箱 2 万台/a，洗衣机 2 万台/a，房间空调器 1 万台/a，微型计算机 5 万台/a。2013 年 12 月 2 日被财政部、环境保护部、国家发展改革委与工业和信息化部纳入第三批废弃电器电子产品处理基金补贴范围的处理企业名单（表 3-8）。

表 3-8　2009 年北京市电子废物拆解利用处置单位

企业名称	处置方式	设计能力	处理利用量	地址
北京危险废物处置中心	拆解	80 万台/a	115 t	大兴区青云店镇
华星集团环保产业发展有限公司	拆解	120 万台/a	46 万台	通州区马驹桥镇
伟翔联合环保科技发展（北京）有限公司	收集处理	1 000 t/a	294 t	通州区马驹桥镇
北京金隅红树林环保技术有限公司	处理	—	—	昌平区马池口镇

北京金隅红树林环保技术有限责任公司仅负责处置废弃电子废物，不承担废弃电子产品的拆解工作。

第四章 土壤与场地污染防治

第一节 北京市土壤环境质量

北京市辖区面积为 16 807.8 km^2，耕地面积为 4 560.4 km^2，2010 年以前，北京市土壤环境质量监测以专题专项性监测为主，未形成例行监测机制。监测指标为土壤理化性质、无机污染物及有机污染物的含量。北京市土壤质量评价执行的是《土壤环境质量标准》（GB 15618—1995）中二级标准值，见表 4-1。

表 4-1 土壤环境质量标准   单位：mg/kg

项目	镉	汞	铅	砷（旱地）	铬（旱地）	铜		锌	镍	六六六	DDT
						农田	果园				
标准值	0.60	1.0	250	25	350	100	200	300	60	0.50	0.50

2005 年，北京市农业土壤总体上属于清洁土壤。受农药、化肥施用量影响，菜田和果园污染指数略高于基本农田。北京市经济技术开发区土壤总体上属于清洁土壤，现状工业区、居住区和未利用土地间无明显差异。

2010 年，北京市土壤环境质量总体状况良好。其中，城市中心区土壤环境质量属尚清洁；其他各区土壤环境质量均为安全，属清洁土壤。
从全市不同土地利用类型看，耕地、林地和未利用地土壤环境质量为良
好，属于清洁水平；草地土壤环境质量属尚清洁，见表 4-2、表 4-3。

表 4-2　2010 年北京市各区土壤综合污染指数评价

区	土壤综合污染指数	污染水平
北京市	0.46	清洁
城市中心区	0.79	尚清洁
门头沟区	0.44	清洁
房山区	0.44	清洁
通州区	0.38	清洁
顺义区	0.41	清洁
昌平区	0.41	清洁
大兴区	0.38	清洁
怀柔区	0.45	清洁
平谷区	0.44	清洁
密云	0.42	清洁
延庆	0.44	清洁

表 4-3　2010 年北京市各土地利用类型综合污染指数评价

土地利用类型	综合污染指数	污染等级
耕地	0.41	清洁
林地	0.44	清洁
草地	0.81	尚清洁
未利用地	0.43	清洁

北京市土壤中重金属元素含量，除汞、镉元素受到古城建筑影响，
其平均含量明显高于背景点含量外，其余各重金属平均含量均与背景点
含量基本持平，与国内外其他城市土壤相差不大。总体上看，汞、镉、
铅、砷、铜、锌等元素的空间分布表现为市区高于郊区，城市高于农村，

平原高于山区。农业种植土壤各项重金属元素含量均符合评价标准。

北京市土壤中有机氯农药"六六六"总量均值为 9.300 μg/kg，"滴滴涕"总量均值为 65.54 μg/kg。土壤中有机氯农药含量的空间分布，具有与重金属元素相似的特征，即平原高于山区、市区高于郊区、城市高于农村，随着城市距离的变大逐渐降低的趋势，其中城市园林绿化的林地和草地含量偏高。农业种植土壤"六六六""滴滴涕"含量均符合评价标准。

第二节　污染场地现状

根据北京市城市发展总体规划，"十一五"期间北京市进行了较大规模的产业结构调整，在"退二进三"基础上又推出了"退三进四"等经济调整政策，特别是承办北京奥运会场馆建设阶段，一大批 20 世纪五六十年代建设的重污染企业陆续停产或搬迁，这些场地土壤都受到了不同程度的污染，先后暴露出以红狮涂料厂、化工三厂为代表的宋家庄地区，以北京化工二厂、北京焦化厂为代表的东南郊地区和以首钢为代表的石景山地区等典型污染场地区域。

2004 年，北京市以地铁 5 号线宋家庄站场地污染问题为起点，率先在国内开始并逐步深化场地环境管理工作，2005 年开展了市区内污染场地的调查，2009 年以北京市地方标准的形式发布了《场地环境评价导则》（DB11/T 656—2009）。以此为依据，北京市对重点工业企业调整搬迁后遗留场地开展场地环境评价，涉及钢铁、焦化、化工、电镀、染料、纺织印染、汽车制造、农药等行业。调查发现的主要污染物为苯、萘等挥发性有机污染物、多环芳烃和重金属等；截至 2017 年年底，对 19 块场地的修复方案进行了审核备案，并实施了污染土壤修复，共修复各类污染土壤约 545 万 m^3；主要修复方法有水泥窑焚烧、安全填埋、常温解析等。

第三节 场地环境管理

20 世纪 80 年代初，北京市环保局就已经开始关注场地污染问题。先是北京化工二厂、北京制药三厂的涉汞车间及周边区域汞污染严重，市环保局督促企业进行污染治理；其后，北京松下照明有限责任公司建设节能灯厂时，发现周围有些场地被汞污染，市环保局要求先治理再扩建车间。20 世纪 90 年代初，位于六里桥北京市建工局下属企业 2 个 45 t 柴油罐发生泄漏，约 70 t 柴油渗入土壤，周边群众饮用水出现异味。市政府非常重视，责令立即停止供水，清除污染土壤，抽水处理。1994 年市环保局开始对加油站、油罐泄漏污染土壤和地下水情况进行调查、研究并提出治理要求。

一、启动污染场地环境监管

北京市将场地污染防治正式纳入环境管理工作始于 2004 年宋家庄地铁 5 号线站区污染土壤熏倒施工工人事件。事件发生后，市环保局主管领导率队察看了现场，研究制定了下一步解决方案，要求地铁建设单位"立即停止施工，采取防护措施，尽快组织开展地下污染的全面勘测、调查，确定污染范围和深度并进行彻底污染消除，经市政府有关部门组织相关专家评估验收后再确定下一步施工方案。"并迅速形成"关于地铁 5 号线宋家庄站施工区域土壤污染情况报告"上报市政府。市领导非常关心污染清除工作和施工人员的安全问题，先后有 5 位市领导圈阅有关情况报告或作出批示。经过现场监测、调查、研究，确认该区域存在较大范围的污染土壤，"六六六""滴滴涕"等污染物浓度严重超标，在专家论证的基础上，市环保局组织编制了污染土壤清理和处置方案，并监督实施。

2005 年 4 月，按照市环保局组织制定的污染土壤清理处置方案，开始对地铁 5 号线宋家庄站区污染土壤进行清理修复,市环保局与市建委等相关部门人员现场指挥施工;施工单位共调集 820 个车次运输车辆,沿着规定路线,分两次将约 1.4 万 m^3 受"六六六""滴滴涕"污染的土壤运至北京水泥厂进行安全贮存和处置;市环保局固体废物管理中心人员全程监督了场地修复过程。2010 年,市环保监测中心对修复后原址土壤进行了监测,监测结果显示修复后原址土壤主要污染物浓度符合修复目标值,市环保局进行了阶段验收。至此,北京市有组织地完成了污染场地修复的第一次尝试。

二、成立相关管理机构

2004 年,市环保局将工业企业调整搬迁后遗留场地的污染治理工作纳入固体废物管理工作之中,2012 年,北京市固体废物和化学品管理中心组建了污染场地管理科。2016 年,市环保局成立了土壤环境管理处(固体废物管理处),其职责是:依法对本市土壤、固体废物、化学品、重金属等污染防治实施监督管理;负责起草土壤、固体废物、化学品、重金属等污染防治方面的地方性法规草案、政府规章草案,拟订有关政策、规划、计划、标准,并监督实施;拟订土壤环境功能区划,组织测算并确定土壤环境容量,开展土壤环境承载力评估;组织落实危险废物经营许可证制度,组织危险废物、医疗废物及电子等工业产品废物申报登记。

三、建立管理制度

为防止工业企业调整搬迁后遗留场地的环境污染事件,2004 年国家环保总局发布了《关于切实做好企业搬迁过程中环境污染防治工作的通知》(环办〔2004〕47 号)。通知规定"所有产生危险废物和生产经营危险废物的单位,在结束原有生产经营活动、改变原土地使用性质时,必须经环境监测部门对原址土地进行监测分析,报送省级以上环境保护部门审查,并依据监测评估报告确定土壤功能修复实施方案。当地政府环境保护部门负责土壤功能修复工作的监督管理。"

2005 年 8 月,国家环保总局发布《废弃危险化学品污染环境防治办法》(环保总局令 第 27 号),要求:对场地造成污染的,应当将环境恢复方案报县级以上环境保护部门同意后,对污染场地进行环境恢复,对恢复后的场地进行检测并备案。

北京市企业停产搬迁后,遗留厂址土壤污染问题日益凸显。市环保局积极推进土壤污染评估工作,经与市国土局研究,自 2006 年起,组织对政府储备用地进行场地环境评价。轻工业环境保护研究所对原北京化工三厂、中科院生态环境研究中心对原红狮涂料厂地块分别进行了场地环境评价工作。这两块场地的环境评价正式启动了北京市场地环境评价工作。

2007 年 7 月 6 日,市环保局发布了《关于开展工业企业搬迁后原址土壤环境评价有关问题的通知》(京环发〔2007〕151 号),通知要求,原工业用地,在改变使用性质、进行开发建设前,均须委托有资质的环评单位进行土壤污染环境影响评价,以确定土壤的污染程度并做出必要的土壤功能修复方案。对于存在污染的场地,依据谁污染谁治理的原则,由污染者承担该场地的环境修复责任。承担修复责任的单位要根据场地环境评价报告结论,针对场地污染(物)特征等相关条件,结合相关标准和技术规范,(委托)制定场地修复方案并向市环保局备案。污染土壤清除达标后,土地方可进行开发建设。

2008 年,环保部下发了《关于加强土壤污染防治工作的意见》(环发〔2008〕48 号),要求各级环保部门充分认识加强土壤污染防治的重要性和紧迫性;明确土壤污染防治的指导思想、基本原则和主要目标;突出农用土壤环境保护和污染场地土壤环境保护监督管理。明确修复和治理的责任主体和技术要求,监督污染场地土壤治理和修复,降低土地再利用,特别是改为居住用地对人体健康影响的风险;强化土壤污染防治工作措施,建立健全土壤污染防治法律、法规和标准体系,加强土壤环境监管能力建设。根据文件精神，北京市决定，加强土壤防治工作的重点是推进场地环境评价和治理修复。

　　为使场地环境管理更加规范，根据国家相关法规规定和规范性文件要求，结合北京市几年来污染场地环境评价与修复工作经验，市环保局2008年编制完成《污染场地环境管理办法》（初稿），提出了场地环境管理框架（图4-1）。从场地环境管理的理念、思路、程序和工作内容、方法等方面给出了明确规定。其中包括：规定了管理对象、责任人；建立场地调查评估与治理修复的管理程序，提出管理部门的监督职能，场地环境评价、场地修复设计与实施和场地验收的基本要求；明确了场地评估、修复设计与验收单位的资质要求等，为实施污染场地环境管理奠定了基础。

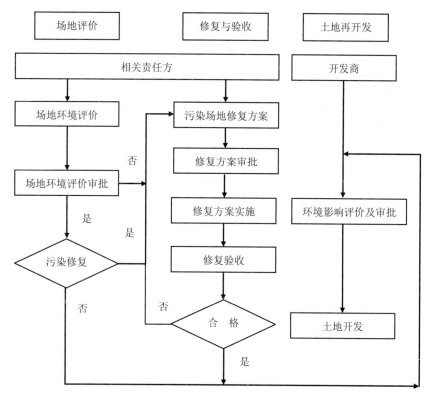

图4-1　场地环境管理框架

2009 年 11 月 3 日，市环保局按照环境保护部的要求编制了《北京市土壤环境监管试点工作方案》。明确了土壤监管工作的依据、目标、内容和进度安排。

四、开展国际合作与科学研究

2005 年 8 月 11 日，市环保局委托中国科学院生态环境研究中心、北京市化工协会开展北京市化工企业现（原）场地土壤及地下水污染状况调查工作。此次调查主要为进一步了解北京地区（特别是五环路以内）化工企业现（原）场地的土壤和地下水污染情况，为场地开发及改变使用功能提供环境依据。

2007 年 1 月 29 日，市环保局、市科委与意大利环境领土与海洋部联合举办"中意北京土壤污染评估及修复"研讨会。会议就土壤污染的风险评估及修复的法规、标准、技术等问题和相关建议进行了研讨，以推动本市土壤污染评估及修复体系的建设。在此基础上，同年与意大利国土环境部在污染场地评价、治理修复领域开展了为期 2 年、总资金 200 万欧元的国际合作项目。项目由市固管中心负责，市环科院和意大利 D'Appolonia 公司作为技术支持单位，共同开展政策标准研究工作。研究内容主要包括研究制定北京市污染场地环境管理办法及相关配套标准、开展污染场地评价与修复示范工程、组织召开国际研讨会以及组织国外培训等。通过开展国际合作与交流，制定了北京市污染场地环境管理办法及配套标准的草案，初步形成了北京市污染场地环境管理法规体系方案，拓宽了视野，锻炼了管理人员队伍，提高了北京市污染场地环境管理能力。2012 年，继续开展中意污染场地二期合作项目。中意双方就工作内容、实施方案和任务分配等达成一致意见，中意双方正式签署合同，以首钢场地为依托，共同开展 10 个污染场地标准研究。

2007 年，市环保局与市科委联合资助开展"北京焦化厂搬迁场地环境风险管理技术研究"项目。市环科院、中国环科院、轻工环保所等多家研究机构通过竞标分别取得了部分研究任务。经过大量调查、研究、试验、分析，查清了北京焦化厂原址场地污染状况，提出了治理修复的建议。以焦化厂场地环境评价为案例，探索了场地环境评价的方法、风险评价标准。针对企业拆迁过程中出现的污染问题，提出了企业拆迁过程污染防止技术规范，为环保部门控制企业拆迁过程的污染提供了技术支持。2008 年，市科委作为重点项目开展了《污染土壤典型修复技术研发与示范》《污染场地信息管理与修复决策支持系统》以及《北京市污染场地再利用管理研究》，这些研究工作进一步提升了污染场地管理水平，创新污染场地治理修复技术，使北京市污染场地治理修复工作再上一个新台阶。

五、修复工程监管

2005 年，修复地铁 5 号线宋家庄站区后，2007 年，对北京化工三厂、红狮涂料厂和北京轮胎厂三块污染场地进行了修复治理，正式开始了北京市污染场地修复的序幕。截至 2017 年，先后完成了 14 块污染场地修复治理工作。

按照《关于开展工业企业搬迁后原址土壤环境评价有关问题的通知》要求，承担修复责任的单位要根据场地环境评价报告结论，针对场地污染（物）特征等相关条件，结合相关标准和技术规范，（委托）制定场地修复方案并向市环保局备案。方案主要包括污染范围确认（定）、清理/运输/贮存/修复治理设施建设和施工组织、二次污染防范措施及效果预测、修复过程场地及周边环境质量监测、污染场地原址及修复后土壤的监测计划、事故应急方案和保障措施等内容。备案的污染场地修复实施方案须经专家论证通过。

为确保场地修复方案的落实，实现修复目标，市环保局指定专业部门，组织专业环境监察队伍对场地修复情况进行全过程监管，包括对场地污染土壤的清理、运输、临时储存和处理处置过程的监管等。同时，研究制定了多项监管制度和污染防治举措。

（1）建立定期检查制、工程进展周报制。环境监察人员对修复工程进行定期检查，专人负责对工程进度、修复效果等进行统计、整理，编制场地修复专报；要求各施工单位、监理单位和监测单位每周都要对上一周的工作情况进行总结并将报告报市环保局。周报主要内容包括工程形象进度情况、污染土壤清挖、运输以及修复土方量等数据统计、修复过程中发生的问题以及解决方法、过程监测结果、阶段验收情况、结论等。

（2）建立并运行污染土壤转移联单，保证污染土壤运送到处置场地。对异地修复的污染土壤执行污染土壤转移联单，联单一式四联，修复单位、运输单位、监理单位和业主单位各一联；每一联都要有修复单位代表、运输人员和监理人员三方签字；每天转移的污染土壤量都要统计，通过市环保局网络系统上报到市环保局。

（3）设置现场视频监控设备。在污染场地的修复车间、清挖现场等关键地点设置视频监控设备并将信号接入市环保局工地监控系统，实现了远程监控。

（4）实施第三方监理。利用第三方建立对污染土修复过程的规范性和二次污染控制措施的落实情况进行实时管理。

（5）实施两级监测制度。业主单位要自行组织对修复过程周边环境和修复后场地原址特征污染物的监测；市环保局委托有资质的监测机构对环境质量与修复效果进行监督性监测。

六、修复验收

对场地修复效果的验收初期仅对修复后原址进行检测验收。随着修复验收场地的增多，经验不断积累，从中不断完善验收程序和方法，特别是 2011 年北京市《污染场地修复验收技术规范》（DB11/T 783—2011）的发布实施以及大型污染场地修复的实践，基本建立了较为规范的修复验收程序和方法。验收包括几个方面：

（1）对修复行为规范的验收。主要包括对场地内污染范围确定，污染土壤清挖、运输、接收、贮存以及修复等全过程操作规程的落实情况，各项污染防治措施落实情况的考核。这方面，监理单位起着较为重要的作用，验收需要监理单位出具全方面的监理报告。

（2）对修复效果的客观考评。按照相关技术规范和验收监测方案，业主单位（委托）对修复过程的环境质量进行监测，对污染场地的修复效果进行自验收，全部合格后提交自验收报告并申请市环保局验收；市环保局组织市环保监测中心或委托第三方监测单位按照验收技术规范对污染土修复效果进行监督性监测，全部合格后提交监测报告。

（3）市环保监测中心对第三方监测单位进行质控，提交质控报告；市环保局依据各方提交的4份报告对修复效果进行验收，提出验收结论。

2007—2017年，市环保局共对19块污染场地的修复治理过程进行了全过程的监督管理。截至2017年年底，对已完成（或部分完成）修复治理工程的12块场地进行了验收或阶段验收。

七、场地环境管理工作流程

场地环境管理工作开展以来，经过对场地环境评价报告的审核和污染场地修复环境监管经验的积累，认真总结经验、教训，不断调整修正监管方法和制度，研究探索出了一套污染场地环境管理制度、工作程序和方法。场地环境管理工作流程如图4-2所示。

第四节　场地环境标准体系

北京市从2007年开始，在科研项目和国际合作中，有计划地安排了相关标准规范的研究。经广泛调研、分析，借鉴国外先进经验以及实际应用验证等工作后，编制完成了系列污染场地环境管理标准，成

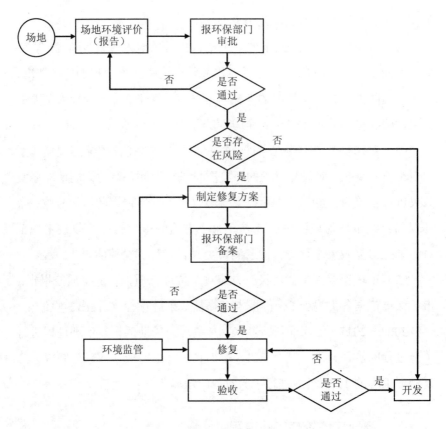

图 4-2　场地环境管理工作流程

果通过北京市质量技术监督局先后转化为推荐性地方标准:《场地环境评价导则》(DB11/T 656—2009)、《污染场地修复验收技术规范》(DB11/T 783—2011)、《重金属污染土壤填埋场建设与运行技术规范》(DB11/T 810—2011)、《场地土壤环境风险评价筛选值》(DB11/T 811—2011)、《污染场地挥发性有机物调查与风险评估技术导则》(DB11/T 1278—2015)、《污染场地修复工程环境监理技术导则》(DB11/T 1279—2015)、《污染场地修复技术方案编制导则》(DB11/T 1280—2015)、《污染场地修复后土壤再利用环境评估导则》(DB11/T 1281—2015)。8 项地方标准的发布,标志着北京市初步建立了场地环境管理标准体系。

一、《场地环境评价导则》

北京市地方标准《场地环境评价导则》（DB11/T 656—2009），于 2009
年颁布实施。《场地环境评价导则》适用于指导工业用地开发再利用时
开展场地环境评价；规范了场地环境评价工作程序（图 4-3）和场地环
境评价污染识别、现场采样分析、风险评价三个阶段的一般要求和内容、
方法；明确了各种暴露风险评价参照标准及分析计算方法，给出了确定
修复范围的基本原则；提出了现场采样质量控制和实验室样品分析质量
控制的要求；规范了场地评价报告的编写内容要求等。

《场地环境评价导则》的发布，有助于进一步了解和掌握场地环境
状况，明确场地污染责任、防止环境纠纷；对场地的未来规划、开发和
利用起到指导作用。同时对于指导场地修复和环境治理，防止进一步污
染都具有重要意义。

二、《场地土壤污染风险评价筛选值》

为规范场地环境评价，简化评价过程，配合《场地环境评价导则》，
借鉴国内外经验，结合我国国情、北京市土壤状况及水文地质特点，于
2007 年开始研究，经过几年的试用和调整，2011 年颁布实施了《场地
土壤污染风险评价筛选值》（DB11/T 811—2011）。《场地土壤污染风险
评价筛选值》规定了无机物（14 种）、挥发性有机物（27 种）、半挥发
性有机污染物（31 种）及农药/多氯联苯及其他（16 种）共四大类 88
种污染物在住宅用地、公园与绿地、工业/商业用地情景下的环境风险评
价筛选值；给出了使用规则以及各种污染物的采样、分析方法等。

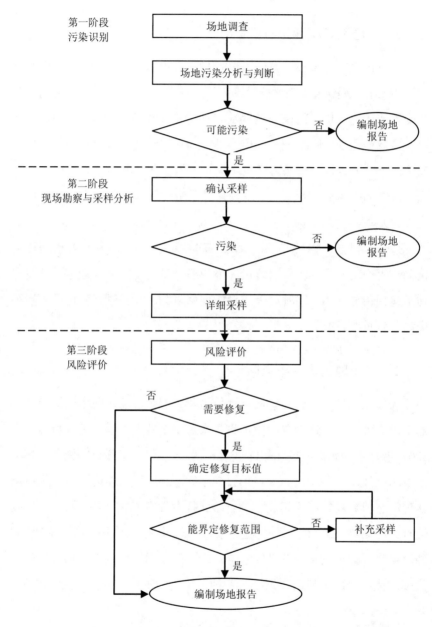

图 4-3　场地环境评价工作程序

土壤筛选标准在场地环境调查和风险评价过程中起到了承上启下的作用，是场地环境评价和管理过程中不可或缺的一个关键环节。《场地土壤污染风险评价筛选值》开创了国内场地环境评价基础性标准的先河，解决了场地评价过程中基础性标准缺失的问题，有助于规范场地调查和风险评价，有助于推动北京市场地环境风险评估和污染场地修复等相关工作的开展，也有助于污染场地系列法律、法规体系的完善。

三、《污染场地修复验收技术规范》

为加强污染场地修复验收管理，使污染场地修复验收规范化、科学化和系统化，确保修复效果，针对验收效果评价的客观准确性要求，《污染场地修复验收技术规范》（DB11/T 783—2011）给出了验收程序、验收时段与范围、验收项目与验收标准，提出了文件审核与现场勘察的具体要求，提供了采样布点原则和点位要求；规定了实验室检测质控要求，给出了修复效果评价与判断方法，规定了验收报告的编制要求等。

《污染场地修复验收技术规范》的发布，有助于污染场地修复验收技术实施，有助于规范污染场地修复效果的验收工作，保证场地修复效果，确保环境安全和人群健康。对北京市污染场地治理和开发利用具有重要的指导意义。

四、《重金属污染土壤填埋场建设与运行技术规范》

《重金属污染土壤填埋场建设与运行技术规范》（DB11/T 810—2011）提出了重金属填埋场的选址要求、规定设计组成要包括缓冲区和填埋作业区，设施有防渗系统、地表水径流收集系统和覆盖引流的要求。

《重金属污染土壤填埋场建设与运行技术规范》明确了防治重金属污染土壤填埋过程中，污染大气、地表水、地下水的各项防治措施，并规定了相应的监测预警措施，以避免填埋过程产生二次环境污染；规范借鉴了危险废物、生活垃圾填埋场污染控制要求中部分适合污染土壤填埋污染控制的内容，以及国际上相关填埋场的技术规范；规范充分考虑当前经济、技术和管理水平，具有较强的可操作性。

《重金属污染土壤填埋场建设与运行技术规范》填补了北京市污染土壤治理技术的空白，为北京市重金属污染土壤的填埋提供有力的技术支持，也有效地防止了污染土壤对周边区域的土壤及地下水造成污染，保护了人民群众的身体健康。

五、《污染场地挥发性有机物调查与风险评估技术导则》

《污染场地挥发性有机物调查与风险评估技术导则》（DB11/T 1278—2015）适用于污染场地挥发性有机物的污染调查、现场采样和呼吸暴露途径的健康风险评估，规定了场地挥发性有机物污染调查、采样和呼吸暴露健康风险评估三方面的技术要求。

《污染场地挥发性有机物调查与风险评估技术导则》是《场地环境评价导则》（DB11/T 656—2009）的补充和完善，增加了土壤气的采样及评估方法，构建挥发性有机物污染的概念模式，更准确反映土壤污染风险的大小及需要修复的范围。

六、《污染场地修复工程环境监理技术导则》

随着污染场地修复数量和规模的不断攀升，为确保环境监理工作的规范有序，借鉴工程监理的工作方式和方法，结合环保关注的二次污染防治重点，颁布实施了《污染场地修复工程环境监理技术导则》（DB11/T 1279—2015），规定了污染场地修复工程环境监理的工作程序、工作内容、工作方法、工作制度等技术要求，明确了环境监理在清挖、运输、贮存、回填、修复、验收等环节的监督要点。

《污染场地修复工程环境监理技术导则》填补了监理领域无环境监理规范的空白，有助于第三方监理机构履行职能，确保修复工程全过程的环境风险防控。

七、《污染场地修复技术方案编制导则》

《污染场地修复技术方案编制导则》（DB11/T 1280—2015）适用于污染场地土壤和地下水修复技术方案的编制，规定了污染场地修复技术方案编制过程中的修复策略选择、修复技术筛选与评估、修复技术方案确定、修复技术方案报告编制等内容和技术要求。

《污染场地修复技术方案编制导则》解决了方案编制单位及审核人员没有标准可依的问题，切实提高了场地修复技术设计和审核规范性及工作效率。

八、《污染场地修复后土壤再利用环境评估导则》

《污染场地修复后土壤再利用环境评估导则》（DB11/T 1281—2015）规定了污染场地修复后土壤再利用环境评估的工作程序、方法、内容及要求，制定了基于保护人体健康和地下水的土壤再利用风险筛选值（确定了 13 种无机物，27 种挥发性有机物，31 种半挥发性有机污染物及农药等 11 种，共 82 种污染物风险筛选值）和基于保护地下水的风险评估方法，提出了土壤再利用的工作程序和技术要求。

土壤作为一种资源，如何得到最大程度的有效、安全利用意义重大，该导则的颁布实现了在风险可控的情况下污染场地土壤的再利用。

第五节　土壤污染防治行动计划

2016 年 5 月，国务院印发了《土壤污染防治行动计划》，要求各级地方人民政府于 2016 年年底前制定并公布土壤污染防治工作方案，并报国务院备案。根据市领导的要求，市环保局成立《北京市土壤污染防治工作方案》编制工作领导小组和编写工作小组，启动《北京市土壤污染防治工作方案》编写起草工作。于同年 10 月完成了征求意见稿和报审稿。

11月29日，市政府常务会135次会议审议并原则通过《北京市土壤污染防治工作方案（报审稿）》。

12月26日，市政府印发《北京市土壤污染防治工作方案》（京政发〔2016〕63号）。该工作方案共分总体要求、防治任务、保障措施、组织实施四个部分，48项措施。工作目标，到2020年全市土壤环境质量总体保持稳定，建设用地和农用地土壤环境安全得到基本保障，土壤环境风险得到基本管控；受污染耕地安全利用率达到90%以上，再开发利用的污染地块安全利用率达到90%以上。到2030年，土壤环境质量稳中向好，建设用地和农用地土壤环境安全得到有效保障，土壤环境风险得到全面管控；受污染耕地安全利用率达到95%以上，再开发利用的污染地块安全利用率达到95%以上。

2016年，为落实国务院《土壤污染防治行动计划》和《北京市土壤污染防治工作方案》，受市环保局委托，北京市固体废物和化学品管理中心牵头启动北京市土壤污染状况详查工作，市财政局、市规划国土委、市农委、市农业局、市园林绿化局、市水务局、市经济信息化委等部门参与，该项工作计划于2020年完成。北京市固体废物和化学品管理中心成立详查工作组，组织研究工作思路，编制了《详查工作方案》。

一、开展"土壤污染状况详查"工作

2017年是北京市全面落实《土壤污染防治行动计划》《北京市土壤污染防治工作方案》的开局之年，北京市紧紧围绕落实国家"土十条"这一主线，以保障农产品生产用地和人居建设用地土壤环境安全为目标，重点开展了"土壤污染状况详查"工作。9月份成立了北京市土壤污染状况详查领导小组、工作小组及专家咨询委员会。领导小组由主管副市长任组长，市环保局主要领导任副组长，市财政局、市规划国土委、市农委、市农业局、市园林绿化局、市水务局、市经济信息化委主管领导任成员。工作小组由北京市环境保护局土壤环境管理处主要领导任组长，市财政局、市规划国土委、市农委、市农业局、市园林绿化局、市水务局、市经济信息化委相关处室领导任成员。专家咨询委员会由来自环境保护部南京环境科学研究所、环境保护部固体废物与化学品管理技术中心、中国环境科学研究院、中国环境监测总站、清华大学等单位的15名专家组成。

2017年9月20日，北京市环境保护局印发《北京市土壤污染状况详查实施方案》（京环发〔2017〕26号），并上报环保部、财政部、国土部、农业部备案。在确保按时、保质保量完成国家规定的农用地和重点行业企业用地详查的基础上，本市增加了重点工业区、未利用地、土壤环境背景点详查3项详查任务。开展了专题技术培训4次，累计培训市区两级环保、国土、农业、园林绿化等相关详查任务承担单位、调查采样单位、检测单位共计432人次。

印发《北京市农用地土壤污染状况详查质量保证与质量控制工作方案》（京环办〔2017〕223号），建立了北京市土壤污染状况详查质控专家库和质量监督检查专家库。

在全国范围内率先完成了农用地点位布设、核实工作，启动了农用地土壤样品采集工作，完成第一批29个采样点的土壤样品采集、流转、制备、保存、检测和质量控制工作。完成了重点行业企业筛查工作，启动了重点行业企业用地基础信息采集工作，完成了2家在产企业的资料收集、现场踏勘、人员访谈、信息整理及数据填报等工作。

二、强化土壤污染源头管控

2017年6月2日，市环保局发布全市土壤环境重点监管企业名单，涉及石油加工、化工、电镀等行业，共计17家企业。自2018年起，列入名单的企业每年要自行开展土壤监测。相关区环保局对重点监管企业周边开展土壤环境监测。更新了重金属排放重点监管企业名单，涉及集

成电路制造业、机械加工行业，共 5 家企业。名单内企业要开展强制性
清洁生产审核，强化重金属污染全过程控制。

2017 年 8 月 9 日，经市政府同意北京市安全生产委员会印发《北京
市尾矿库销库办法（试行）》。2017 年 9 月 12 日，经市政府同意北京市
金属非金属矿山治理工作联席会议办公室印发《北京市金属非金属矿
山治理工作联席会议制度方案》，成立了由主管副市长任召集人的金属
非金属矿山治理工作联席会议。完成怀柔区、密云区共 5 座尾矿库销
库工作。

2017 年，开展农药包装等农业废弃物回收利用试点工作。设置农药
包装废弃物回收点 22 个，采用现金回收与以物换物的模式进行回收。
其中，通州区、顺义区共回收农药包装废弃物 800 万件，共计 37.5 t。
大兴区采用以旧膜换新膜的回收模式，全年共回收旧地膜 1 151 t，兑换
新地膜 576 t。

根据疑似污染地块环境调查和风险评估结果，2017 年 12 月 26 日，
市环保局印发《北京市环境保护局关于印发〈北京市 2017 年度污染地
块名录〉的通知》（京环发〔2017〕51 号)），确认了 2017 年污染地块名
录。涉及 7 个污染地块，分布于朝阳区、丰台区、石景山区、门头沟区。
通知要求，各区要加强监督管理，督促土地使用权人填报全国污染地块
土壤环境管理系统，主动公开相关信息。防止未经治理或治理修复不合
格的污染地块进入再开发用地程序或开工建设，暂不开发利用的地块要
做好风险管控。

以保障人居环境为重点，结合城市环境质量提升和发展布局调整，
2017 年，北京市环保局、市规划国土委组织相关技术单位编制完成《北
京市土壤污染治理修复规划（初稿）》，根据目前已查明的污染地块，计
划开展原北京焦化厂剩余地块、首钢主厂区、石景山区北辛安棚户区等
污染地块治理修复重点项目。

第六节 污染场地治理修复案例

【案例一】原北京化工三厂

原北京化工三厂位于丰台区宋家庄顺八条八号，面积约 13 hm²，属化学原料及化学制品制造业。

1. 场地土地利用历史

北京化工三厂 1956 年 1 月建厂，1964 年前主要生产无机化工原料，1964 年后改为生产塑料助剂的专业厂，产品主要有多元醇、增塑剂、稳定剂、抗氧剂等各类助剂以及醋酸酯类有机溶剂等。年产癸二酸二辛酯（DOS）400 t，邻苯二甲酸二辛酯（DOP）能力达到 1 万 t，1988 年新建万吨级连续酯化新工艺 DOP 生产装置，季戊四醇生产装置年生产能力 400 t，抗氧剂年产 200 t。1988 年新建年产 2 400 t 的有机锡生产装置，1995 年新建年产 1 000 t 的甲醛生产装置和年产 100 t 的醋酸乙酯、醋酸丁酯生产装置，原来生产的无机化工产品停产。由于北京化工三厂的生产装置存在污染现象，按照北京市总体规划要求，北京化工三厂于 1999 年停产。该场地作为化工用地已经有 40 多年的历史，且主要从事助剂的生产。

超标的有害物质：重金属（铬、铅）、有机物（邻苯二甲酸二辛酯、四丁基锡）、农药（滴滴涕、六六六）、黑土。

2. 环保部门审查意见

（1）原则同意对北京化工三厂污染土壤的处置方案，即对场地内受重金属污染和有机物污染严重的土壤采用焚烧方式；对受有机物污染较轻的黑色土壤采用卫生填埋和阻隔填埋的方式进行处置。

（2）在北京化工三厂污染土壤清理过程中，须严格按照处置方案实施，并接受市固管中心的监督管理，土壤处置工作全部完成后，北京化工三厂场地方可进行下一步土地开发。

（3）在土壤处置和今后的建设施工过程中，如发现新的土壤污染问题，应立即停止施工，并及时向市环保局报告，采取必要措施。

3．修复单位：北京建工集团有限责任公司/北京金隅红树林有限公司。

4．修复方法：有机物污染土壤和重金属污染土壤焚烧，黑色土壤采取阻隔填埋。

5．修复时间：场地内污染土壤开挖时间为2007年7—9月。重度污染土焚烧处置工期为6个月。轻度污染土填埋竣工时间为2007年11月1日。

6．修复工程量：场地内受到有机污染和重金属污染的重污染土土方总量约 10 944 m^3，全部运至北京金隅红树林发展有限责任公司进行焚烧处置。场地内带有化学品气味的轻度污染土（黑色土壤）土方总量约 65 670 m^3，轻度污染土进行无害化处理，运至北京生态岛科技有限责任公司进行填埋。

7．修复验收意见

（1）按照《北京化工三厂污染土壤的处置方案》，原北京化工三厂污染土界定清楚，清挖过程符合处置方案要求，清挖断面经监测，特征污染物指标符合居住区土壤健康风险评价建议值，可以进行下一步土地开发。

（2）请继续组织对北京金隅红树林环保技术有限责任公司和北京生态岛科技有限责任公司污染土处置过程进行监理和监测，确保环境安全，待处置工程完成后进行总体项目验收。

（3）在今后的土地开发建设施工过程中，如发现新的场地污染问题，应立即停止施工，并及时向市环保局报告，采取必要措施。

【案例二】原北京红狮涂料厂

原北京红狮涂料厂位于丰台区宋家庄，面积约 25.8 hm^2，属化学原料及化学制品制造业。

1．场地土地利用历史

原北京农药一厂位于南郊宋家庄，即现北京红狮涂料有限公司的南厂区，北侧为北京市油漆厂。主要产品有除草醚、稻瘟净、杀虫脒、一六〇五等合成农药，六六六、滴滴涕粉剂等。除供应北京市外，大部分行销外地。为消除农药生产对首都的污染，1980年以后，农药生产缩小规模，1981年与北京市油漆厂合并，农药产品全部下马。1987年，北京油漆厂、北京油漆二厂、北京制漆厂等油漆企业组建成立北京红狮涂料公司，开始实行集团性生产，年生产能力达到4万t。1999年12月，市政府对《北京工业布置调整规划》批复文件中，要求5年时间内四环路以内企业原则上进入搬迁改造实施阶段，规定四环路以内有污染的企业必须迁出市区。2004年，北京红狮涂料有限公司选址通州区次渠工业区台湖镇作为新建厂址，并计划于2005年8月—2006年6月进行整体搬迁，原址规划为商住区和交通枢纽建设用地。同年，地铁5号线南端站口在厂区南段开始建设。

超标的有害物质：农药（滴滴涕、六六六）。

2．修复单位：北京建工集团有限责任公司/北京金隅红树林有限公司。

3．修复方法：焚烧。

4．修复工程量：原厂址现状围墙内污染土已清运完毕，共清除污染土约23.8万t，分别运至金隅红树林环保技术有限责任公司和北京市琉璃河水泥有限公司进行贮存、焚烧处置。

5．修复验收意见（部分区域验收）

（1）红狮涂料厂两限房项目污染土清挖过程符合《北京红狮涂料产有限公司北厂区污染土处置实施总体方案》要求。经监测，已清挖范围内土壤特征污染物六六六、滴滴涕含量均低于专家论证确认的健康风险评价建议值（六六六 2.19 mg/kg、滴滴涕 8.4 mg/kg）。同意在此范围内进行下一步土地开发。

（2）加紧协调各有关单位，具备条件后尽快将厂区西侧南半部围墙内外、南侧地铁周边和东侧围墙下未清挖区域的污染土彻底清除。

（3）继续组织对北京金隅红树林环保技术有限责任公司和北京市琉璃河水泥有限公司污染土处置过程进行监理和监测，确保环境安全，待处置工程全部完成后进行总体项目验收。

（4）在今后的土地开发建设施工过程中，如发现新的场地污染问题，应立即停止施工，及时向市环保局报告，并采取必要防护措施。

【案例三】原北京化工厂

北京化工厂地处东四环路以西，国际商贸中心边缘。分为东西两个厂区，东厂区位于朝阳区广渠路 15 号（"157"厂区）、西厂区位于朝阳区西大望路 19 号（"九龙山"厂区）。面积约 22.4 hm²，属化学原料及化学制品制造业。

1. 场地土地利用历史

北京化工厂现址在 1950 年以前为农田和荒地。1950 年开始在此地建设厂房生产试剂等，当时生产工艺十分落后。1958 年北京化工厂由海淀区五道口部分产品搬迁到现址。与此同时，化工厂周边先后建设了北京化工实验厂、北京化工二厂、北京有机化工厂等多个工业企业，东郊地区成为了北京的化工区。北京市城市建设迅速发展，按照北京市总体规划，位于四环路内的工厂将陆续迁出。根据首都规划建设委员会和北京市城乡规划委员会联席会议的精神，北京市东郊化工区位于东四环路以内的现状工业用地将转变为公建及居住用地。除化工二厂西分厂迁往本厂东厂区外，其他厂分别迁往通州区次渠、张家湾及永乐店等工业区。北京化工厂迁往大兴区安定镇。北京化工厂周边原有工厂现已陆续迁出，开发为房地产建设项目。北京化工厂西厂区（"九龙山"厂区）已经由"中加"房地产公司开发建设为金港国际商住楼。其南侧的化工实验厂由珠江房地产公司开发建设为珠江帝景家园。北侧的北京市第一构件厂与西部的北京玻璃仪器厂也在开发建设之中。

超标的有害物质：重金属（砷、汞、铬、镉、铅、铜、锌）放射性同位素。

2．环保部门审查意见

（1）经组织专家对该单位委托市环科院编制的《原北京化工厂场地环境评价报告》进行论证后，该场地土壤存在一定程度的污染，须首先进行土壤处理、修复，在确认污染消除后方可进行房地产开发。

（2）原则同意原北京化工厂政府储备土地污染土壤的处置方案。即对场地内原氯化汞和小汞盐车间受污染的约 1 300 m³ 土壤进行固化后送危险废物安全填埋场处置；对其临时库房、十排房、荧光分厂等约 3 万 m³ 土壤送阻断式填埋场或类似处置厂填埋。

（3）在土壤处置和今后的建设施工过程中，如发现新的土壤污染问题，须立即停止施工，并及时向市环保局报告，采取必要措施。

3．修复单位：北京生态岛科技有限责任公司。

4．修复方法：污染土壤均运至北京生态岛科技有限责任公司，其中重污染土壤将进行安全填埋处理，轻污染土壤将进行阻隔填埋处理。

5．修复时间：2009 年 11—12 月。

6．修复工程量：污染场地共清挖 56 871 m³ 含重金属污染土壤。

7．修复验收意见

（1）北京市广渠路 15 号地污染土壤清挖过程符合《北京市广渠路 15 号地污染土壤处置实施总体方案》要求，评估确定的污染范围均已清挖。本次清挖的 56 871 m³ 含重金属污染土壤均已运至北京生态岛科技有限责任公司处置。经监测，广渠路 15 号地污染土壤清理后，场地土壤中污染物浓度达到场地修复目标值的要求，可以进行下一步土地开发。

（2）继续组织对北京生态岛科技有限责任公司污染土壤处置过程进行监理和监测，确保环境安全，待处置工程完成后进行总体项目验收。

（3）该公司在今后的土地开发建设施工过程中，如发现新的场地污染问题，应立即停止施工，采取必要措施，并及时向市环保局报告。

【案例四】北京染料厂

北京染料厂位于北京市朝阳区东四环以外垡头地区，东邻北京焦化厂靠近五环路，南侧为化工路，北侧为农田，距京沈高速公路 0.5 km，厂西南侧 1 km 处是京津塘高速公路。面积约 40 hm²，属化学原料及化学制品制造业。

1. 场地土地利用历史

北京染料厂是北京化工集团下属的全民所有制企业，地处北京市东南郊。建立于 1956 年，其前身是以分装进口染料的兴华行和兼营批发零售的小作坊发展起来的。1964 年工厂搬迁至东郊垡头地区，历经多年的建设和发展，成为我国华北地区最大的染料生产企业，同时也是北京化工集团公司的骨干企业之一。遵照北京市的总体发展规划，位于四环路内外的工厂要陆续停产外迁。据此精神，北京染料厂于 2003 年 6 月全面停产，一部分迁往内蒙古阿拉善，另一部分迁往河北永清县和武邑县。原厂址经过招投标，具有资质和实力并具有拆除化工企业经验的北京万泉拆除公司承担了地上、地下附属物的拆除工作。

超标的有害物质：重金属（砷）、半挥发性有机物（三氯苯、六氯苯）。

2. 修复单位：北京建工集团有限责任公司/北京金隅红树林有限公司。

3. 修复方法：重金属污染土和染料染色土壤及染料残余物采用高温焚烧固化技术进行处理。对于焚烧固化过程严格按各项规范要求，确保处置过程中不对环境产生二次污染。

4. 修复时间：重金属污染土壤已经于 2009 年 1 月清理完毕，并运至北京金隅红树林环保技术有限责任公司，待焚烧处置。

5. 修复工程量：北京建工环境修复有限责任公司从染料厂清运的污染土壤共 140 车次，每车次运土量约为 18 m³，合计约 2 486 m³。

6. 修复验收意见

（1）原北京染料厂内污染土壤已按《原北京染料厂政府储备土地污

染土壤治理工程实施方案》的要求进行清挖、外运，原场地内土壤经监测达到《北京染料厂场地环境评价报告》中提出的修复目标，可进行开发建设。

（2）该场地在开发、建设过程中如发现新的污染问题，须立即停止施工，及时向市环保局报告并采取必要措施。

（3）清挖外运的约 6 万 m^3 污染土壤须密闭堆存，并按《原北京染料厂政府储备土地污染土壤治理工程实施方案》的要求进行处理和修复，处理和修复结果应另行监测并报市环保局验收。处理过程中应做好污染防治工作，加强监测，避免产生新的污染。

（4）由北京金隅红树林环保技术有限责任公司处置的约 3 万 m^3 重金属污染和染料染色污染土壤应及时处置并做好处置过程中的污染防治工作。

【案例五】北京化工二厂、有机化工厂原厂址

北京化工二厂、有机化工厂均为北京东方石油化工有限公司的下属企业，两厂相邻，地处北京朝阳区东南郊四环路大郊亭地区，其北面为广渠路，隔路为原北京制药二厂，现为金海国际商住区；南面为北京普莱克斯实用气体有限公司和唐新村，再往南为化工路；东面为百货大楼仓库；西侧紧邻东四环。面积约 101.9 hm^2，属化学原料及化学制品制造业。

1. 场地土地利用历史

1958 年前，该区域为农田，属王四营乡。1958 年以后，为发展北京市经济，扩建城市，该地区被确定为化工区，先后建成北京化工二厂和有机化工厂，北京化二股份有限公司位于场地北部，北京有机化工厂位于场地南部，两厂同为北京东方石油化工有限公司下属国营企业。北京化工二厂始建于 1958 年，占地面积 66 万 m^2。北京化工二厂从建厂到停产待迁，共建有 7 个车间。主要产品有聚氯乙烯树脂（PVC）、烧

碱、盐酸、液氯、有机硅产品、次氯酸钠及苯二甲酸酐等；北京有机化工厂始建于 1963 年，占地面积 36.98 万 m²。北京有机化工厂从建厂到拆迁共建 6 个生产车间。主要产品有聚乙烯醇、聚醋酸乙烯乳液（PVA 乳液）、醋酸乙烯-乙烯共聚乳液（VAE 乳液）和醋酸乙烯-乙烯共聚树脂（EVA 树脂）等四大系列产品，其中聚醋酸乙烯乳液、VAE 乳液和 EVA 树脂为我国最大的生产厂家。直至 2007 年停产待迁。目前，该场地周边主要为北京市物资仓库区，包括百货大楼货仓、广播电影电视部仓库、水利部仓库、地质部仓库、北京日报社纸库及东郊粮食仓库等。

2. 超标的有害物质

土壤中浓度超过修复标准的污染物有 15 种，分别为砷、汞、镍、铜、1,2-二氯乙烷、氯仿、氯乙烯、1,1,2-三氯乙烷、三氯乙烯、四氯乙烯、四氯化碳、苯、1,1-二氯乙烷、1,1-二氯乙烯和顺-1,2-二氯乙烯。场地中超标最严重的污染物为 1,2-二氯乙烷（其污染范围也最大），其次为氯仿和氯乙烯，重金属只在第一层发生污染。

3. 环保部门审查意见

北京化工二厂、有机化工厂原厂址《场地环境评价报告》已通过市环保局组织的专家审查。北京化工二厂、有机化工厂原厂址场地因历史上长期从事化工生产，大部分土壤和第一含水层地下水已受到污染，其中受砷、汞、镍、铜重金属污染土壤约 11 万 m³；受 1,2-二氯乙烷、氯乙烯、氯仿等有机物污染土壤约 460 万 m³，深度为 0～18.5 m；第一含水层地下水中主要污染物为 1,2-二氯乙烷和氯乙烯。以上受到污染的土壤应当进行修复。

4. 修复单位：北京生态岛科技有限责任公司/北京建工集团有限责任公司/中石化五建。

5. 修复方法：重金属阻隔填埋，有机物常温解析。

第五章　辐射环境安全与防护

人体受到的辐射分为电离辐射和电磁辐射。

环境中的电离辐射主要来自天然辐射源和人工辐射源两类。天然辐射源来源于太阳、宇宙射线和地面及建筑材料中的放射性物质，以及吸入空气和食入食物中天然存在的放射性物质。从地下溢出的氡是自然界辐射的另一种重要来源。天然辐射源的放射性是客观存在的，通常称为天然本底照射。它对环境的影响较为恒定，但随地域不同可有很大变化。人工辐射源主要来自核试验、核反应堆及其辅助设施，如铀矿以及核燃料厂；医用设备（如医学及影像设备）；工业和科研教学机构用的放射性物质。故产生电离辐射的物质也称为"放射性物质"，产生的废物也称"放射性废物"。我们防治的主要是人工辐射源。

电磁辐射主要指以电磁波形式通过空间传播的能量流，且限于非电离辐射。电流在导体内流动会产生电场，电流在导体内变化会产生磁场，因此辐射出去的能量叫电磁波。包括信息传递中的电磁波发射，工业、科学、医疗应用中的电磁辐射，高压送变电中产生的电磁辐射等。

第一节　辐射环境管理

一、辐射环境管理机构

1．行政管理

1997 年之前，北京市环保局无内设辐射环境管理专门机构，相关工作由市环保局三处（后改为开发处）专人负责涉及辐射环境污染的建设项目环保审批管理。1997 年市环保局设置辐射环境管理处，专门负责辐射环境和放射性污染的监督管理。市环保局与市卫生局、市公安局等管理部门按照各自职责，对全市的辐射环境污染防治工作实施管理。

2006 年 2 月 28 日，市政府办公厅印发了《关于调整北京市放射性同位素与射线装置安全和防护监管部门职责分工的通知》，对放射性同位素与射线装置安全和防护监管部门职责进行调整。辐射监管职责由市卫生局移交到市环保局。市环保局着手建立辐射工作单位档案。3 月 6 日，市环保局与市卫生局完成了第一批辐射安全监管档案的移交。同月，市环保局辐射环境管理处更名为辐射安全管理处，主要负责起草北京市辐射环境保护、放射安全防护和电磁辐射防护方面的地方性法规草案、政府规章草案，拟订有关标准、规划，并组织实施；依法对辐射环境保护、放射安全防护和电磁辐射防护等方面的污染防治实施统一监督管理，并承担相关行政许可工作；组织开展辐射环境监测和重点辐射源的监督性监测；组织开展辐射事故的调查处理、定性定级工作；负责权限内的核设施管理。

2．科研监测

1998 年以前，北京市的辐射环境监测技术工作由市环科院辐射室具体负责。1998 年 7 月 24 日，市环保局成立"北京市辐射环境管理中心"，该中心为市环保局下属处级事业单位。负责北京市辐射环境监测和科研工作，负责放射性废物的收储及废物库的管理工作。相关的监测职责也由市环科院辐射室转移到北京市辐射环境管理中心。2004 年，北京市辐射环境管理中心办公楼建成投入使用，地点位于北京市海淀区万柳中路5 号。2006 年 3 月北京市辐射环境管理中心更名为北京市辐射安全技术中心，主要承担辐射安全方面的监测、审评、科研等技术工作，为辐射安全提供技术支持与保障。

3．监督应急执法

2006 年 4 月，市环保局设立辐射环境监察队，负责辐射环境、放射性同位素与射线装置安全和防护的日常监督、检查及辐射环境监督执法工作，负责辐射环境信访投诉的处理，实施行政处罚。2006 年 7 月 10日，市环保局印发了《关于落实环保部门放射性同位素与射线装置安全和防护监管职能的通知》，明确了市、区环保部门的职责。9 月 1 日后，各区县环保局陆续成立了独立或兼职的辐射监察机构，负责辖区内辐射安全的监督管理工作。2011 年，市辐射环境监察队又增加了辐射监察、辐射（反恐）应急职责。

4．收贮处置

2007 年 3 月 29 日，北京市机构编制委员会办公室印发了"关于同意成立北京市城市放射性废物管理中心的函"（京编办事〔2007〕47 号），同意成立北京市城市放射性废物管理中心，中心为市环保局下属处级事业单位，主要承担北京市城市放射性废物的收集、运输、贮存及废物库的日常管理工作，承担废物库的安全保卫、环境及辐射防护监测工作，参与核与辐射事故应急工作。

自此，市环保局形成了行政许可、监督管理、技术支持和处置应急"四位一体"的市级辐射安全监管体制的格局。各单位职责明确、接口清晰、分工协作、密切配合，监管能力得到加强。

二、管理法规

1979 年颁布《中华人民共和国环境保护法（试行）》，规定放射性物质及电磁辐射等，必须按照国家有关规定，严加防护和管理。同年，国家《放射性同位素工作卫生防护管理办法》重新发布，明确环保与卫生、公安等部门有权对从事放射性同位素工作的单位进行监督和检查。

1989 年 10 月，国务院颁布《放射性同位素与射线装置放射防护条例》（国务院令第 44 号），规定由卫生、环保、公安部门对放射性同位素与射线装置生产、使用、销售中的放射防护实施监督管理。

2003 年，《中华人民共和国放射性污染防治法》的颁布实施，从法律上确立了环境保护行政主管部门对放射性污染防治工作实施统一监管地位。

2005 年，国务院颁布了《放射性同位素与射线装置安全和防护条例》。

2005 年，国家环保总局公布《关于发布放射源分类办法的公告》；2006 年，国家环保总局公布《关于发布射线装置分类办法的公告》，实现对放射源和射线装置分类管理。

2009 年，国务院颁布了《放射性物品运输安全管理条例》；2010 年，环保部公布了《放射性物品运输安全许可管理办法》，进一步加强放射性物品运输安全管理，明确核安全监管部门对放射性物品运输的核与辐射安全实施监督管理。

2011 年，国务院颁布了《放射性废物安全管理条例》，规定了对放射性废物的处理、贮存和处置的许可和监督管理。

电磁辐射管理过程中，依据的技术标准主要有《电磁辐射防护规定》（GB 8702—1988）、《辐射环境保护管理导则　电磁辐射监测仪器和方法》（HJ/T 10.2—1996）、《辐射环境保护管理导则　电磁辐射环境影响评级方法与标准》（HJ/T 10.3—1996）、《移动通信基站电磁辐射环境监测方法》（环发〔2007〕114 号）、《500 kV 超高压送变电工程电磁辐射环境影响评价技术规范》（HJ/T 24—1998）、《高压交流架空送电线路、变电站工频电场和磁场测量方法》（DL/T 988—2005）等。

1994 年 2 月 1 日，市环保局召开了首届北京市辐射环境管理工作会议。同年，市环保局发布《伴有辐射项目环保设施验收技术规范》。依据上述相关的法律、法规，环境保护部门逐步实现了对辐射环境保护起草法规、标准，环境影响评价文件的审批，辐射安全许可证审批颁发"三同时"检查，放射性废物管理，放射性物品运输监督管理等工作的全过程管理。

三、行政许可与审批

1974 年国家颁布的《放射防护规定》，明确了辐射污染防治的要求和环保部门的管理职能。自 1975 年，市环保部门开始对放射性工作场选址和可能产生的辐射污染问题进行审评，并对辐射污染防治设施进行验收。

20 世纪 80 年代，核技术在工业、农业、医疗、科研等方面应用更加广泛，污染源有所增加。20 世纪 80 年代后期，国家卫生、公安、环保等主管部门，要求新建有放射性的工作单位必须进行环境影响评价，经审批后方可施工。

环境影响评价是环境保护的预防性措施。核设施在各审批阶段均要提供环境评价报告。辐照装置、核医学设备、放免药盒的生产等伴有辐射项目的新建、改建、扩建均需进行辐射环境评价或辐射环境分析。

核设施及大型辐照装置的环境影响评价文件的审批，由国家环保部、项目单位的上级主管部门主持审批，市环保局参与审批。其他伴有辐射项目的环境影响评价（或环境影响分析）则由市环保局主持审批。

除环评外的审批包括：核技术改建、扩建、新建应用项目的选址、立项审查及建成后的验收；防治污染设施设计方案审查；退役场所的审批及验收等。其审批由市环保局、公安局、卫生局三局共同审查或由市环保局独立审查，审查后提出审查意见。对竣工项目和退役项目进行审查验收。

2003年，根据国家食品药品监督管理局、卫生部、公安部、国家环保总局《关于开展换发放射性药品使用许可证工作的通知》的要求，北京市食品药品监督管理局牵头会同市卫生局、市环保局开展换发许可证工作，截至2004年5月共完成了30家申请使用放射性药品单位的换证工作。2004年7月1日行政许可法频布实施后，按照行政许可法的要求办理。

2006年8月28日,市环保局辐射类建设项目网上审批系统试运行,辐射类建设项目（不含核设施）实施网上审批，建设单位可选择网上或现场两种方式申报。2007年11月1日起辐射安全许可证、转让放射性同位素批准及相关备案工作实施网上审批。

1991—1999年审批项目统计情况见表5-1。2006—2012年行政许可、备案等明细见表5-2。

表5-1　1991—1999年审批项目统计表

年份	审批项目/次				
	审查	验收	退役	环评	审批总计
1991	5	4	1	2	12
1992	7	6	3	3	19
1993	13	12	2	1	28
1994	13	21	1	2	37
1995	13	7	1	1	22
1996	15	4	2	1	22
1997	13	6	2	2	23
1998	11	2	1	3	17
1999	4	3	2	1	10

表5-2　2006—2012年办理的辐射安全行政许可、备案工作明细

年份	各类许可、备案事项/件	辐射安全许可证审批/件	各类建设项目/件	放射性同位素转让审批/件	各类备案事项/件	各类豁免认可申请/件
2006	927	172	276	223	194	15
2007	1 587	509	348	293	347	90
2008	2 114	517	386	603	562	46
2009	3 799	745	636	782	1 092	29
2010	2 799	318	517	788	1 150	26
2011	1 537	179	293	780	1 209	—
2012	1 597	234	400	561	1 060	—

为贯彻北京市调整下放建设项目环境影响评价审批权限规定，加强属地管理，推动管理重心下移，自2011年1月1日起，市环保局委托全市各区县环保局承担Ⅲ类射线装置单位辐射项目环评审批、验收及辐射安全许可证审批，辖区内放射性同位素备案工作。各区县以审批为抓手、以审批促监管，审批下放工作进展顺利，监管效能得到进一步提高。

2012年，在大兴、通州和北京经济技术开发区环保局开展了Ⅳ、Ⅴ类放射源审批试点，进一步促进了区县环保局对辖区内相关涉源单位的管理。

截至2016年年底，全市共有辐射安全许可证持证单位2 441家，射线装置单位2 371家。

四、监督管理

1. 日常监管

由于首都的特殊地位及放射性物质的危险性，北京市对此始终保持高度警惕，对核技术利用单位始终保持一定的高压态势。加强日常监督管理，并配合环保部（原国家环保总局），联合公安、卫生等部门，依据国家有关法规，对有关单位进行定期或不定期的监督执法检查。

20 世纪 90 年代，辐射污染的监察工作主要是抽查北京市核设施单位的环境监测数据，并对重点污染源单位进行了监督管理和监测。随着职责划转以及北京市环保体系"四位一体"格局的形成，逐步加强了监督检查力度。联合公安、卫生等部门，依据国家有关法规对涉源单位进行定期或不定期的监督检查。

市区两级环保部门对检查中发现的问题通过约谈、限期改正和行政处罚等手段，从严查处违法行为，保证了北京市的辐射环境安全。

1980 年 8 月，市环保局、市卫生局、市公安局组成联合检查小组，对北京地区从事生产、使用放射性同位素的 124 个单位进行监督检查。

1989 年 6 月，市环保局发出《关于加强北京市环境放射性管理工作的通知》，对污染源单位提出加强环境放射性管理的具体要求，并对重点单位开始进行辐射水平监督性监测，防治辐射污染。

自 2006 年市环保局成立辐射监察队以来，辐射环境、放射性同位素与射线装置安全和防护的日常监督、检查，监督执法等工作均由其负责实施。在检查中发现问题，给予限期整改、行政处罚直至吊销许可证。对涉及医疗、科研、伽马探伤、生产销售含源仪器、使用放射性药品，以及安全管理体系不健全、安全文化意识不强的重点涉源单位（不包括环保部发证单位），每年加强现场检查。

2007 年 7 月，北京市 8 个辐射环境自动监测站的安装调试工作完成。安装辐射自动监测站在国内尚属首次，对提高北京市辐射环境自动监测水平，加强辐射污染预警监测，保障辐射环境安全具有重要意义。

2008 年，辐射监察队在环保部的支持下，借助美国能源部提供的经费，解决了产权不清、处置资金困难的历史遗留问题：桓兴肿瘤医院的钴治疗机、华海核技术公司闲置放射源等，全部送城市放射性废物库。

2. 申报登记

为摸清底数、加强管理、预防污染，市环保局对不同类型的涉源单位实施申报登记管理。

2004 年 5 月 31 日，北京市环保局、北京市公安局、北京市卫生局联合印发《关于我市开展"清查放射源 让百姓放心"专项行动的通知》（京环保辐字〔2004〕285 号），开展北京市放射源申报登记工作。本次专项行动历时 5 个月，完成了北京市涉源单位各种不同活度放射源的申报登记和现场清查任务。查清北京市涉源单位及放射源数量。

2006 年 2 月，市环保局印发《关于开展射线装置申报登记工作的通知》，射线装置申报登记工作正式启动，通过在新闻媒体刊登公告、新闻稿、局网站公示等形式告知参加射线装置申报登记，这次申报登记射线装置单位数和射线装置数，并对申报登记情况进行现场抽查。

2007 年，市环保局对全市中小学实验室的放射源进行登记、回收。

2007 年 3—5 月，市环保局和市公安局在全市范围内开展闲置、废旧放射源申报登记和送贮工作。北京市申报登记闲置源单位和闲置放射源。闲置、废旧放射源最后返回生产厂家或者送城市放射性废物库，保障了首都辐射环境安全。

2008 年 11 月，市环保局开展了全市范围内的放射性废物（废源）的摸底调查工作。重点摸清全市放射性废源的底数、分布和放射性废物产生情况以及放射性废源返回生产厂家的相关信息等情况。此次放射性废物（废源）调查活动发放了 303 份调查通知，查处有闲置废旧放射源的单位和产生放射性废物的单位。

3．专项行动

2004 年 6 月 3 日，市公安局、环保局、卫生局联合召开全市放射性物品安全管理工作暨关于开展"清查放射源，让百姓放心"专项行动动员大会，市公安局通报了石景山"5·25"北京天瑞恒达材料检测设备有限公司放射源丢失和处理情况。会议要求各涉源单位充分认识加强放射源安全管理工作的重要性，促进各项安全措施的落实，强化放射源的安全管理制度，防止放射源丢失、被盗、失控事件的发生。全市涉源单位参加了会议。9 月底全市基本完成现场清查工作。10 月 25—27 日，国家环保总局辐射司刘华副司长率领华北六省市督察组对北京市放射源清查工作进行了现场督察，对解放军防化研究院和北京科安特无损检测公司两家单位进行了现场核查。

2005年7月18日—9月17日，环保、公安、卫生部门相互配合开展联合执法，完成了北京市危险物品专项整治工作。期间共清查出4家没有办理许可证就违法使用放射源的单位，对6家涉源单位进行了执法检查。

2006年1月，市环保局决定对关停水泥厂的放射源立即进行强制收贮。收贮了房山强力水泥厂、房山水泥一厂、平谷区水泥二厂、金正水泥厂四家单位的放射源。另外，关停的塔山水泥厂的放射源依照法规和程序安全转让给持证单位使用，彻底杜绝了北京市关停水泥厂后的环境安全隐患。

2007年，按照市环保局等14个委办局印发的《关于深入开展整治违法排污企业保障群众健康环保专项行动的通知》要求。市环保局积极组织、精心安排，9月将递交送贮申请的闲置源单位的放射源，全部送至天津放射性废物库安全暂存。

2008年7月10日市环保局、市反恐办、市公安局治安管理总队联合对奥运场馆及配套设施周围辐射工作单位的辐射安全防范工作进行了专项检查。

2011年5月，市环保局联合市公安局在全市范围内开展了闲置放射源清查专项行动。通过市区两级环保、公安部门的共同努力，共计排查760家单位，签订了辐射安全承诺书，在7个区县22家单位发现闲置废弃放射源和放射性物品（物质）。发现的所有放射源和放射性物质均已妥善处置，闲置放射源清查活动成效显著。

2011年9—11月，按照环保部办公厅《关于开展核技术应用、铀（钍）矿和放射性物品运输工作安全检查的通知》（环办函〔2011〕967号）要求，对市核技术应用、放射性物品运输单位开展了专项检查。此次专项行动，重点对放射源使用、X射线探伤类辐射工作单位进行了突击检查，并对《辐射安全许可证》即将到期需换证、既往检查存在辐射安全隐患的单位进行了抽查。

2011 年 10—12 月，市环保局在全市范围内开展了安保用 X 射线装置专项检查行动。组织各区县对口岸、车站、地铁、法院、检查院、博物馆等公共场所使用的安保用 X 射线行包检查装置进行调查，督促各单位依法办理辐射安全许可证，做到应管尽管，不留死角。通过努力，截至 2011 年年底，北京地铁运营公司和北京京港地铁公司的所有安保用 X 射线装置均已纳入辐射安全管理，其余单位的许可手续后续也完成了办理。

2012 年，市、区两级环保部门在全市范围内开展了辐射安全综合检查专项行动。行动期间，全市环保系统共出动 5 000 余人次，排查了 1 850 余家单位和 1 700 余家相关行业单位，收贮了废旧放射源，重点查处了未批先建、久拖不验、无证使用等违法行为，下达了 200 余份限期改正通知书，查处 50 余家违法单位，处罚近 81 万元，对排查出的 200 余家辐射工作单位纳入了管理。做到了"应查尽查、应管尽管、应改尽改、应罚尽罚"，努力做到涉源单位发证率、射线装置发证率、杜绝无证运行率、排查覆盖率、限期整改和行政处罚率"五个 100%"的要求。消除了安全隐患，促进了辐射单位管理的规范化。

2013 年 3 月 1 日—10 月 31 日，针对不断发现的历史遗留源，市环保局开展了 2 项专项行动：一是梳理了 2007 年以前北京市所有工业用燃煤锅炉企业和独立燃烧设施燃煤锅炉单位的台账，从中筛查出 10 t 以上（含）可能使用放射源的燃煤锅炉单位进行了检查，未发现有使用放射源或射线装置的燃烧锅炉单位；二是组织全市从事放射源销售单位，清查、提供了 2006 年以前曾销售到北京用户的名单，检查出的历史遗留源均依照法规由城市放废库实施了收贮。

4. 信访处理

在信访处理工作中，执法监察人员严格执行《信访条例》，严格按照法定程序，对信访事项认真调查，实地检测，做到及时回复、耐心细致、热情周到、让群众放心，得到百姓的好评，防止了矛盾激化。

1996 年，人民来信反映海淀志新医院射线装置影响居民，市环保局委托市环科院处理。市环科院两次去该院检查和监测，要求该医院封闭射线装置房间的窗户，并对房门加以防护处理。

东润枫景小区地处朝阳区酒仙桥南十里居，位于东四环路东侧。北京人民广播电台（804）中波节目 2 个发射塔分别位于该小区东侧 300 m 和东南侧 450 m。该项目于 2000 年开始建设，2003 年 6 月起东润枫景居住小区部分居民不断反映：北京人民广播电台中波发射天线电磁辐射影响其正常生活。为此，北京市环境保护监测中心对小区 1～6 号楼入户测试电磁辐射强度超过标准限值的点，均位于高层住宅阳台和屋顶平台处，居民室内、小区内的公共场所、小区配套学校及幼儿园的电磁辐射强度均符合标准要求。为解决电磁辐射污染问题，市环保局责成开发商对超标的高层住宅未封闭阳台和屋顶平台，通过加装钢丝玻璃窗和平台钢丝网等屏蔽方式降低电磁辐射强度，保证居民的安全。北京市辐射环境管理中心于 2003 年 8 月对该小区电磁污染进行了选频监测。对小区加装了屏蔽材料的 10 mm 网格钢丝玻璃窗和 27 mm 网格钢网的屏蔽效果进行了监测。经过多方努力，最后妥善解决了东润枫景居住小区的电磁辐射问题。

2006 年以来，有关辐射污染方面的信访投诉主要以反映电磁辐射为主。在处理此类信访投诉过程中，针对群众关心的输变电设施、医院加速器、医院病房楼建设中的环境问题进行了耐心细致的解答，加大电磁辐射科普宣传，尽力消除公众的疑虑和恐慌，努力促进社会和谐。

五、辐射应急演练

为加强应对辐射突发事件的能力，市环保局 2009 年 3 月 4 日印发了《北京市环境保护局辐射污染事件应急预案》；2010 年 11 月 30 日印发《北京市环境保护局处置辐射突发环境事件应急预案》。同时加强平时的应急演练，平均每年都针对涉"源"单位及区县环保部门举办1～2次应急演练。同时积极参加全市的大型综合性联合演练，市反恐组织的演练和国家环保部组织的相关演练。

第二节 辐射环境质量

一、电离辐射环境质量

20世纪50年代末，北京市在局部地区开始环境辐射测量。1960年为了测量美、苏核试验对中国的影响，卫生部建立放射性卫生监测机构，市卫生防疫站设大气放射性观测点，测定大气沉降物中总β、锶-90及气溶胶总β的含量。随后于20世纪70年代进行以水体为主的环境辐射质量调查。1973年，中国科学院地球化学研究所普测西郊水体中铀和钍；1974—1975年，官厅水库水源保护领导小组办公室对官厅水库放射性进行调查。1975—1979年，市环保所连续5年定点测量西郊、东南郊地表水、地下水中总β和铀的背景值。

20世纪80年代，北京市全面开展环境辐射调查。监测内容除大气、地下水、地表水和自来水外，还增加了土壤样品。监测数据表明北京市尚未出现明显的放射性物质污染。

1999年之前由市环科院负责开展电离辐射环境质量监测和电离辐射污染源监测；2000年之后由北京市辐射安全技术中心负责监测。电离辐射环境质量监测项目主要包括环境γ辐射剂量率、环境水体中的总α、总β浓度及γ核素分析、环境土壤中的γ核素分析。北京市辐射安全技术中心于2006年增加了生物样、气溶胶和水中锶的监测；于2007年增加累积剂量监测；2009年，增加了降尘中总α、总β活度浓度和γ核素分析、室内氡浓度测量。测量点位和频次逐年不断完善。

2008 年，北京市陆续实现了各区县的γ辐射剂量率连续自动监测和部分区县的气溶胶、空气碘及γ核素的自动监测，为辐射环境水平积累了大量数据，数据表明，历年γ辐射剂量率无明显变化。

1. 天然贯穿辐射

天然贯穿辐射剂量率包括陆地γ辐射剂量率和宇宙射线剂量率。1980—1981 年首次测定的北京市天然贯穿辐射剂量率均值为 89.4 nGy/h，其中陆地γ剂量率和宇宙射线剂量率分别为 54.9 nGy/h 和 34.5 nGy/h，均在中国及世界平均背景值范围之内。1986—1987 年在全市按网格布点测量的室外天然贯穿辐射剂量率为 88.7 nGy/h，其中陆地γ剂量率和宇宙射线剂量率分别为 56.2 nGy/h 和 32.3 nGy/h，与 1980—1981 年的测定结果相近。1986—1990 年，在全市定点测定的辐射剂量率，基本处于同一水平。

1991—2010 年，北京市天然贯穿辐射剂量率（包括陆地γ辐射剂量率和宇宙射线剂量率）均值为 92.3 nGy/h，其中陆地γ辐射剂量率和宇宙射线剂量率分别为 57.8 nGy/h 和 34.5 nGy/h，均在中国及世界平均背景值范围之内。

2011—2012 年，北京市天然贯穿辐射剂量率（包括陆地γ辐射剂量率和宇宙射线剂量率）均值为 107.7 nGy/h，其中陆地γ辐射剂量率为 53.8 nGy/h，与 2011 年之前的测量结果在误差范围内一致，均在中国及世界平均背景值范围之内。

2. 土壤中放射性核素

1986—1987 年，在全市按网格布点取土壤样品 147 个，测量 ^{238}铀、^{232}钍、^{226}镭和 ^{40}钾等 4 种天然放射性核素及人工放射性核素 ^{137}铯的含量。^{238}铀的平均含量为 19.8 Bq/kg，低于全国平均水平，与世界平均水平接近；^{40}钾平均含量为 650 Bq/kg，与全国平均水平相近，但高于世界平均水平；^{232}钍平均含量为 34.6 Bq/kg，相当于全国平均水平，高于 1988 年世界水平；^{226}镭的平均含量为 22.6 Bq/kg，与全国平均水平相近。放射性核素的地域分布特征为，近郊区土壤中 ^{238} 铀的平均含量为 22.3 Bq/kg，略高于远郊区县的 19.1 Bq/kg；远郊区县 ^{40} 钾平均含量为 664 Bq/kg，高于近郊区的 598 Bq/kg；近郊和远郊区县 ^{232} 钍和 ^{226} 镭的平均含量没有明显差别。

1991—2010 年，环境土壤中放射性核素测量的主要监测核素有：^{238} 铀、^{232} 钍、^{226} 镭、^{40} 钾、^{137} 铯和 ^{90} 锶。它们的浓度平均值范围分别为：18.8～50.5 Bq/kg、27.4～41.7 Bq/kg、17.0～30.7 Bq/kg、562～803 Bq/kg、1.76～12.6 Bq/kg、0.34～1.09 Bq/kg，均在环境正常水平，年度间无显著差异。

2011 年，北京市设置 21 个环境土壤采样点位。土壤样中放射性核素含量监测结果表明：^{238} 铀、^{232} 钍、^{226} 镭、^{40} 钾、^{137} 铯和 ^{90} 锶放射性核素含量测值范围分别为＜25.9～33.5 Bq/kg、22.8～57.3 Bq/kg、14.0～26.8 Bq/kg、379～686 Bq/kg、＜0.91～5.79 Bq/kg、0.52～0.74 Bq/kg，与 2010 年相比无显著变化。

2012 年，北京市 21 个采样点位土壤样中放射性核素含量监测结果表明：^{238} 铀、^{232} 钍、^{226} 镭、^{40} 钾、^{137} 铯和 ^{90} 锶放射性核素含量测值范围分别为 18.4～49.6 Bq/kg、29.1～52.2 Bq/kg、19.3～35.3 Bq/kg、500～864 Bq/kg、＜0.46～3.77 Bq/kg、0.65～1.24 Bq/kg，与 1991—2011 年的监测数据无显著变化。

3．水体中放射性物质

1991 年以前，主要测定的水体包括地表水、地下水和自来水。1991—2006 年，北京市环境水体的辐射水平监测对象主要包括河系水、湖库水和饮用水三种水体类型，2006—2010 年增加了地下水监测。

（1）地表水

总β　20 世纪 60 年代，北京市仅测定了流经市区长河水系中的总β，其平均含量为 0.31～2.0 Bq/L。20 世纪 70 年代测定 5 条河流、3 座水库和 1 个湖泊，水中总β的平均含量为 0.06～0.48 Bq/L。河水中的平均含量为 0.14～0.36 Bq/L。20 世纪 80 年代测定 5 条河流、8 座水库和 1 个湖泊，水中总β的平均含量为 0.04～0.33 Bq/L。

放射性核素　1960—1981 年，除 1975 年和 1979 年外，全世界范围内每年都有核试验进行。北京市自 1964 年开始测定地表水放射性核素，20 世纪 60 年代，仅在长河水中测定铀元素，其含量为 0.28～0.90 Bq/L。20 世纪七八十年代，在 10 条河流、8 座水库和 1 个湖泊进行测定，测定结果表明，除 20 世纪 70 年代中期和 20 世纪 80 年代受核试验以及 1986 年苏联切尔诺贝利核电站事故影响，地表水中 ^{90} 锶和 ^{137} 铯含量明显较高，其他的都在正常水平。

（2）地下水和自来水

北京市从 20 世纪 70 年代开始对地下水和自来水中总β和放射性核素的含量进行测定。其结果表明，各类水体中总β的含量为 0.11～0.20 Bq/L，相互间无大差异，低于同期地面水中纳污河道（莲花河、通惠河、凉水河、妫水河）及官厅水库水的含量，说明地下水受人为污染影响较小。1976—1990 年，除 1986 年 6 个自来水厂水中铀含量为 5.27 μg/L，14 个区县地下水中钍含量为 0.094 μg/L 略高，其他的铀分别为 0.15～3.82 μg/L，钍为 0.02～0.07 μg/L（地热井除外）。地下水中 ^{226} 镭的含量普遍高于地面水，1981 年所测地热井水中高达 393 mBq/L；^{40} 钾的含量达到 289～636 mBq/L，明显高于其他地下水和自来水。

2006—2010 年，北京市地下水中总α、总β、铀、钍、^{226} 镭、^{40} 钾、^{90} 铯、^{137} 锶核素浓度平均值范围分别为 0.14～0.41 Bq/L、0.14～0.38 Bq/L、6.29～10.48 μg/L、0.00～0.009 μg/L、4.3～9.7 mBq/L、66～88 mBq/L、1.6～5.8 mBq/L、1.5～5.5 mBq/L，年度间无显著差异。

（3）湖库水

1991—2010 年，北京市湖库水中总α、总β、铀、钍、^{226} 镭、^{40} 钾、^{90} 锶、^{137} 铯核素浓度平均值范围分别为：0.02～0.08 Bq/L、0.08～0.24 Bq/L、0.52～2.28 μg/L、0.001～1.0 μg/L、4.63～21.9 mBq/L、45.2～

202 mBq/L、4.1~5.2 mBq/L、1.8~6.7 mBq/L，年度间无显著差异。

水体中放射性核素含量监测平均值汇总见表 5-3。

监测结果表明，北京市水体中总 β 和放射性核素的水平比较平稳，几年来无显著变化。总 α、总 β 浓度符合《地下水质量标准》（GB/T 14848—1993）中规定的 I 类水质的标准。

4. 大气沉降物及气溶胶中的放射性物质

20 世纪 60 年代核试验频繁进行，其裂变产物直接影响大气环境。1962 年和 1963 年北京市大气沉降物中总 β 的日均沉降量分别高达 105.1 Bq/m^2 和 92.5 Bq/m^2，^{90} 锶的年沉降量达到 279.7 Bq/m^2。20 世纪 80 年代，随着核试验的减少，放射性沉降物也随之下降，总 β 日均沉降量在 4.3~13 Bq/m^2；气溶胶中总 β 的含量由 1980 年的 0.89×10^{-2} Bq/m^3 降至 1988 年的 0.37×10^{-2} Bq/m^3。1980 年 ^{90} 锶和 ^{137} 铯的年均沉降量分别为 6.6 Bq/m^2 和 5.81 Bq/m^2，当年核试验后，1981 年 ^{90} 锶和 ^{137} 铯分别增至 58.2 Bq/m^2 和 11.0 Bq/m^2，1982—1985 年维持在正常水平，1986 年切尔诺贝利核电站事故发生，当年 ^{90} 锶和 ^{137} 铯的年均沉降量达到 18.2 Bq/m^2，1987 年开始逐年下降，到 1989 年，年沉降量已分别降至 2.1 Bq/m^2 和 1.92 Bq/m^2。

2007—2010 年，气溶胶放射性核素监测布点在北京市辐射安全技术中心和奥林匹克森林公园。大气监测项目增加为氡浓度、气溶胶、降尘、空气中 ^{3} 氢、^{14} 碳和 ^{131} 碘。2008 年北京市辐射安全技术中心监测点开始监测降尘中放射性核素。监测结果均为环境正常水平，监测数据见表 5-4。

表 5-3 1991—2012 年水体中放射性核素含量监测平均值

		总α	总β	铀	钍	226镭	40钾	90锶	137铯
		Bq/L	Bq/L	μg/L	μg/L	mBq/L	mBq/L	mBq/L	mBq/L
河系	1991—2010	0.03~0.6	0.18~0.49	1.18~3.03	0.002~0.09	6.7~15.2	118~707.6	3.9~6.3	1.8~6.3
	2011—2012	0.005~0.09	0.06~0.66	1.25~4.05	0.025~0.09	6.0~12.9	55~603	3.2~9.4	4.8~7.2
湖库	1991—2010	0.02~0.08	0.08~0.24	0.52~2.28	0.001~1.0	4.63~21.9	45.2~202	4.1~5.2	1.8~6.7
	2011—2012	0.05~0.06	0.05~0.29	0.61~3.6	0.003~0.011	5.4~12.9	85.5~424	4.6~6.9	1.7~2.0
饮用水	1991—2010	0.04~0.13	0.08~0.16	1.98~5.53	0.001~0.05	5.7~22.1	42.1~137.3	2.6~6.4	1.6~7.1
	2011—2012	0.03~0.14	0.06~0.23	0.86~5.82	0.002~0.008	7.36~27.7	24~111		
地下水	2006—2010	0.14~0.41	0.14~0.38	6.29~10.48	0.0~0.009	4.3~9.7	66~88	1.6~5.8	1.5~5.5

表 5-4　2007—2010 年气溶胶、降尘中放射性核素含量均值表

		总α Bq/L	总β Bq/L	铀 μg/L	钍 μg/L	226镭 mBq/L	40钾 mBq/L	7铍 mBq/L	210铅 mBq/L	137铯 mBq/L	90锶 mBq/L
气溶胶 2007—2010 年	辐射中心	0.36~0.6	1.44~1.6	0.03~0.08	0.02~0.032	0.02~0.03	0.16~0.25	7.96~9.4	0.99~2.88	0.000 7~0.001 6	0.000 4~0.18
	奥森公园	0.3~0.48	1.16~1.43	0.03~0.07	0.02~0.038	0.017~0.029	0.09~0.18	5.82~10.01	1.5~1.92	0.001 3~0.006 2	
降尘 2008—2010 年	辐射中心	0.12~0.75	0.29~1.53	0.005~0.062	0.009 5~0.028	0.006~0.022	0.12~0.24	0.55~5.29	0.08~1.08	<2.0~3.5	<1.9~10.7

北京市辐射安全技术中心对空气中碳、氢、碘活度浓度的监测从 2008 年开始，其中碘监测由辐射环境自动监测站完成。截至 2010 年碘核素均未检出，碳活度浓度低于探测限（最高探测限为 30 mBq/m³）、氢活度浓度范围为小于 91.1～71.63 mBq/m³。

2011—2012 年，空气气溶胶放射性水平采样测量点监测结果表明，总α、总β活度浓度和放射性核素含量与 2011 年之前监测结果相比无显著变化。受日本福岛 7 级核事故影响，2011 年 3 月、4 月、5 月应急监测气溶胶样品中检出少量人工放射性核素 131 碘、137 铯和 134 铯。

5. 生物样品中的放射性监测

2008 年，开始对密云水库周边玉米中放射性核素进行监测。2008—2010 年，密云水库周边田地玉米中放射性核素 40 钾、137 铯、90 锶、铀的含量范围分别为 112.0～276.0 Bq/kg、0.05～0.07 Bq/kg、小于 0.07～0.08 Bq/kg 和 3.5～5.4 μg/kg，年际间无显著变化。

2011—2012 年，密云水库周边田地玉米样品中放射性核素的含量与 2011 年之前的测量结果相比无显著变化。

二、电磁辐射环境质量

根据历年对北京市电磁辐射环境的监测，北京市电磁辐射环境质量状况总体较好。

从 2004 年起，北京市开始开展电磁辐射环境监测。2004—2006 年，选取车公庄、定陵、奥体中心、前门 4 个点位进行电磁环境功率密度的监测。2007 年，对这 4 个点位进行优化调整，将前门监测点调整至农展馆。2008—2010 年，将奥体中心点位调整至奥林匹克森林公园，同时增加亦庄开发区监测点位。至此，电磁辐射环境质量常规监测点位共有 5 个。

2006—2010 年，对北京市建成区开展 2 km×2 km 网格法电磁辐射环境监测，共布设 352 个监测点位，监测项目为射频电磁辐射功率密度。

从 2010 年起，增加工频电场和工频磁场监测项目。

由监测结果可以看出，电磁辐射环境功率密度均小于《电磁辐射防护规定》（GB 8702—88）中规定的公众照射导出限值 40 μW/cm^2（频率范围为 30～3 000 MHz），北京市电磁辐射环境状况良好。

2007—2013 年，市环保局逐步开展了电磁辐射环境自动监测。2007 年，市辐射中心在海淀区建立了 1 个电磁辐射环境自动监测站，对电磁辐射环境质量进行跟踪监测。2011 年在 220 kV 望京变电站四周建立了 4 个工频磁场自动监测站，并通过安装在变电站外墙上的大屏幕实时显示监测数据。2013 年新建 10 个电磁自动监测站，其中 5 个环境质量监测站点，5 个电磁设施监测站点。5 个环境站点分别布设在东城区、西城区、朝阳区、丰台区和石景山区，5 个电磁设施监测点分别布设在广播电视发射塔和高铁附近。

三、辐射监测质量管理与控制

2005 年，北京市辐射安全技术中心通过中国国家认证认可监督管理委员会的计量认证初次评审，获得了中华人民共和国计量认证合格证书。经过四年的质量体系运作及技术能力的不断完善，2009 年通过中国合格评定国家认可委员会的实验室认可初次评审，获得实验室认可证书。同年，通过了国家级计量认证的复评审，并进行了扩项，检测范围由原来的 2 类 9 个检测项目扩大到 4 类 30 个检测项目。2012 年，通过了实验室认可和计量认证"二合一"复评审、扩项评审，检测项目由原来的 30 个增加到 31 个。

2005—2013 年，辐射中心不断完善质量管理体系文件，共进行了 5 次体系文件的改版。第五版的体系文件包括：《质量手册》《程序文件》、《质量记录》和《作业指导书》。其中《程序文件》中共有 41 个程序、《质量记录》中有 93 个记录、《作业指导书》中包含 34 个原始记录、16 个操作规范、6 个期间核查规程、24 个实施细则。

为保证监测能力，辐射中心对监测技术人员进行持证上岗考核，几年来共有近 70 人次获得国家环保部辐射环境监测技术中心颁发的《辐射环境监测人员技术考核合格证》。

辐射中心每年年初制订仪器检定计划，所有参与监测的强制检定监测仪器按照计划定期送国家计量部门检定；每年对低本底α、β测量装置进行一次本底计数是否满足泊松分布的检验，共检验 11 台次，检验结果均为满足泊松分布；每年对高纯锗谱仪以绘制质控图的形式进行一次可靠性检验，共检验 6 台次，检验结果均为仪器受控可靠；每年随机抽取 10%～20%的水样进行平行双样测定，来判断样品分析的精密度，所有测量项目的放化平行双样考核结果均符合要求；每年随机抽取 10%～20%的水样进行加标回收率测定，判定样品分析的准确度，所测项目的加标样考核结果均符合要求。

辐射中心共参加过两次国家认证认可监督管理委员会组织的能力验证活动，分别是 2006 年国家环保总局辐射环境监测技术中心负责实施的"CNAS T0319 土壤中放射性比活度检测能力验证比对"和 2011 年国家建筑材料测试中心负责实施的"CNCA-11-B05 建筑材料放射性测试能力验证"。两次活动验证的项目分别为土壤中 ^{214}铋、^{208}铊、^{40}钾、^{137}铯活度浓度以及建筑材料中 ^{226}镭、^{232}钍、^{40}钾活度浓度，所有项目验证结果均为满意。

2010—2013 年，辐射中心共参加 8 次共 20 个项目的实验室间比对活动，分别是 2010 年 2 月由环保部辐射环境监测技术中心组织的土壤中 ^{90}锶、生物灰 ^{137}铯的比对，2010 年 4 月由中国计量科学研究院组织的γ核素分析（^{226}镭）、γ核素分析（^{232}钍）、总α、总β的比对，2011 年 9 月由环保部辐射环境监测技术中心组织的射频电场、射频磁场的比对，2012 年 6 月辐射中心组织的土壤中 ^{90}锶的比对，2012 年 10 月由环保部辐射环境监测技术中心组织的生物灰（茶叶灰）中 ^{90}锶，土壤中 ^{228}锕、^{208}铊、^{214}铅、^{214}铋、^{40}钾、^{137}铯的比对，2013 年由辐射中心组织的固体样品γ核素分析，由环保部辐射环境监测技术中心组织的累积剂量、水中 ^{3}氢、^{14}碳的比对。所有参加比对项目的结果均为满意。

第三节 放射性废物（源）收贮

北京市每年都会产生废旧放射源、放射性废物，若随意丢弃会对环境造成污染，按照国家有关规定，放射性废物不得擅自丢弃或处置，必须对其进行严格的收贮管理，送交取得相应许可证的放射性固体废物处置单位进行处置。

一、城市放射性废物库

北京市放射性废物的贮存经历了三个阶段，第一阶段是北京市建设了"平谷库"，保障北京 30 多年放射性废物的暂存；第二阶段是外运"天津库"，由于平谷库没有容量贮存，经与天津市政府协商，将北京的放射性废物交由天津暂存；第三阶段是"延庆库"，至今保障着北京市放射性废物的贮存需求。

1．平谷库

为解决北京市放射性同位素应用单位的废物存放问题。1962 年北京市平谷放射性废物库（以下简称平谷废物库，原北京十一所）开始建设，1964 年年底建成，1965 年年初正式投入运行，是我国建成的第一个城市放射性废物的贮存库，位于北京市平谷县。北京十一所 1971 年划归北京市环卫局管理，根据 1987 年 7 月国家环保局发布的《城市放射性废物管理办法》规定，市环保局对平谷放射性废物库进行技术监督性管理。

1993 年，国家环保局《关于加强城市放射性废物库的安全管理的通知》（环监〔1993〕473 号）要求各省、自治区、直辖市对城市放射性废物库进行一次全面的检查。依据通知精神，1994 年 3 月，国家环保局与市环保局对平谷放射性废物库进行了联合检查，11 月，市环保局再次对该库进行了检查、监测，提出了 01 号库技术改造问题及废物收贮应该严格执行规章制度等意见。

1996 年，平谷放射性废物库由原来的北京市环卫局管理改为市环保局管理。为此，市环保局委托中国原子能院对平谷废物库进行了一次全面评估。原子能院对平谷库周围辐射环境水平进行了监测，并完成评估报告"北京市城市放射性废物库现状评估及改造方案建议"。鉴于平谷库存在的问题及地处地震活动带，评估结果认为不宜在原址改造扩建，应尽快启动其退役工作。

1997 年，根据国家环保局《关于对各省城市放射性废物库进行检查的通知》（环监〔1997〕293 号），国家环保局和五省市组成的华北检查团，检查了北京市城市放射性废物库运行情况。检查提出的问题是，平谷库建库时间比较早，房屋破旧，设备简陋，库内放射源和放射性废物混放。

1998 年 1 月 1 日起，按照国家环保局和北京市市政管委的要求，平谷放射性废物库停止收贮北京市放射性废物。平谷库停止运行后由市政管委管理、值守，并由市环保局配合市环卫局做好平谷库的退役工作。

以奥运安保和原国家环保总局全国城市放射性废物库废源废物治理工程项目为契机，2007 年 4 月平谷库正式启动退役工作。在市环保局指导下，北京市辐射安全技术中心委托中核清源公司承担了退役工作的具体实施。退役工作主要分三个阶段：

（1）2007 年 4—9 月完成了平谷库（除 02 号库房、17 号地坑外）所有放射性废源的回取、清理、整备和包装工作，将源装入钢箱，于 2007 年 9 月 2 日运至国家西北废源集中贮存库安全贮存。清理放射性废物于 2007 年 9 月 2 日运至国家西北处置场安全处置，另外符合解控要求的废物，已当作普通垃圾得到妥善处理。

（2）2008 年 4—7 月，开展了平谷库 02 号库房 17 号地坑内废物的治理工作，于 7 月 18 日安全送至国家西北集中处置场。

（3）2010 年 7—10 月完成了库区退役现场的清洁去污工作，将清理过程产生的 60 m³ 极低放废物运输至延庆放废库安全贮存。并于 2010 年 12 月将最后剩余的 5.28 m³ 低放废物运输至国家西北处置场处置。截至 2010 年 12 月，平谷库退役项目现场工作全部结束。2011 年 6 月，北京市辐射安全技术中心委托天津市辐射环境管理所完成了该项目的辐射环境验收监测。8 月 26 日，环保部组织专家组对北京市平谷放射性废物库退役工程进行了终态环境保护验收，批复该场所可以无限制开放使用。至此，平谷库退役项目工作全部结束。

2．天津库（临时）

在平谷放射性废物库停止收贮和新建废物库期间，为解决部分单位急需送贮放射性废物的要求，经国家环保局和天津市人民政府同意，由天津市辐射环境管理所临时到北京收贮放射性废物。天津市辐射环境管理所于 1999 年 2 月 12 日首次来北京收贮放射性废物，直至 2007 年 5 月 31 日，北京市的放射性废物均是运往天津市城市放射性废物库暂存。天津放废库为暂存北京的放射性废物（源）专门提供了两个库房，确保了北京的辐射环境安全。

根据国家环保总局的要求，市环保局委托中核清源公司于 2007 年 9—12 月对北京市暂存在天津放废库内的废物进行了清理整备，并将废源废物全部运至国家西北集中处置库安全处置。清理项目于 2007 年 12 月 25 日通过了国家环保总局验收。

3．延庆库

1998 年 1 月 1 日，市政管委发文决定，从即日起，市环保局负责北京市的城市放射性废物的统一监督管理和收贮工作，并负责筹建新的城市放射性废物库。2005 年 1 月，市环保局与北京军区某部签订了《北京市城市放射性废物库建设合作协议》，商定在北京市延庆县山区的北京军区某部队仓库库区内建设新的北京市城市放射性废物库（代号"412工程"）。8 月 10 日"412 工程"正式开工，2007 年 11 月 22 日，通过了部队组织的工程竣工验收。建成后的废物库总建筑面积 2 266.82 m²，其中废物坑容积 1 431.10 m³，废源库坑容积 1 021.50 m³。

2008 年城市放射性废物管理职能由北京市辐射安全技术中心转移给北京市城市放射性废物管理中心。3 月 18 日，北京市城市放射性废物管理中心与北京军区某部队正式签订《北京市"412 工程"运行管理协议》。4 月 8 日，废物库通过了国家环保总局核安全司的环保设施验收并试运行。

2009 年延庆放射性废物库正式投入运行。同年 9 月 10 日市环保局与市公安局联合启动了集中封存危险放射源入库活动仪式。

截至 2017 年年底，延庆放射性废物库运行状态良好。

二、放射性废物（源）收贮

及时、安全收贮放射性废物，妥善入库保存，确保放射性废物（源）处于受控状态，杜绝放射性废物（源）污染事件的发生是北京市城市放射性废物（源）管理的最终目标。北京市环保局严格收贮程序，做到废旧放射源逐个登记、放射性废物严格检测，建立了完整的台账。

1999 年 2 月 2 日，市环保局印发《关于开展收贮我市放射性废物（源）工作的通知》。

2009 年 8 月 24—27 日，放废中心成立以来首次进行海上放射源整备、收贮活动。将康菲石油中国有限公司 ^{241}镅放射源安全送至天津市城市放射性废物库贮存。

2009 年 9 月 9 日，市环保局完成了放射性废物送贮单位的废放射源、^{241}Am 火灾报警源片、放射性废物的集中送贮工作，实现了已提出申请送贮放射性废物（源）的百分之百安全收贮。

为落实国家发改委、财政部、环保部的通知要求，于 2017 年 4 月 1 日起停止征收城市放射性废物送贮费，经费由市财政列支。

第四节　电磁环境管理

一、电磁辐射防治

电磁辐射包括信息传递中的电磁波辐射，工业、科学、医疗应用中的电磁辐射，高压送变电中产生的电磁辐射。大功率的电磁辐射能量会对日常生产生活带来影响，危害人体健康。

1960—1964 年，中科院物理所、电子工业部六所、北京泡沫塑料厂、市劳保所等单位开始研究电磁辐射吸收材料，并迅速形成产品。1963 年，北京塑料十四厂热合机的高频辐射，严重干扰附近居民收看电视。为此，市劳保所、北京大学、第四机械工业部第十设计院等相继开展了电磁辐射污染场强测量仪器、场强测量方法及主要污染源治理技术的研究。1974 年，北京市无线电管理委员会、市"三废"治理办公室、广播电影电视部、卫生部等部门开展了电磁辐射污染研究和治理。市劳保所与铁道部北京南口机车车辆厂合作，研制成功高频淬火炉辐射防护装置，并在全市推广。1974—1976 年，市劳保所与冶金部北京有色金属研究院、北京宣武蚊香厂、邮电科学研究院半导体所协作，研制成功"高频熔炼屏蔽室""射频测射屏蔽室""微波炉防护装置"。1978—1980 年，市劳保所与北京南郊木材厂合作，研制成功高频焊管电磁辐射抑制装置。

20 世纪 70 年代末至 80 年代，随着高频设备的推广应用，群众对广播电台的发射台及高频设备造成的电磁辐射污染反映强烈，市环保部门组织调查，积极开展电磁辐射污染防治工作，搬迁了受电视台发射塔电磁辐射严重污染的学校，对产生电磁辐射污染的设备进行治理，对新建项目严格审批，使电磁辐射污染得到有效控制。

1983 年，市劳保所完成了对工业高频淬火、熔炼、切割等设备的电磁辐射防护技术研究；1985 年市劳保所研制成功"高频热合机电磁辐射阻波抑制器"，在北京市共推广 600 台，对减轻居民区电磁辐射污染起到积极作用。1987 年以后，市内一些工厂的高频热合机、高频焊接等产生电磁辐射污染的设备迁到郊区，新增加的同类设备安置在郊区非居民集中区，市区居民收看电视受干扰的问题得到解决。

1989—1992 年北京市环境监测中心完成"北京地区大中型电磁辐射发射台站调查与污染对策研究"课题。课题提出了规划防护、距离防护、限高防护、屏蔽防护、限制功率防护等防治电磁辐射具体措施。

1993 年在《北京城市总体规划》和《北京市 2010 年环境保护规划》中都有"空域电磁发展与控制"的内容，是北京市首次将电磁污染控制写进北京市总体规划和环境保护规划。

1993 年在贯彻国家环保局《开展环境污染源申报登记》工作中，北京市首次将电磁辐射污染源列入调查申报登记内容中，通过调查（重点为工科医高频设备）初步了解了北京市工科医领域中电磁辐射设备的情况。

2007—2008 年，根据原国家环保总局要求，市环保局开展了电磁设施（设备）申报登记工作。全市共有 146 家单位申报了豁免水平以上的电磁设备（设施），覆盖了广电、通信、交通、电力、公安、林业、水利、民航、工业、医疗、教育等多个行业领域。在申报数据的基础上，建立了北京市电磁辐射设备（设施）污染源数据库，完成了《北京市电磁设备（设施）申报登记工作报告》。

二、重点项目

1. 中央电视塔电磁辐射监测

位于玉渊潭公园附近的中央电视塔、新建卫星地面站的选址按"三同时"制度均考虑了电磁发射与电磁兼容相协调关系，进行了合理布局。1990 年建成高 380 m 的中央电视塔，与居民区保持一定距离，从而减轻了电磁辐射对居民健康的潜在危害。中央电视塔 1993 年 8 月 1 日试运行，1993 年 10 月 1 日正式启用。

1993 年 12 月北京市环境监测中心对以新塔为中心、半径 2 km 范围内的通信设备进行电磁辐射的本底调查。1995 年 10 月至 1996 年 2 月，北京市环境监测中心对新塔进行环境电磁辐射验收监测，监测表明新塔周围环境综合场强值范围为 0.1～3.28 μW/cm^2，小于验收标准（公众照射导出现值 40 μW/cm^2），对生活在附近的公众健康不会产生影响。1996 年 4 月 30 日中央广播电视塔电磁环境验收会在京召开。与会专家认为，电视塔周围的环境场强分布及辐射水平与市环保监测中心提供的《中央电视塔环境影响报告书》中的预评价结果相似，所有环境测量值均小于国家标准，对附近生活的公众健康不会产生影响。会议由国家环保局副局长王扬祖主持，解振华局长宣布"验收合格"。

2017 年，市环保局开展了中央广播电视发射塔电磁环境水平调查项目，通过对周边 2.5 km^2 的现场监测，掌握了电磁环境水平时间和空间分布特点；采用车载巡测监测技术，获取了 20 万条数据，绘制了电视塔周围射频电磁地图；所有监测点位的电场强度监测值符合《电磁环境控制限值》（GB 8702—2014）相应频段限值的要求。

2. 电磁辐射环境污染源调查

1997 年 8 月至 1999 年 5 月，按照国家环保总局《关于开展全国电磁辐射环境污染源调查的通知》（环发〔1997〕485 号）的部署和要求，北京市环保局组织市属各单位及中央、部队、武警在京单位开展电磁辐射环境污染源调查，调查重点为广播电视发射设备、通信雷达及导航发射设备、工科医高频设备、交通系统辐射设备和高压电力系统 5 个方面。1997 年 10 月 14 日，市环保局辐射环境管理处召开研讨会，研究如何做好北京市电磁辐射污染源的调查工作，电磁辐射污染源调查正式启动。1999 年 5 月 17 日，历时两年的北京市电磁辐射环境污染源调查工作圆满结束。通过调查，摸清北京市广播电视，通信、雷达及导航，工、科、医高频设备，电力交通系统和输变电系统 5 个方面的基本情况。调查表明，广播电视发射站仍是北京市电磁环境中最大的电磁波辐射源。北京市在此次调查中被国家环保总局评为先进单位。

3．电磁辐射监测

自 2000 年起，市辐射环境管理中心开始对移动通信台站（移动电话基站、寻呼台站、集群通信基站）进行电磁辐射污染源监测。2001—2010 年，除对移动通信基站周围环境进行电磁辐射污染源监测外，还对广播电视发射台（中央电视塔、542 中波台、572 短波台）、卫星地面站、高压输变电工程（110 kV、220 kV 和 500 kV 高压变电站和输电线）周围环境进行电磁辐射污染源监测。

2007—2013 年，市环保局逐步开展了电磁辐射环境自动监测，加强辐射污染预警监测。

2014 年,市辐射安全环境技术中心对 542 中波台和 564 短波台周围电磁辐射水平进行了调查和监测。542 中波台位于长阳镇长阳环岛东南，其东北及东南方向有大量土地有待开发，其中东北方向在京良路北侧有空地正在施工中，东南方向除良乡大学城的几所高校和几个村庄外，为大量农田。通过电磁辐射的连续监测、水平分布监测、垂直分布监测和敏感点监测等多维度监测，基本查清了 542 中波台对周边环境的电磁辐射影响，所有的监测结果均小于《电磁环境控制限值》（GB 8702—2014）中 639 kHz 频率对应的公众曝露控制限值 40 V/m。

564 短波台位于窦店镇丁各庄东北方向。564 台半径 5 km 范围内，除西北方向京港澳高速以西是房山区窦店镇政府所在地，属于开发的热点区域，人口密度较为稠密，北侧为窦店高端制造业基地，正在建设外，其他区域主要为村庄。通过电磁辐射的连续监测、水平分布监测、垂直分布监测和敏感点监测等多维度监测，基本查清了 564 短波台对周边环境的电磁辐射影响。在空间垂直方向上分布不均匀，电场强度随高度的增加呈现出先增后减的趋势。水平分布监测东南、西南、西北方向地面300 m 内出现了电场强度超标现象，距离天线 300 m 以外的所有测值电场强度均小于《电磁环境控制限值》（GB 8702—2014）中对应发射频率的公众曝露控制限值，在距离天线 1 200 m 以外电场强度接近环境本底值。周围各敏感点监测测值均远小于公众曝露控制限值。

2015 年，对位于朝阳区双桥路两侧的 491 中短波台进行了周边5 km×5 km 的范围内的调查与监测。经调查 491 中波台共有发射机 22部，50 副发射天线，各天线的发射时间不一，是较为典型的复杂环境大型电磁辐射源，其中中波甲 101 天线是对周边影响最大的电磁发射设施；短波天线虽数量较多，但方向性较强，功率较小，影响范围相对较小。经监测，491 中短台正常工作时，调查区域内射频综合电场强度平均值为 1.54 V/m，高于全市射频综合场强平均环境值 0.90 V/m；491 中短台停播时，调查区域内射频综合电场强度平均值为 0.77 V/m，低于全市平均值；但均值均低于相应频段的公众曝露控制限值。

2016 年对位于通州区漷县镇地区，占地面积约 1 km^2 的 572 短波台进行了周边 2.5 km 范围内的调查与监测。经调查，572 短波台周边主要为农田和村庄，约有 20 个村庄，10 个重点敏感点：2 个高层居民小区、3 个医院和 5 个学校；572 短波台共有天线 38 副，在 572 短波台周边1.5 km 范围内，电场强度综合场强均值为 1.81 V/m，周边 2.5 km 范围内，电场强度综合场强均值为 1.23 V/m，高于北京市射频综合场强平均值 0.90 V/m，但在距 572 短波台 2.5 km 处，综合电场强度测值已经降到 0.2 V/m 以下。

2017 年对位于西三环中路、航天桥附近的中央广播电视发射塔周边2.5 km 范围进行了电磁辐射水平的调查与监测。经调查，中央广播电视发射塔周边除东侧较大区域为玉渊潭公园外，其他区域基本上以小区、医院和学校为主，共有住宅小区 109 处，医院 16 个，学校 21 所。中央广播电视发射塔目前共有 8 副发射天线，播出 12 套调频节目和 11 个电视频道播出 28 套电视节目，检修时间为每周二下午。调频广播频率为 87.6～106.6 MHz，电视信号频率为 56.5～798.0 MHz。经监测，中央广播电视发射塔 2.5 km 范围内的综合场强监测结果为 0.23～3.86 V/m，均小于 12 V/m 的评价标准限值。

第六章　工业污染防治

　　新中国成立以来，北京从消费型城市转变成生产型城市，工业发展速度每年递增 19%，覆盖冶金、矿山、化工、印刷、医药、机电、制造、建材等行业，初步建立了门类齐全、实力雄厚、相当规模的工业体系。北京工业有了长足的发展，特别是改革开放以来，工业总产值每年以 10%以上的速度增长。1993 年，北京的工业企业已发展到 7 852 家，工业总产值达到 125 亿元，工业企业创造的国民收入占全市国民收入的 47.4%。北京的工业为首都的繁荣与发展做出了重大贡献，但是工业在发展进程中仍有许多不尽如人意之处，例如：

　　（1）工业布局不合理。新中国成立初期，在市区特别是旧城区集中了大量的工业企业，各种功能区混杂的现象十分严重。并且，随着城市规模的不断扩大，新建居民区与原有工业区的距离越来越近，造成新的污染和扰民问题。

　　（2）产业结构不合理。一是轻工业与重工业比重不合理，重工业比重过高。同时重工业又是以原材料生产和初加工产业为主的重型化结构，排污量大，污染严重；二是第二产业与第三产业的比例不合理。据 1992 年统计，第一产业占国内生产总值的 6.9%，第二产业占 48.8%，第三产业占 44.3%。

　　（3）工业技术装备水平、现代化企业管理水平不高。20 世纪，北京市虽然建设了一批具有现代化水平的大中型企业，改造了一批落后的生产线，但是从总体来看，生产规模小、技术落后、设备陈旧的工厂仍占较大比例。据 1985 年的调查，达到 20 世纪 80 年代技术装备水平的设备占 33.4%，其余大都是六七十年代水平的设备，加之管理不善，造成原料加工深度不够，资源利用率不高，单位产品的能耗、物耗大大高于发达国家水平，这是造成污染物排放量大的原因之一。

（4）末端治理难以根本解决污染问题。虽然北京市的环保投入逐年增加，但限于场地和工艺改造要求，大多数企业的污染治理设施仍以末端治理为主，且已建成的污染防治设施有 50% 不能充分发挥作用，因此不能从根本上解决污染扰民的问题。

由于以上种种原因，不仅限制了北京工业的健康发展，而且给城市环境带来巨大的压力，必须下大力气加以解决。

第一节　产业结构和工业布局调整

一、城市总体规划

1983 年，国务院批复的《北京城市建设总体规划方案》明确指出："北京是中国的首都，是全国的政治中心和文化中心，是世界著名的古都和现代化国际城市"。并对北京的工业发展方向提出了明确要求："今后北京不要再发展重工业，特别是不能再发展耗能多、耗水多、运输量大、占地大、污染扰民的工业，而应着重发展那些高精尖的、技术密集型的工业。""对于污染严重、短期又难以治理的工厂企业，要坚决实行关停并转或迁移。"以此为契机，北京市开始了通过调整北京市城市布局和产业结构，从根本上解决污染扰民问题的新进程，环境污染防治工作与产业结构调整、工业企业搬迁实现了有机结合。

为落实中央批复精神，市政府制定了污染扰民工厂搬迁的优惠政策和调整产业结构、产品结构的实施办法，促进了污染扰民工厂的搬迁和产业结构的调整。1984 年,北京市颁发了《关于对污染扰民企业搬迁实行优惠政策的通知》,对污染企业实行了税收、贷款等优惠政策措施,开始了北京工业的"大搬迁、大关停"。1984—1990 年,北京市经过 10年左右的时间先后有 300 多家工厂、车间迁出了市区,停产了一批重点污染产品,调整减少了 142 个热处理厂点和 495 个电镀厂点,使数万群众受益;自 1990 年以来,北京市第三产业的增长速度开始超过第二产业,第三产业占国民生产总值的比重由 1980 年的 26.7%提高到 1993 年的 46.4%,北京工业结构的布局也发生了显著变化,市区新建工业得到控制,远近郊区县工业发展迅速,而且随着北京城市"科技兴工"新技术改造与"节水节能"的发展,工业生产值增长了 1.6 倍,水耗能耗却减少了 1/3。使工业污染的发展趋势开始减缓。

1993 年 10 月 6 日,国务院对《北京城市总体规划(1991—2010 年)》做出八项批复,要求北京市"突出首都的特点,发挥首都的优势,积极调整产业结构和用地布局,促进高新技术和第三产业的发展,努力实现经济效益、社会效益和环境效益的统一"。国务院重申"北京不要再发展重工业,特别是不能再发展那些耗能多、用水多、占地多、运输量大、污染扰民的工业"。

1995 年,为推进企业技术进步和促进产业结构调整,北京正式出台了《北京市实施污染扰民企业搬迁办法》,结束了"原规模"搬迁模式,全市工业企业搬迁工作进入了搬迁与企业的资产重组相结合、与企业的产品结构调整相结合、与全市的工业布局调整相结合为特征的新阶段。同时,北京提出工业结构调整"五少两高"(能耗少、水耗少、物耗少、占地少、污染少和高附加值、技术密集程度高)和"退二进三、退二进四"(退出第二产业、发展第三产业;退出二环路,迁至四环路以外)原则。随着国有企业经济体制改革的不断深入和首都经济发展战略目标的实施,1999 年 5 月,北京又重新修订印发了《北京市推进污染扰民企业搬迁加快产业结构调整实施办法》。1999 年 12 月和 2000 年 8 月,北京市先后出台了《北京工业布局调整规划》和《北京市三四环路内工业企业搬迁实施方案》，这几个文件加大了北京工业布局的调整力度，极大地促进了北京中心城工业用地的调整与优化。对四环路内部分工业企业实施分阶段搬迁，每年搬迁 20～40 家。1993—2000 年，北京造纸厂、北京叉车厂、北京第二印染厂等 2 747 个污染扰民严重的工厂被调整与治理，北京的城市环境状况得到极大的改善。

从 2002 年起，北京开始了新一轮的北京城市总体规划修订，并于 2004 年得到批复执行，而奥运会申办成功，进一步加大了北京工业结构布局调整力度，加快了东南郊工业区、石景山工业区的调整与搬迁，北京城市环境得到了极大改善。随着工业的逐步调整和更新，北京加快了近郊工业区的发展。根据《北京市"十一五"时期工业发展规划》，需要按照"布局集中、用地集约、产业集聚"的原则，以产业基地和工业开发区为依托，鼓励发展新型都市产业，加速发展高新技术产业，适度发展现代制造业，从"城区—总部基地、环城—高新技术产业带、郊区—现代制造业基地"进一步拓展转变为"一个集聚区、两个产业带、多个特色工业园区"的空间布局，形成"梯度分布、专业集聚、特色突出、协同发展"的产业分布。

2004 年，北京市新修订的城市总体规划，确定了"国家首都、世界城市、文化名城、宜居城市"的城市定位，产业结构调整为"都市国际化、经济服务化、区域一体化、产业轻型化"。首钢搬迁是落实新城市总体规划、近几年产业区域间转移的一件标志性事件。2005 年 2 月 18 日，国家发展改革委经报请国务院领导批准，正式批复了首钢搬迁方案。

2007 年 9 月 26 日，市工促局、市发展改革委、市环保局等 8 部门联合印发《北京市关于加快退出高污染、高耗能、高耗水工业企业的意见》。意见明确"十一五"时期北京市重点退出的 14 个劣势行业。重点退出的行业包括小钢铁冶炼、小水泥、小造纸、小化工、小火电、小铸造、小印染、电镀、平板玻璃、制革、有色冶炼、焦炭、氯碱、采矿等

14 个行业。

2008 年年初,北京市规划研究部门提出了北京中心城工业用地整体利用更新策略:保留一定的工业用地,容纳清洁、高端、高附加值的工业企业是非常必要的;北京城市发展处于工业化中后期,第二产业仍为城市居民重要的就业渠道,需要保留部分第二产业的就业空间。工业企业的生产环节外迁、研发销售总部留在城市中心区,它们与科研办公建筑之间的差别越来越小。中心城工业用地的保留与提高环境质量、减少能源消耗、建设宜居城市的目标是相一致的。

二、污染搬迁优惠政策

1984 年 12 月 19 日,北京市计划委员会、经济委员会、财政局、税务局、建设银行、工商银行和环保局联合发布《关于对污染扰民企业搬迁实行优惠政策的通知》,是北京市对污染扰民企业由城区迁往郊区制定的第一个优惠鼓励政策。

1995 年 5 月,北京市经济委员会、计划委员会、城乡规划委员会、市政管理委员会、财政局、地方税务局联合发布《北京市实施污染扰民企业搬迁办法》。办法规定搬迁企业可享受免征营业税、土地增值税、固定资产投资方向调节税政策,可享受土地出让金全额返还政策等,综合各种优惠政策,企业在搬迁过程中可享受到资金优惠政策占转让总收入的 50%~60%。

1999 年 5 月 10 日,北京市经济委员会、计划委员会、城乡规划委员会、市政管理委员会、财政局、地方税务局联合发布《北京市推进污染扰民企业搬迁、加快产业结构调整实施办法》,对搬迁企业在资金使用上做出较大的调整。将搬迁企业转让收入只允许进行技术改造的规定改变为可以用于七种用途,调动了企业搬迁的积极性。1995 年发布《北京市实施污染扰民企业搬迁办法》同时废止。

2008 年 10 月 12 日,市财政局、市环保局印发《北京市区域污染减排奖励暂行办法》。办法规定，北京市按照"以奖代补"和"多减排、多奖励"等原则，对与市政府签订"十一五"减排责任书并完成主要污染物（二氧化硫和化学需氧量）减排指标的区县政府和市有关部门进行奖励，用于支持有关污染减排项目的实施。污染减排奖励资金纳入市财政年度预算。2008 年主要污染物减排奖励标准为：每削减 1 kg 二氧化硫奖励 1.2 元；每削减 1 kg 化学需氧量奖励 6 元。

2008 年市财政、工业促进等部门制定发布了《关于鼓励退出"高污染、高耗能、高耗水"企业奖励资金管理暂行办法》。办法规定，奖励资金主要是对关停企业在退出后，节能减排产生的环境效益和职工妥善安置的奖励资助。依据关停企业节能、节水、减排贡献，再就业人员安置和企业净资产规模三项指标，确定给予一次性 50 万元、100 万元、150 万元和 230 万元 4 个档次的市级财政奖励。当年市财政向有关区县政府、市水务局下拨奖励资金 5 751 万元，对申请退出"三高"行业的 42 家企业给予 4 930 万元奖励。截至 2009 年共有 275 家企业申请退出"三高"行业，实现原址停产。

三、污染企业搬迁

1. 搬迁过程

北京市工业企业因污染扰民搬迁起始于 20 世纪 70 年代。1972 年 8 月，根据市"三废"管理办公室调查报告，市革委会作出将城区污染严重、危害较大的工厂有计划地分期分批迁移到远郊县的决定。同年 11 月，市"三废"管理办公室提出《关于北京市工业合理布局和工厂搬迁规划草案》，建议将市区"三废"危害大又难以就地治理的 36 个工厂分两批迁出市区，第一批迁出 16 个工厂。1973 年，北京市决定将化工五厂、农药二厂、制药三厂、稀有金属提炼厂和厂桥装订厂的砷化镓车间，迁至通县张辛庄工业区。

1984 年以来，为了解决工业污染和城市发展之间的矛盾，北京市对全市的工业布局进行了一系列调整，历经 25 年时间北京的工业搬迁工作经历了从"简单无序、原规模、被动"的企业迁移向"规划有序、促进产品优化和产业升级、促进城市工业合理化布局"的工业搬迁的转变。大体经历了污染扰民搬迁、布局调整搬迁、落实城市新总体规划搬迁 3 个阶段。

第一阶段（1985—1995 年）：为解决城区工业企业的污染扰民和满足城市市政建设的需要，把污染企业从城区迁出。这段期间污染扰民搬迁企业的特点是"小、散、少"，即转让面积小、地点分散、转让资金少。企业一般是原规模搬迁，主要强调环境效益和社会效益，没有注重经济效益。重点是解决城区内分散、小型、污染严重的工业企业污染扰民的问题。对城区污染扰民企业，特别是对胡同小企业下达了污染限期治理目标，并对那些无法达标的企业实施了"关、停、并、转、迁"等一系列强制性措施。由于企业缺乏必要的技术和资金支持，未能进行产业升级和产品结构合理调整，同时企业搬离市区增加了运输成本和相应的各项开支，搬迁结果往往是将企业"搬垮了"，甚至"搬没了"，不少企业经营状况在搬迁后进一步恶化，从而逐渐被市场淘汰。这一阶段的企业搬迁从经济效益上来看是失败的。从环境效益上来看，虽然解决了城区局部地区的污染扰民问题，但实质上是将污染源转嫁到了郊区，反而产生了许多新的甚至是更严重的环境问题。

第二阶段（1996—2001 年）：1995 年 5 月，北京市政府出台了《北京市实施污染扰民搬迁办法》。该办法的实施，标志着北京的企业搬迁工作进入了与技术进步和产品结构调整相结合、切实提高经济增长质量、确保国有资产保值增值的新阶段。为适应新时期形势的变化，1999 年 5 月，北京市政府对《北京市实施污染扰民企业搬迁办法》中有关政策进行了修改，为搬迁企业创造了更加宽松的发展环境。1999 年年底，《北京工业布局调整规划》正式下发。规划中明确规定：加快规划市中心区内现有企业的搬迁调整，在 3～5 年内，启动市中心区内及周边地区 134 户企业的搬迁工作。规划还强调，企业搬迁必须与所有制结构调整、发展非公有制经济、企业技术进步、首都环境保护和经济可持续发展等结合起来；必须坚持体现产品结构调整、促进技术进步、提高经济增长质量和效益、确保国有资产保值增值的工业搬迁基本原则。同时明确了相应的企业搬迁优惠政策，如土地出让金返还、税收减免等。

在第二阶段，北京市将工业搬迁与工业园区建设结合起来，注重引导内城工业通过搬迁实现技术改造和产品升级，加大对企业搬迁入园的支持力度，使得相当一部分企业能够通过搬迁过程焕发新的活力，同时明确了相应的土地出让金返还、税收减免等企业搬迁优惠政策，经济效益和环境效益都有所提高。共完成搬迁转让项目 112 项，转让土地面积 421.1 万 m^2，转让总金额 196 亿元。

第三阶段（2001—2010 年）：为了迎接奥运和落实《北京城市总体规划（2004—2020 年）》，北京突破原有"同心圆"城市扩张模式，按照"两轴—两带—多中心"设想重新规划城市发展布局，城市工业搬迁重点从治理城市局部污染向全面改善城市环境方向转移，从调整工业布局向优化城市功能布局方向转移，2005—2008 年奥运会召开之前，共搬迁四环以内大约 200 家工业企业，腾出约 450 万 m^2 的城区土地。奥运会和新城市总体规划对环境质量和工业企业的选址定位要求更加严格，市场化和国际化程度也在不断提高，对搬迁企业的生存和发展能力也提出了更高的要求。

在第三阶段，由于总结了以往的搬迁经验，通过政府补贴和市场引导共同作用的方式，使搬迁企业生产能力、技术水平和经营方式都得到了改善，推动了工业企业转型和发展，也有效地控制了对迁入地环境污染。此外，在土地资源市场化方面的积极尝试，尽管还有诸多不完善之处，但对于避免国有资产流失、协调被搬迁企业与土地开发商利益等方面起到了一定的积极作用。

2．搬迁项目案例

北京橡胶七厂位于宣武区南线阁的居民稠密区中，主要产品是再生胶和橡胶制品，在生产过程中噪声、粉尘和异味污染严重。1984 年曾有 3 万居民联名上书，要求解决该厂的污染扰民问题。工厂虽投资 300 万元进行治理仍不能满足环境要求。后经有关部门研究决定将其迁至通县次渠乡的工业小区，原址转让搞房地产开发，并利用世界银行贷款，引进国外先进技术设备，完善了该厂环保设施，使其不仅达到了环境保护的要求，也为企业的发展创造了很好的条件。

北京轧辊厂位于广渠门外双井，铸钢车间的粉尘、噪声严重污染环境。在离工厂十几米远的地方建起了一幢高层居民楼，自 1984 年居民迁入后厂群矛盾日益紧张，工厂虽采取措施治理仍难以达到排放标准，后被限期迁出。该厂迁出后原址改建为办公用房、"三产"用房、居民宿舍、商业或写字楼，不仅彻底解决了扰民问题，也使"黄金地带"充分发挥了经济效益，加快了城市总体规划的实施，可谓一举多得，众人受益。

1992 年 3 月 4 日，北京制浆造纸试验厂制浆和碱回收装置全部停产改用商品浆造纸，停产后每年可减排化学需氧量约 2 000 t，排放浓度由 1 万～7 万 mg/L 下降到 400 mg/L，但仍超过国家排放标准。1993 年造纸生产线全部停产，转为与国外合资生产利乐包装袋（软包装），彻底解决了造纸工艺的污染。排放废水中化学需氧量降到 20～50 mg/L，同时解决了异味气体对双井地区的污染。

1994 年 8 月 22 日，首钢总公司第一线材厂轧钢车间于零时正式停止生产，并于同年 8 月底前迁出原址，完成了市政府下达的限期搬迁任务。

1995 年 5 月 29 日，化工二厂的石灰窑、电石炉、乙烯发生器等全部停止使用。每年可减少废气 6 400 万 m^3，粉尘 5 000 t，废水 56 万 t，废渣 6 万 t、节电 40%，极大地改善了东郊地区的环境状况。

1995 年 8 月 31 日，首钢公司特钢南厂炼钢车间停产，群众反映强烈的城南这一大污染源从此消除。

1995 年，北京开关厂与大兴工业开发区签订了征地协议书，拟整厂迁至大兴县。通过企业搬迁，大力开发以输变电设备为主的机电一体化的智能化输变电设备及产品。生产经营有市场优势和满足市场不同档次需求的高、中、低压电器产品及多系列开关板成套设备。

1995 年 3 月，经市经委批准，将北京橡胶五厂水裤分厂和宜刚鞋业有限公司迁至地处通县次渠工业区的北京橡塑制品厂内。此次搬迁调整对于解决橡胶五厂长期亏损、发展"三产"起到促进作用。

北京铜材厂环保搬迁和技术改造项目历时 10 年，于 1995 年 12 月 12 日通过北京市经委的验收。总投资 14 838 万元，形成年产铜及铜合金带材能力 1 万 t。

北京标准件模具厂原厂址位于居民区，1996 年市政府将该厂列入限期污染扰民搬迁单位。该厂多年生产标准件模具已达几十个品种，上千个规格，为北京市及全国 2 个省市 40 多个标准件厂配套，部分产品进入国际市场，经济效益较好。该厂迁至朝阳区东坝河太阳宫路，占地 20.5 亩，搬迁项目总投资 2 600 万元，新建生产车间及辅助设施 13 398 m²，结合搬迁进行产品结构调整，购置必要的设备仪器，扩大了生产经营规模。

1996 年，根据北京建材集团总公司"680"支柱工程规划的要求，北京市建筑五金装饰材料工业公司为了加速产业结构和产品结构的调整，克服资金短缺、时间紧迫、交通管制等困难，从 3 月 29 日至 11 月 27 日，仅用 8 个月时间，分 3 个阶段将一个建厂 37 年，占地 25 400 m²，包括工业、商业和后勤管理部门的企业，保时间、保进度、保安全搬迁，圆满完成了从北京市海淀区复兴路 51 号院迁至丰台区郑常庄的任务。

1998 年 6 月 30 日，北京叉车总厂铸造分厂正式停产并启动搬迁。全年全市共有 18 个污染扰民严重的工厂、车间停车搬迁，312 个单位完成了限期治理。

2000 年关停燕山水泥厂 4 座机立窑。2002 年 8 月 30 日，市计委、市经委、市建委、市环保局、市质监局联合发出《关于进一步严格控制本市水泥生产规模的通知》。通知要求现有的水泥生产规模控制在 800 万 t 以内；关闭所有的立窑生产线；严格控制水泥生产许可证的发放等。该通知自 2002 年 9 月 1 日起执行。2002 年清理拆除琉璃河水泥厂 4 条小窑生产线及南侧煤场搬迁。2003 年关停现代机立窑 1 座。2008 年关停燕山水泥厂所有水泥生产线，减少粉尘排放 1 221.85 t，减少二氧化硫排放 311.04 t。2009 年，19 家采矿企业、22 家采石生产企业、32 家防水卷材生产企业、11 家化工企业、56 家铸造企业、7 家煤气发生炉使用单位等实现原址停产。2010 年，全市持有水泥生产许可证的企业由 2008 年年底的 25 家减少到 10 家，年产水泥控制在 1 000 万 t 左右。关停了年产 20 万 t 以下的水泥厂 11 家、石灰生产企业 66 家。

图 6-1　门头沟水泥厂关停

2003 年 2 月 20 日，为了迎接 2008 年北京奥运会，创造良好的生态环境，首钢公司第一炼钢厂关闭，3 座转炉全部停产。

2003 年 6 月 30 日，北京化工集团公司所属北京染料厂全面停产。北京染料厂停产后，每年可减少排放工业废气 2 亿 m^3、二氧化硫 80 t、危险废物 9.1 万 t、苯胺废水 125 万 t、化学需氧量 146 t，并彻底消除了污染扰民隐患。

2003 年 7 月 20 日，北新建材公司岩棉厂正式停产。该公司生产区位于海淀区西三旗，处于北京市的上风向，对北京大气环境影响较大。北新公司从可持续发展的战略出发，决定将能耗高、污染较重的传统产业迁出北京，并结合搬迁改造工程，引进日本先进的生产工艺和关键设备，在河北省张家口市建设新的生产基地。

2006 年 7 月 15 日，北京焦化厂全面停产。1959 年北京焦化厂建成投产，从此北京市改变了单一用煤的能源结构，人工煤气通过管道送进企业和千家万户，为北京市减少燃煤污染做出了贡献。但是随着城市发展和人民群众生活质量的提高，面对水资源短缺、环境污染严重、能源不足的城市发展难题，特别是北京市申办 2008 年奥运会的承诺，市政府决定用更清洁的天然气替代焦炉煤气和燃煤，北京焦化厂这个高耗水、高污染、高能耗的企业，必须进行停产搬迁。按照《北京奥运行动规划》安排，北京焦化厂停产转型工作自 2002 年开始启动，3 号、4 号焦炉陆续退出生产运行。2006 年焦化厂全面停产，每年可减少煤炭消耗 300 万 t，减少二氧化硫和烟粉尘排放 7 500 t 和 7 300 t，对东南郊地区大气环境质量改善做出了重要贡献。以北京焦化厂为代表，2008 年之前，北京东南郊化工区和四环路内 200 多家污染企业完成调整搬迁工作。

2009 年 10 月 15 日，北京第一机床厂污染扰民搬迁技术改造项目正式通过竣工验收。该项目总投资 25.99 亿元，新征土地面积 28.56 万 m^2，建筑面积 10.40 万 m^2，搬迁改造后的北京第一机床厂成为国际一流水平的重型龙门铣生产基地和北京京城机电控股有限责任公司的支柱企业。

2010 年，北人集团公司污染扰民搬迁技术改造项目正式通过竣工验收，总投资 7.57 亿元，先后完成异地建厂、新产品开发、设备改造、精简组织机构等工作。

2012 年 7 月 9 日，北京鹿牌都市生活用品有限公司全面停产。该企业调整搬迁是市政府确定的 2012 年大气污染控制重点措施之一，要求 2012 年年底前完成。北京鹿牌都市生活用品有限公司位于北京市昌平区南口镇，是生产"鹿牌"系列保温容器的集体所有制企业，创建于 1962 年，该公司共建有 5 条生产线，年产保温容器 8 000 万只，职工总数 3 000 多人，是世界最大的玻璃保温容器生产企业，年耗煤量约 10 万 t，占整个昌平区年总耗煤量的 13%，年用水量为 70 万 t，被列为国控重点污染源企业。按照市政府的要求，2009 年该公司启动调整搬迁工作，其中 1 条生产线于 2009 年搬迁至山东省临沂市，同年 11 月投产；2010 年关停 1 条生产线；2012 年 7 月 9 日，将剩余的 3 条生产线全部停产，从而实现全面停产。经现场核查和初步核算后，该企业关停每年可减少二氧化硫排放量 410 t、氮氧化物排放量 698 t、烟粉尘排放量 309 t、工业废水排放量 10 万 t。

2013 年 6 月 30 日，朝阳区东景寅制砖有限公司、顺义区北京市顺吉砖厂、昌平区北京昌建时代建材厂、通州区北京宝通鸿泰建筑材料有限公司及北京市通州尹各庄砖厂等 4 家建筑渣土烧结砖企业的燃煤窑炉停产，至此全市 11 家建筑渣土烧结砖企业全部停窑。9 月 13 日，北京金隅顺发水泥有限公司燃煤窑炉停产，9 月 28 日北京金隅平谷水泥有限公司燃煤窑炉停产。金隅集团提前两年完成 2015 年压缩在京水泥产能至 600 万 t 的任务，并为 2017 年进一步压缩至 400 万 t 打下良好基础。

北京的工业通过污染扰民工厂搬迁和调整，转产污染严重的滞销产品，淘汰落后的工艺、设备，提高了技术装备水平，优化了第二产业，也提高了企业的经济效益。

四、首钢搬迁

1979 年，首钢作为国家第一批改革试点单位，从率先实行承包制，到建立现代企业制度，再到实施战略性搬迁调整，进行了一系列改革探索。改革开放后的 30 年，首钢有了巨大发展，30 年内钢产量从 179 万 t 增加到 1 214 万 t，增长 5.8 倍。2009 年在中国制造业 500 强中，首钢销售收入列第 12 位，在中国企业 500 强中首钢列第 39 位。随着经济社会的发展和城市功能的调整，环境保护不断提出更高的要求。尽管首钢在环境治理上处于全国钢铁企业的领先水平，但是由于北京地区自然形成的地理、气象条件，环境容量非常有限，不适合再继续发展钢铁冶炼工业。自20世纪90年代以来，在北京经济发展史上功勋卓著的首钢，深陷社会各界"要首都还是要首钢"的激烈争论中。

1984年，北京市空气质量自动监测系统开始进行连续监测。位于石景山区的9号自动监测子站监测数据显示，当时石景山区每平方千米的粉尘超过30 t，其中首钢西南的白庙料场周围尤其严重。

1994年年底，首钢申报的"2 160 mm 的热轧板项目"经环保部门调查认为，"首钢在现有规模上任何一点扩张，都会造成和居民生活空间的直接冲突"，"2160项目"成为首钢第一个在环保审批环节就被否决的扩产项目。

1997年2月，时任全国政协委员梁从诫在八届政协五次会议上提出《首钢停止2160工程并部分逐步迁出北京》的提案。梁从诫在这份提案中提出，"首钢不但不能再增加产能，还要逐步迁出北京"，但当时并没有得到采纳。

1998年，北京开始实施控制大气污染紧急措施，首钢的污染状况又一次引发了人们的强烈关注。1999年年初的北京市人代会上，"首钢搬家"的话题又一次被提起。十几位代表指出，首钢对大气的污染和水资源的污染必将"影响北京城市化的进程，影响2008年奥运会的申办"。国家环保总局在数次召开了关于首钢搬迁的环境论证会后，明确指出，要满足申奥的环境质量，首钢必须搬迁。而首钢在会上拿出的反驳理由，是他们从1995年开始，每年环保投入接近2亿元，数倍于其他钢铁企业的环保投入。接下来几年，还将陆续完成焦化厂煤气脱硫等32个深度治理项目。他们让环保局拿出首钢污染的具体依据。

2001年，北京申奥成功后，国家环保总局又一次在北京新大都饭店召开了环境论证会，以北大环境工程学院的一名专家为代表的观点坚持认为，"即便首钢目前一些环保指标达标了，也不意味着就不排放污染物了，达标是在一定限度内排放。此外，如果按照首钢现在钢产量 800 万 t 算，维持 800 万 t 生产需要运输的矿石、矿粉、焦炭等大量物流就达到 4 000 万 t，运输过程中也将产生很大污染"。论证会后不久，时任全国政协副主席钱伟长在给北京市政府《关于解决北京市空气污染和地下水位下降问题的建议》中，概括了几位专家的建议，他指出，"现在北京市的上空有个黑盖，黑盖的中心就是石景山，到了晚上就往市里移，往下沉。钢铁厂的炼焦炉在炼焦过程中由于需要往焦炭上喷水，大量的酚进入水中，废水渗入地下，严重污染了地下水。酚的毒性很大，饮用受酚污染的水后会影响人的寿命。解决这一问题的唯一办法，是把首钢有污染的项目全部搬迁出去"。

2002 年 9 月 14 日，为了应对社会各界的质疑，首钢联合中国工程院化工冶金与材料工程部专门策划了一个"首钢总公司技术创新院士行"大型活动，目的是想从院士和专家口中寻找到"不搬家"的论据。"一部分院士认为，只要通过'压产'就能解决现在困扰首都的污染问题，整体搬迁的代价和成本过于高昂"。当时有专家认为，新日铁离东京城区比首钢离市区还要近，这是一个发达国家的工业布局。我们作为一个发展中国家，首都容不下一个钢铁厂是说不过去的。而原首钢董事长罗冰生在这次活动开幕式上的发言——"首钢实行整体搬迁的方案基本是不可行的"，可以看成是首钢当时在"搬迁问题"上的官方态度。

2003 年 4 月 28 日和 5 月 20 日，时任国家环境保护总局局长解振华分别致信时任国家发改委主任的马凯和国务院副总理曾培炎，征求对 2003—2007 年北京市环境污染目标和对策的意见，提出："不宜在首钢发展改造钢铁业，应当下决心逐步搬迁首钢涉钢产业，从现在起不再在北京建涉钢项目。"这是国家环保总局第一次提出"搬迁首钢涉钢产业"的意见。

2003 年 8 月 1 日，"首钢涉钢系统搬迁评估会"在新大都饭店召开。

参加会议的有首钢总公司、中国国际工程咨询公司、国家发展改革委、国家环保总局、北京市政府、国务院发展研究中心学术委员会、河北省发改委、唐山市发改委、唐山钢铁股份有限公司等单位的冶金专家、环保专家，讨论的核心议题是首钢到底是留在首都还是迁离首都的问题。以往关于"要首都还是要首钢"的争论，都是背对背的。现在，环保专家和首钢决策者直接面对面了。会议争论的焦点是：①首钢提出 2003 年和 2007 年分别压缩 200 万 t，将这 400 万 t 生产能力转移到河北迁安地区，在北京石景山地区建设冷轧薄板生产线。2003—2008 年实施结构调整和环境治理的发展规划；环保专家强烈反对这个方案，认为首钢是北京的主要污染源，坚持凡是涉及"钢铁"二字的所有企业和附属配套系统，都必须全部搬出北京。不解决首钢的污染问题，北京的大气就得不到质的改变。②首钢认为自己一直对环保问题非常重视，首钢在治理污染方面的投资占总投资的 30%，是钢铁行业中环境达标企业的样板、是花园式的企业；环保专家坚定地回绝了首钢人的这种认识。环保专家承认首钢在钢铁行业中是绿化最好的达标企业、是环境治理的样板，但是其污染物排放总量叠加起来，北京的整体空气质量就不达标了。凭着首钢现有的技术手段，只能治理地面上的环境污染，却治理不了空中的环境污染。唯一的出路就是将涉钢系统迁出北京。③首钢列举日本东京也举办了世界奥运会，但日本政府并没有让东京附近的最大的钢铁联合企业新日铁搬迁，首钢为什么要搬出北京？环保专家们反驳道，首钢不是新日铁，北京不是东京，地理和气候的环境不同，不可类比。首钢距北京市中心仅 17 km，而日本距东京最近的钢铁企业也有 80 km，而且没有山峦阻隔，焦化厂、炼铁厂和炼钢厂升起的烟云不会聚集成黑盖子，而是升入高空随风散去，不至于像首钢之于北京市区一样，影响东京市区人们的生存。会议双方针锋相对，互不相让，陷入难以解脱的僵局。最后，环保专家的强大声音压过了首钢的声音，这硬碰硬的"一票否决"把首钢逼上了不能不搬迁的境地，环保专家要求首钢在这次论证会上就要做出明确的答复。首钢高层临时召开了紧急会议,对形势进行了认真分析。半个小时后,首钢领导班子明确表态:"如果国家没有决定我们首钢搬迁,我们将进一步加大环境治理力度;如果国家决定首钢搬迁,我们接受搬迁!"这是首钢第一次主动接受搬迁,僵持了多年的"首钢搬家"问题被打破了。

2003 年 8 月,首钢向国务院递交了"首钢主动要求搬迁曹妃甸"的报告。8 月 10 日,时任国家发展改革委副主任张国宝到首钢传达"国家决定给首钢支持,如果首钢同意搬迁到河北曹妃甸"。首钢高层很快给予了肯定答复。尽管还有众多的细节问题有待解决,关于"首钢搬家"这个争议了整整几十年的话题终于在官方和企业之间第一次得到了共识。

2005 年 2 月 18 日,国家发展改革委经报请国务院领导批准,正式批复了首钢搬迁方案(发改工业〔2005〕273 号)。首钢搬迁主要分为三部分内容:一是首钢分阶段压缩北京地区钢铁生产能力,到 2007 年年底,完成压缩 400 万 t 钢铁生产能力;到 2010 年年底,石景山地区冶炼、热轧能力全部停产,只保留首钢总部和研发体系以及不造成环境污染的销售、物流、三产等业务。二是按照循环经济的理念,结合首钢搬迁和唐山地区钢铁工业调整,在河北省唐山地区曹妃甸建设一个具有国际先进水平的钢铁联合企业。三是在顺义建设 150 万 t 冷轧薄板项目。至此,备受国内外关注的"首钢搬迁"问题终于以"涉钢系统全部迁出北京"为结果而尘埃落定。

2005 年 6 月 30 日上午 8 时,首钢炼铁厂 5 号高炉停产,标志着首钢北京地区涉钢系统压产、搬迁工作正式启动。

2006 年 5 月 9 日,首钢集团焦化厂 2 号焦炉正式停产退役,这标志着首钢集团北京地区搬迁又迈出实质性一步。2 号焦炉是首钢集团最早的一座焦炉,2 号焦炉 1964 年 12 月 1 日投产,已连续生产 42 年,累计生产焦炭 649 万 t。2 号焦炉停产后,首钢集团将每年减少废气排放量

40 492.32 万 m³、烟粉尘 193 t。

2007 年 11 月，总投资 64 亿元人民币、产能 150 万 t 的首钢冷轧薄板生产线在北京市顺义区全面投产。这是首钢实施压产、搬迁、结构调整和环境治理方案中第一个竣工的重大项目，也是首钢在北京唯一保留的钢铁精品项目。它的投产标志着首钢搬迁调整获得重大阶段性成果。

2007 年 12 月 31 日，1 号、3 号两台烧结机，第三炼钢厂的两座转炉停产。

2008 年 1 月 5 日，作为国内超过 2 000 m³ 容积的第 6 座大型长寿高效高炉，燃烧了 35 年零两个月、年产值超过 50 亿元的 4 号高炉停产了。首钢宣布北京地区涉钢产业压产 400 万 t 工作正式启动。这是首钢自搬迁调整方案批复以来停产规模最大、关闭设备最多、涉及面最广的一项前所未有的系统工程。从 4 号高炉开始的这次压产 400 万 t 计划将使首钢在北京奥运会期间的各项污染物排放下降七成以上。

2010 年 12 月 21 日，首钢高速线材厂的传动铁链停止了转动。至此，首钢石景山钢铁主流程实现安全、稳定、经济、准时停产，彻底停止了对环境的污染。2010 年年底以首钢北京石景山钢铁主流程全面停产，曹妃甸首钢京唐钢铁公司一期第二步工程投产为标志，首钢搬迁调整的历史性任务基本完成。

首钢搬迁后，工业区旧址的功能定位为"城市西部综合服务中心"和"后工业文化创意产业区"。

第二节　污染源防治

从 20 世纪 80 年代末开始，北京市对工业污染控制的重要手段由单一的末端治理逐步向总量控制、污染减排等全过程控制方向发展。通过产业结构和工业布局调整实施排污许可证、限期治理、"一控双达标"、清洁生产审计等多种管理制度和控制措施，达到减少污染产生量、削减污染物排放量的目的。

一、限期治理

1984 年，全国第二次环境保护工作会议后，北京市将污染源限期治理工作作为制度固定下来，北京市政府每年以为群众办实事的形式对各市属委办局、总公司、区县下达"污染限期治理计划"。计划编制经过反复核实落实，以确保任务能按期完成。同时注意把企业申报的治理项目与群众投诉要求尽快解决的污染治理项目结合起来，以保证限期治理工作真正为群众解决问题办实事。限期治理计划形成后，经市环保委组织召开的全市环境保护工作会议讨论确定，由市政府批准下达。限期治理项目包括污染企业的搬迁、停产、改产、并点和建设污染治理设施。

1991—2000 年，"污染限期治理计划"改为《北京市污染扰民限期治理项目计划》，分为四类：限期改、并、迁、停项目（重点是位于居民稠密区的工厂和车间）；限期治理项目；限期考核项目（考核已完成的限期治理项目是否稳定运行）；污染企业搬迁规划。共计下达改、并、迁、停和限期治理项目 857 个，实际完成 1 673 项。首钢公司第一线材厂、轧辊厂、绝缘材料厂等 181 个污染扰民严重的工厂、车间停产或搬迁。其中化工二厂电石炉和特钢南区炼钢车间的停产，彻底消除了市区两大污染源，使部分地区的环境得到改善。

1994 年 9 月,国家计委和国家环保局检查列入国家第二批限期治理项目的北京橡塑一厂和标准件四厂搬迁工作的完成情况，对北京市政府及各有关部门认真执行限期治理计划、对搬迁企业实行优惠政策表示满意。北京橡塑一厂搬迁后，群众反映强烈的恶臭、烟尘和噪声扰民等问题得到彻底解决。

1996—1999 年北京市污染扰民限期治理项目计划中增加了一部分——第三批国家环境污染限期治理计划。北京市被列入该计划的企业有北京沥青混凝土厂、北京造纸七厂、北京焦化厂、高井电厂和首钢北钢公司。

1996 年完成 56 个重点工业污染源的限期治理和搬迁，其中五建构件厂、日用搪瓷厂等 17 个污染扰民严重的工厂、车间停产或搬迁。

1997 年，完成限期治理达标项目 223 项，其中沥青混凝土厂等 15 个工厂、车间停产或搬迁；各区县完成区县属及乡镇企业限期治理项目 239 个。

1998 年年底，北京市开始实施"控制大气污染治理阶段措施"，市政府组织市环保局等部门编制《北京市环境污染防治目标和对策（1998—2002 年）》，1998 年完成 312 个污染源的治理，其中北京叉车厂等 18 个污染扰民严重的工厂、车间停产搬迁。全市约有 73.6%的工业污染源完成了限期治理任务。

1999 年，全市完成了 200 多项工业污染源限期治理任务，北京第二印染厂等 20 个工厂、车间停产或搬迁。化工、首钢、建材、燕化等一批工业局、总公司实现了全系统污染企业的达标排放。

2000 年 3 月 9 日，市环保局向市政府报送《关于〈北京市二〇〇〇年工业污染源污染扰民限期治理项目计划〉的请示》，计划包括 30 家扰民企业搬迁和 34 家工业企业治理项目。同年 12 月 8 日，市政府将北京市 50 项工业污染源限期搬迁治理工程列入为群众拟办的 60 件重要实事之一。经过有关局、总公司和企业近一年的努力，截至 11 月底，实际完成限期改、并、迁、停 27 项，治理 31 项，超额完成了市政府下达的任务。

自 2001 年起，执行多年的《污染扰民限期治理项目计划》不再下达。1991—2000 年市属工业企业（车间）污染搬迁和限期治理统计如表 6-1 所示。

表 6-1　1991—2000 年市属工业企业（车间）污染搬迁和限期治理统计 单位：家

年度	计划数			完成数		
	小计	改、并、迁、停	限期治理	小计	改、并、迁、停	限期治理
1991	78	7	71	96	22	74
1992	65	16	49	134	15	119
1993	68	10	58	63	10	53
1994	78	21	57	77	16	61
1995	78	26	52	146	22	124
1996	66	18	48	73	17	56
1997	400	18	382	477	15	462
1998	270	20	250	330	18	312
1999	262	22	240	220	20	200
2000	64	30	34	57	26	31
合计	857	188	669	1 673	181	1 492

二、"一控双达标"

1996 年《国务院关于环境保护若干问题的决定》中确定了 2000 年要实现的环保目标：①各省、自治区、直辖市要使本辖区主要污染物的排放量控制在国家规定的排放总量指标内；②全国所有的工业污染源要达到国家或地方规定的污染物排放标准；47 个环保重点城市的空气和地面水按功能区达到国家规定的环境质量标准。简称"一控双达标"。

1997 年，按照《国务院关于环境保护若干问题的决定》和国家环保总局《关于 1999 年工业污染源达标排放工作安排的通知》精神，市政府成立了"一控双达标"工作领导小组，印发了《关于进一步加强环境保护工作的决定》。决定中提出北京市要用 1～3 年时间，实现到 2000 年北京市所有工业污染源排放污染物都要达到国家或本市规定的标准、主要污染物排放总量控制在国家规定的指标内。市属各局、总公司，各区县要按照比国务院要求的期限提前一年安排、制定为期 3 年的"433"

工业污染源限期治理计划，即 1997 年 40%、1998 年 30%、1999 年 30%，实现工业污染源达标排放目标。市属各局、总公司，各区县主管领导分别与市政府主管副市长签订了按期完成限期治理任务的责任书。1997 年 12 月 15 日，市环保局向市政府法制办报送《关于〈北京市限期治理达标验收管理办法〉的备案报告》。年内，市环保局按照"433"达标排放的要求，编制超标污染源 3 年限期治理规划。经核查，1997 年北京市共有工业排污企业 5 013 家，其中，中央单位 170 家，市属企业 631 家，区县属以下企业 4 212 家，达标率为 89.1%。按照"双达标"要求，全市共安排 1 128 项限期治理项目，均纳入《污染扰民限期治理项目计划》，为此，1997—1999 年，为实现"一控双达标"的目标，全市 3 年共筹集搬迁资金 42.36 亿元，治理资金 14.65 亿元，有 53 家污染扰民企业迁出市区，789 家企业通过新建改建污染净化设施完成达标任务，300 多家企业通过产业或产品结构调整、技术改造、清洁生产实现了达标排放。《北京市污染扰民限期治理项目计划》增加了《区县及乡镇工业污染源限期治理项目计划》，与市属工业企业《污染扰民限期治理项目计划》同时执行，限期治理数目明显增加。1 128 项限期治理项目中，中央、市属企业 577 项，由市政府下达限期治理任务；区县属和乡镇企业 551 项，分别由各区县政府下达限期治理任务。

1999 年 4 月 2 日，为实现工业污染源达标排放，时任副市长刘海燕与 18 个区县长和 32 个工业部门签订了《工业污染源达标排放工作任务责任书》。并要求治理工业污染做到责任落实、措施落实、进度落实、投资落实和检查落实。同年 8 月 10 日，市环保局在《北京日报》上发布"关于公布第一批通过达标验收的工业企业名单的通告"，北京长峰机械动力厂等 59 家重点污染企业通过了工业污染源达标验收。12 月 8 日市环保局公布第二批、71 家通过达标验收的重点污染企业名单。

1999 年 6 月 5 日，市环保局在北京市环境质量状况通报会上宣布：北京市提前半年完成国家对工业污染源达标排放的要求，全市 5 013 家有污染企业的污染源到 5 月底已基本实现达标排放。其中，38 家未达标企业分别被明令停产治理和罚款处理。近 3 年北京工业废水排放量下降了 0.34 亿 t，工业废水处理率达 95.6%。

1999 年 7 月 21—26 日，市环保局召开区县属以下工业污染源限期治理工作会议。据统计，列入限期治理的 130 家区县及乡镇工业企业中已有 2 家通过区县环保局验收；17 家处于调试、预验收阶段；16 家正在施工；36 家基本确定为关、停、并、转、迁；37 家企业虽确定治理方案但未动工，占全部治理企业的 28.5%；22 家企业尚未确定治理方案，占全部治理企业的 16.9%。

1999 年与 1996 年相比，全市工业废水排放的化学需氧量、石油类分别减少了 56% 和 46.7%，废气排放的烟尘、二氧化硫分别减少了 48.8% 和 23.4%。截至 2000 年年底，全市工业企业排放的二氧化硫、烟尘、工业粉尘总量分别比 1996 年削减 31%、53%、49%。

三、清洁生产审核

据有关资料表明，改革开放以前我国国民生产总值平均增长率为 5.7%，而主要原材料、能源、资金等投入的增长率却要比其高一倍左右，也就是说经济的增长是靠高投入、高消耗、高污染来实现的。

清洁生产是国内外 20 多年来防治污染的经验总结，是以节能、降耗、减污为目标，以技术管理为手段，通过对生产装置从原材料投用到工艺生产各环节进行排污审计，筛选并实施综合的污染防治措施，在降低能耗、水耗和原材料消耗的同时，将污染从源头削减，使企业逐步由被动治理变为主动防治，由终端治理变为生产全过程控制，为防治工业污染开辟了一条新路。

在全国范围内，北京市最早进行清洁生产审计（后改称清洁生产审核）工作。1993 年，国家环保局与世界银行合作，在中国实施环境技术援助项目，其中 B4 子项目是在中国企业中实施清洁生产，总投资 620

万美元，主要任务是通过培训，介绍国外清洁生产的方法和经验，建立削减能耗、资源消耗、污染物排放量、提高经济效益、环境效益的清洁生产审计示范工程，开展有关清洁生产的政策研究，在中国工业环境保护中推广预防污染的清洁生产技术项目。B4 子项目由准备阶段、示范阶段、政策研究、成果推广应用四部分组成，从 1993—1996 年用 3 年时间完成。北京市被列入第一批清洁生产示范城市。1993 年有 6 家企业参加了准备阶段的清洁生产工作,1994 年有 6 家企业参加了示范阶段的清洁生产工作。这是北京市首次将清洁生产审核技术引进并实施到对工业企业环境保护管理的实际工作中，将污染防治的重点前移到生产源头控制。

1994 年 9 月，由国家科委和挪威合作发展署组织协调的中—挪清洁生产第一期合作项目决定在北京实施。该项目由北京市环保技术培训中心和挪威注册工程师协会具体执行。旨在通过培训与在企业实施具体的清洁生产项目方式，培养一批中国清洁生产专家，建立一批不同行业或部门的清洁生产示范企业，为今后在北京乃至全国推行清洁生产提供经验与模式。挪威负责提供 100 万挪威克朗的研究费用。1995 年，北京市环保局组织 15 家企业参加了为期一年的中—挪清洁生产第一期合作项目。

1998 年，通过对中—挪清洁生产合作第一期项目成果的综合分析，中挪双方一致认为应该扩大清洁生产在中国实施规模与范围，加大实施清洁生产的力度。北京市环保技术培训中心会同挪威世界清洁生产协会向挪威对外合作发展署提交了在中国北京开展中—挪威清洁生产合作第二期项目报告并获得批准实施。第二期项目着重在行业开展清洁生产示范，探索行业清洁生产的潜力，探讨政府清洁生产政策和评估清洁生产体系，建立清洁生产信息与技术中心，为清洁生产提供技术咨询服务。北京市有 20 家企业参加了本期的清洁生产项目。

1993—1998 年，北京市通过世界银行"中国环境技术援助项目 B4

子项目"及"中国—挪威清洁生产合作项目（一期、二期）"，先后在北京 55 个企业的 89 个车间进行了清洁生产推广示范工作。6 年的工作使推行清洁生产审核成为北京市工业污染防治的重要战略方针。

1999 年 5 月，国家经贸委发布了《关于实施清洁生产示范试点的通知》，选择北京、上海等 10 个试点城市和石化、冶金等 5 个试点行业开展清洁生产示范和试点，进一步促进了北京市清洁生产的发展。

2002 年，《清洁生产促进法》出台，北京市的清洁生产进入依法全面实施的阶段。同年 7 月 23 日，在第 135 次市长办公会上，市领导集体学习了《中华人民共和国清洁生产促进法》。会议要求市环保局、市经委等部门按照该法的精神，尽快研究提出北京市有关清洁生产工作的意见。

北京市清洁生产的历程可分为两个阶段：第一阶段，1993—2002 年，为消化探索阶段，主要工作为引进清洁生产概念思想，学习清洁生产知识方法，推行清洁生产审核企业的示范。第二阶段，2002 年以后，为全面开展实施阶段。

1．审核管理体系

1997 年，由北京市环保局组织编写了《企业清洁生产实施指南》并正式出版发行。该书通过吸收国外清洁生产审计手册的精髓，立足北京市清洁生产实践，全面系统地介绍了清洁生产概念、产生背景、国内外清洁生产实践、清洁生产审计步骤、审计报告编写等内容，总结出一套适合北京市企业实际情况的清洁生产审计程序。

2005 年，市环保局、市发改委在全市范围内征集选聘清洁生产专家，组建了包括环保、能源、清洁生产、行业四类专家在内的共 300 余人的专家库，覆盖农牧、餐饮、房地产、交通运输、水利环境等公共设施管理、商务服务、制造、建筑等行业，依据《清洁生产专家管理办法》实施动态管理。

2006 年，市发展改革委会同市环保局先后编制出台了《北京市清洁生产审核暂行办法实施细则》《北京市清洁生产审核验收暂行办法》等6个地方性文件，沿着"审核—验收—项目支持—中介和专家管理"的工作主线，建立完善了清洁生产"全过程"政策保障和监管体系。促进清洁生产审核工作实现常态化、验收程序规范化、基金补贴制度化、咨询服务专业化工作的目标。

2005—2008年，市环保局和市发改委公开选聘了三批清洁生产审核咨询机构17家，涉及轻工、石化、电镀、建材、纺织、汽车、电子、医药等14个行业，为企业开展清洁生产审核提供咨询服务，协助企业有效开展清洁生产审核工作，提供高质量的清洁生产审核报告。并根据《清洁生产审核咨询机构管理办法》对咨询机构实施动态管理，每两年考评一次，评估不合格的，将取消资格。

2009年，市环保局先后发布了中药饮片加工和中成药制造、果蔬汁及果蔬汁饮料制造、金属切削加工3个行业的清洁生产标准。

2. 试点企业及效果

1991—1995年，化工集团实施以清洁生产为特征的技术改造项目30个，完成污染源治理项目215个，综合利用"三废"93万t，创产值2.18亿元。

北京化工三厂，是生产塑料加工助剂和有机原料为主的精细化工厂，生产品种多，原材料复杂，工艺流程长，设备比较落后，所产生的污染物种类多，排放量大。1993年以来虽已投资800多万元，建成了12套环保治理设施，但污染仍很严重，每天排放工业废水7 600t，每年排放的化学需氧量达280t，是全市排放水污染物的第三大户。该厂为了治理污染，原计划再建造两个75 m的深井曝气池，处理排放的废水，预计投资800万元。1993年，该厂参加清洁生产审计试点工作，在联合国环境规划署专家指导下，选择全厂排污量最大的季戊四醇生产装置作为清洁生产试点单元。经过一年多的工艺查定，物料衡算和排污审计，提出了40项降耗减污技术改造与管理改善措施。经确定的治理方案全部实施后,可少建一个深井曝气池,减少污水处理投资约 50%;每年减少化学需氧量排放 1 140 t,同时获利 512 万元,10 个月便收回全部投资。1994 年 9 月 28 日的清洁生产试点工作总结汇报会上,国家环保局和联合国环境规划署专家对化工三厂试点成效给予了充分肯定,认为试点经验为各工业企业从生产工艺全过程削减污染物的产生和排放,实现经济建设与环境保护协调发展提供了新的办法和途径。

1993 年,北京啤酒厂通过清洁生产审计,实施了 15 项污染物削减措施,与 1992 年相比,啤酒损耗由 9.7%下降到 8.5%,啤酒产量增加11%,污水中排放的化学需氧量减少了 357 t,增加经济效益 378.9 万元。1994 年又实施了 9 项污染削减措施,投资 308.8 万元,酒损由 8.5%下降到 5.25%,化学需氧量减少 164.4 t,获利 417.3 万元。

1993 年,燕化公司成为国家环保局清洁生产审计工作试点单位,首次在化工一厂乙二醇装置和化工二厂第一聚丙烯装置试行清洁生产。1996 年,燕化公司制订了"九五"清洁生产工作计划,每年安排 3~4套生产装置进行清洁生产审计,在实施清洁生产过程中,结合新、改、扩等项目建设,不断采用新技术、新工艺,在节能降耗、减少污染物产生量方面下功夫,先后对裂解、苯酚丙酮、间甲酚、氧化脱氢、乙晴、一催化、四蒸馏等装置进行了技术改造,提高了产品产量和经济效益,污染物的排放浓度和总量都有所下降,环境效益十分显著。

通过清洁生产审计,1994 年全市 15 个试点企业共提出污染物削减方案 315 项,减少污水排放 103.69 万 t,削减化学需氧量 1 724 t,获利1 425 万元。

1995 年,一轻控股公司玻璃仪器厂"全电熔炉代替煤气熔炉"、星海钢琴"外壳精饰废气治理工艺"、威顿公司"燃油蓄热式窑炉改为天然气回收余热式窑炉"项目分别获得清洁生产专项资金。

2002 年,燕化公司炼油厂被中国石化集团确定为清洁生产示范企业。全公司有 30 套装置实行了清洁生产审计,使燕化产生的废气、污水排放量大为减少；酮苯装置在尾气治理和回收溶剂方面取得可喜成绩，每年可回收丁酮 185.3 t，甲苯 19.48 t，回收净收益达 158.58 万元；乙二醇装置的污水治理成效十分显著，每年可减少污水排放 39 万 t，减少化学需氧量外排 600 t。到 2007 年，燕化公司有 48 套生产装置进行了清洁生产审核，编写了清洁生产审核报告，通过了中国石化集团公司"清洁生产企业"验收评审。

2005—2010 年，市环保局和市发改委共组织对 247 家企业清洁生产审核验收。通过清洁生产审核评估验收的 125 家企业共实施方案 3 123 项，其中，无低费方案 2 843 项，中高费方案 299 项。总投资 26 535.61 万元，节电 12 663.35 万 kW·h，节新鲜水 8 822.31 万 t，节天然气 1 343.2 万 m³，节煤 4.24 万 t，节油 1 249.28 t，节蒸汽 29.99 万 t，削减工业粉尘排放 2.1 万 t，削减二氧化硫 0.2 万 t，削减化学需氧量 186.68 t，削减二氧化碳 1.75 万 t，削减氮氧化物 0.46 万 t，减排废水 272.5 万 t，减少固废排放 3 935.5 t，削减无组织排放 364 t，共产生经济效益 4.58 亿元。

2016 年，北京市环保局发布了清洁生产审核企业名单。召开了强制性清洁生产审核培训会，督促企业启动实施清洁生产审核和技术改造，对企业清洁生产审核工作进行指导和评估。全年共组织 130 家单位完成清洁生产审核评估，其中强制性清洁生产审核企业 51 家。

实践表明，开展清洁生产会给工业企业带来不可估量的社会、经济和环境效益，可以提高企业的整体素质，提高产品的竞争能力，实现节能、降耗、减污、降低产品成本和废物处理费用，同时还可以改善职工的生产环境和操作条件，减轻对健康的损害。因此，应该大力倡导和推行清洁生产，把清洁生产摆上产业政策的议程中，尽快制定相应的法规、标准及技术经济政策，建立相应的制约和激励机制。

四、上市环保核查

上市环保核查是指环境保护行政主管部门对首次申请上市并发行

股票、申请再融资、资产重组或拟采取其他形式从资本市场融资公司的环境保护管理、环境保护守法行为的全面核查，并将其环境保护信息给予持续披露和后续监管。上市环保核查的根本目的是督促相关的公司和企业严格遵守国家环境保护法律法规、政策标准规范，完善企业环境管理制度，依法实施清洁生产，降低产排污强度，保护生态环境，自觉履行国际环境公约，努力建设成为环境友好型企业。

上市环保核查包含三大基本要素，即企业环境保护管理和守法行为的全面核查、企业环境保护信息的持续披露及对其环境保护后续监管。"全面核查"，是指要对"环保核查内容和要求"条目给出核查意见，必须进行现场核查和核查时段内资料数据的系统性分析，而不仅依赖地方环保部门出具的守法证明材料。"持续披露"环境信息，向社会持续公开企业的环境保护信息是上市公司应尽的社会责任，便于接受政府和社会公众监督，也有利于投资者及时规避投资风险。"后续监管"是对上市公司需要整改事项的实施和效果进行监管，以便督促其按照环境保护的要求持续改善其环境行为，成为环保守法的模范。

上市环保核查的总体要求是：全面审查、严格要求，现场检查、破解难题，信息公开、社会监督，后续督察、持续改进，绿色融资、环境友好。

自 2001 年（尤其是 2007 年）以来，北京市环保局开展了上市公司环保核查工作。环保核查的重点企业是在环保部所列火电、钢铁、水泥等 14 类重污染企业的基础上，结合北京市环保工作特点，增加沥青防水建筑材料、铸造、汽车制造、木质家具制造、包装印刷、具有工业涂装工序的机电设备制造、使用原料或排放物中含重点重金属的企业。

五、加强污染源监控

2011 年 10 月 14 日，市环保局印发《2011 年度北京市污染源自动监控排污单位名录》。要求列入名录的排污单位于 2011 年 12 月 31 日前按要求完成自动监控设备及其配套设施的安装和联网，且正常运行并通过市环保局的合格性检查。

第三节　工业开发区（园区）污染防治

一、工业开发区发展情况

北京工业开发区分为国家级开发区、市级开发区、区县级开发区，空间布局形成五大板块，分别为：环城高新技术产业带、临空产业与现代制造业基地板块、东部现代制造业基地板块、北部生态工业集聚区板块、西南部特色产业集聚区板块。

1. 环城高新技术产业带

环城高新技术产业带是由中关村科技园区和北京经济技术开发区两大龙头开发区构成。2006年，北京国家环保产业园区、通州光机电一体化产业基地、大兴生物工程与医药产业基地和石景山八大处高科技园区先后被纳入中关村科技园区，使中关村科技园区由"一区七园"扩大为"一区十一园"：海淀园、丰台园、昌平园、电子城科技园、亦庄科技园、德胜园、健翔园、北京国家环保产业园区、通州光机电一体化产业基地、大兴生物工程与医药产业基地、石景山八大处高科技园区。中关村科技园区和北京经济技术开发区重点发展高新技术产业、知识型服务业和现代制造业，形成以高科技产业研究开发基地、技术创新基地、知识产权服务基地为主导的环城高新技术产业带。

2. 临空产业与现代制造业基地板块

临空产业与现代制造业基地板块是由顺义区内的天竺空港工业开发、天竺出口加工区、林河工业开发区和金马工业区组成。位于东部发展带中段的顺义区承载着北京市现代制造业基地、空港物流枢纽的功能。

3．东部现代制造业基地板块

东部现代制造业基地板块主要由通州工业开发区、通州轻纺服装服饰园区、光机电一体化产业基地、国家环保产业园、永乐经济开发区、密云工业开发区、怀柔雁栖工业开发区、凤翔科技开发区、北房经济工业区、兴谷工业开发区、滨河工业区和平谷马坊工业区组成。

4．北部生态工业集聚区板块

北部生态工业集聚区板块包括延庆经济开发区、八达岭工业开发区、昌平小汤山工业开发区。主要发展低消耗、无污染、高科技、循环型的生态工业。

5．西南部特色产业集聚区板块

西南部特色产业集聚区板块包括石龙工业开发区、良乡工业开发区、房山科技工业园、大兴工业开发区和大兴采育科技园。该板块内先期将积极推进房山石化新材料集聚区、石龙数控装备及产业研发工业园区、大兴采育民用安全产品产业基地等专业园区建设。

二、规划环境影响评价

1．发展历程

20世纪90年代初，市环保局组织编写了《区域开发活动环境影响评价技术指南》，此书是在总结北京市以及其他地区区域开发活动环境影响评价实践和理论探索的基础上，侧重探讨区域开发活动与区域开发规划之间的相互关系，是规划环评早期实践的经验总结。北京市的工业开发区先后都做过环境影响评价。北京市在全国率先规定工业开发区要上报"六图二书"，其中"二书"是指"规划设计说明书"和"环境影响评价报告书"，否则开发区不予办理审批手续。

2006年9月28日，北京市人民政府印发贯彻《国务院关于落实科学发展观 加强环境保护的决定》的意见。指出各级政府和有关部门在研究经济和社会发展重大决策时，要以资源禀赋和环境承载力为基础，充分考虑环境保护问题，对环境有重要影响的决策要进行环境影响论证；按照国家规定，在编制城市建设、土地利用、交通、能源、工业等发展规划时，要组织开展规划环境影响评价，评价意见作为规划审批的重要依据。

2009年10月1日实施的《规划环境影响评价条例》解决了如何对规划开展环境影响评价这个核心问题，明确了规划编制机关是环境影响评价的责任主体，并从评价的内容、依据、具体形式以及公众参与等方面进行了规范，进一步明确了工业园区环评的工作。

2. 规划环评开展情况

2001年1月5日，为执行2001年1月1日起实施的《中关村科技园区条例》，促进中关村科技园区的建设和可持续发展，市环保局印发了《关于加快中关村科技园区建设项目环境保护审批的通知》。通知要求按照提高效率、简化程序、减少审批环节的原则，对中关村科技园区内建设项目的环保审批活动进行了简化和调整。自2004年以来，北京市环境保护局依据《北京城市总体规划（2004—2020年）》中相关要求，陆续推动北京西南部地区（房山区、丰台区）、门头沟区、通州区、顺义区、大兴区、昌平区、平谷区、怀柔区、密云县和亦庄新城等11个远郊新城战略规划环境影响评价工作（表6-2），从环境保护角度论证了区域经济发展规划、功能区划、产业结构与布局、发展规模的环境和理性与可行性，为区域经济发展和生态保护、生态建设提供科学依据。通过对重点开发区域规划环评，提出污水管网、污水处理厂、清洁能源等基础设施建设的要求，强调节能减排、清洁生产和循环经济的入区理念。对一些位置敏感的重点园区，北京市在规划环评审查过程中还明确要求在规划实施中建立跟踪机制，定期进行规划环境影响的回顾、跟踪评价，以确保环保理念贯彻始终。

表 6-2 2010 年北京市已开展规划环境影响评价的国家级、市级开发区名单

序号	开发区名单	序号	开发区名单
1	北京经济技术开发区	10	北京林河经济开发区
2	中关村科技园区	11	北京采育经济开发区
3	北京天竺出口加工区	12	北京大兴经济开发区
4	北京石龙经济开发区	13	北京兴谷经济开发区
5	北京良乡经济开发区	14	北京马坊工业园区
6	北京房山区工业园区	15	北京雁栖经济开发区
7	北京通州经济开发区	16	北京密云经济开发区
8	北京永乐经济开发区	17	北京延庆经济开发区
9	北京天竺空港经济开发区	18	北京八达岭经济开发区

3. 典型工业园区——北京经济技术开发区的规划环境影响评价

北京经济技术开发区位于大兴区亦庄，于 20 世纪 90 年代初期批准设立并开始建设，1993 年 11 月，北京市环保局对北京经济技术开发区环境影响报告书做出了批复 [（93）京环保监三字第 269 号]，要求开发区在环境保护方面应做到：严格按开发区总体规划进行建设；坚持节能、节水、低污染、高效益的入区项目筛选原则；污水处理场建设应与区域开发建设同步进行；供热方案应根据评价报告进一步完善；绿化建设应与区域开发建设同步进行；各种固体废物应集中统一管理。同时要求开发区管委会尽快设立专职环境保护管理部门，对开发区环境建设实施统一监督管理，尽早建立环境监测体系，以监督开发建设过程的环境变化，为科学管理提供依据。

2002 年，外经贸资开函〔2002〕779 号文件函复，同意开发区扩大发展用地规划，规划面积约 24 km^2。2003 年，开发区委托中国环境科学研究院承担区域环评工作，此次评价在对开发区一期开发进行环境影响回顾性评价的基础上，对开发区扩区规划实施过程中可能涉及的主要环境问题进行了详细分析与论述，并提出了相应的对策和措施。2005年，北京市环保局提出《关于北京经济技术开发区区域环境影响报告书

的初审意见》(京环审〔2005〕390号),国家环境保护总局以环审〔2005〕535号文件函复原则同意北京市环保局初审意见,并提出开发区后续重点工作包括:按照报告书提出的开发区扩区规划布局的调整方案,对部分新区的总体布局进行局部调整,确保符合各项环境保护要求;采取多种手段进一步降低水资源的消耗量并提高水资源的利用率;加快开发区扩区范围内天然气管网的铺设,禁止在开发区内新建燃煤锅炉;开发区各功能区须合理布局;建立开发区固体废物特别是危险废物管理体系;加强入区企业施工期管理及扩区后开发区的环境管理;严格限制高水耗、高能耗或以生产工艺以化学合成为主的建设项目入区。

三、生态工业园区建设

1. 市级工业园区

2007年11月14日,由北京市工业促进局联合市发改委、市科委、市统计局等6委办组织的北京市开发区生态工业园试点建设启动会在北京市文化创意产业基地798艺术区召开。启动会发布了《北京市开发区开展生态工业园建设的意见》和《北京生态工业园综合评价指标体系(试行)》两份文件,文件明确了北京市开发区生态工业园区建设指导思想、发展目标、建设原则、工作重点、推进方式以及5大类20项指标体系,是指导和协调北京市开发区开展生态工业园区建设的政策性文件。首批启动大兴生物医药产业基地、林河、密云经济开发区三个生态工业园试点园区的建设,就是要探索建设经验、完善推进政策、建立评价标准,带动并指导全市开发区朝着生态化方向发展,实现北京工业又好又快发展。

自2007年11月启动首批市级生态工业园试点建设以来,市经济信息化委综合考虑各园区经济发展基础、产业布局和集中度、生态工业园建设积极性、园区区位特点等因素,先后分三批共启动了8家开发区开展市级生态工业试点园区建设,分别是林河经济开发区、密云经济开发区、中关村生物医药产业基地、空港经济开发区、雁栖经济开发区、兴谷经济开发区、中关村生命科学园和八达岭经济开发区。

2012 年 2 月,北京天竺空港经济开发区和北京雁栖经济开发区获得授牌,成为北京市首批市级生态工业示范园区。

2. 国家级工业园区

2007 年,北京经济技术开发区按照《综合类生态工业园区标准》(HJ 274—2009)指标体系,启动了生态工业示范园区创建工作,开始着手编制《北京经济技术开发区生态工业园区建设规划》。

2008 年 9 月,《北京经济技术开发区生态工业园区建设规划》通过环保部组织的专家论证。2009 年 1 月 7 日,环境保护部、商务部、科技部联合发文(环发〔2009〕3 号),同意北京开发区开展国家生态工业示范园区建设。国家生态工业示范园区是依据清洁生产要求、循环经济理念和工业生态学原理而设计建立的一种新型工业园区。它通过物流或能流传递等方式把不同工厂或企业连接起来,形成共享资源和互换副产品的产业共生组合,使一家工厂的废弃物或副产品成为另一家工厂的原料或能源,模拟自然系统,在产业系统中建立"生产者—消费者—分解者"的循环途径,寻求物质闭环循环、能量多级利用和废物产生最小化。

经过两年的建设期,2010 年 12 月 30 日北京经济技术开发区生态工业示范园区建设工作通过三部委组织的专家组技术核查和现场验收。

四、工业开发区水污染防治

2004 年,市发改委、市工促局等部门积极推动工业结构调整,开展钢铁、电解铝、水泥等行业的调查清理以及固定资产投资项目的清理工作,制定了工业园区入区企业能耗、水耗等相关资源环境准入标准。2006 年,市环保局对不稳定达标企业和未配套建设污水集中处理设施的工业开发区限期治理。

截至 2010 年，全市共有 25 家省级及以上工业园区，其生产废水和
生活污水均通过污水处理设施处理后排放（表 6-3）。其中，11 家工业
园区单独建设了配套的污水处理设施，14 家依托周边的城镇污水处理厂
处理污水。25 家污水处理设施全部安装了在线监测装置并与环保部门联
网。总设计处理能力为 95.2 万 t/d，实际处理量约 77.8 万 t/d，总运行负
荷率为 82%。污水处理工艺主要为活性污泥法，包括氧化沟、序批式活
性污泥法（SBR）、生物膜反应器（MBR）、厌氧—缺氧—好氧法（A^2/O）
以及组合工艺。

表 6-3　全市工业园区污水处理设施情况　　　　　　单位：t/d

序号	园区名称	所属区县	级别	集中处理设施	下游城镇污水处理水厂	设计处理规模	实际处理量
1	北京经济技术开发区	亦庄	国家级	北京金源经开污水处理有限责任公司		50 000	50 000
				北京博大水务有限公司（北京经济技术开发区东区污水处理厂）		50 000	50 000
2	中关村科技园区昌平园	昌平	国家级		北京市昌平污水处理中心	54 000	42 000
3	中关村生命科学园	昌平	国家级		北京碧海环境科技有限公司永丰再生水厂	20 000	20 000
4	北京昌平小汤山工业园区	昌平	省级		北京市昌平区水务局未来科技城再生水处理中心	80 000	80 000
5	中关村科技园区大兴生物医药产业基地	大兴	省级		光大水务（北京）有限公司	80 000	40 000
6	国家新媒体产业基地（北京大兴经济开发区）	大兴	省级		北京兴水水务有限责任公司	120 000	105 000

序号	园区名称	所属区县	级别	集中处理设施	下游城镇污水处理水厂	设计处理规模	实际处理量
7	北京采育经济开发区	大兴	省级	重庆康达环保产业（集团）有限公司北京采育污水处理厂		15 000	5 000
8	北京良乡经济开发区	房山	省级		北京中设水处理有限公司	40 000	40 000
9	北京房山工业园区（东区）	房山	省级		阎村污水处理厂	1 500	400
	北京房山工业园区（西区）	房山	省级		北京京城水务有限责任公司（城关污水处理厂）	20 000	20 000
10	石化新材料科技产业基地	房山	省级		北京燕山威立雅水务有限责任公司（牛口峪）	40 000	35 000
11	北京高端制造业基地	房山	省级	窦店高端现代制造业产业基地再生水厂		6 000	2 800
12	北京雁栖经济开发区	怀柔	省级	怀柔区雁栖污水处理中心		6 000	3 300
13	北京石龙经济开发区	门头沟	省级		北京碧水源环境科技有限公司门头沟再生水厂	40 000	34 000
14	北京密云经济开发区	密云	省级		北京市自来水集团檀州污水处理有限责任公司	45 000	33 000
15	北京马坊工业园区	平谷	省级	马坊镇污水处理厂		11 000	5 000
16	北京兴谷经济开发区	平谷	省级		北京洳河污水处理有限公司	80 000	55 000
17	北京临空经济核心区（原北京天竺空港经济开发区）	顺义	省级	北京同晟水净化有限公司（天竺污水处理厂）		20 000	20 000

序号	园区名称	所属区县	级别	集中处理设施	下游城镇污水处理水厂	设计处理规模	实际处理量
18	北京林河经济开发区	顺义	省级		北京京禹顺环保有限公司（顺义区污水处理厂）	100 000	100 000
19	中关村通州园光机电一体化产业基地	通州	省级	北京城市排水集团有限责任公司次渠污水处理厂		10 000	6 500
20	中关村通州园金桥科技产业基地	通州	省级	北京金桥绿园物业管理有限公司		5 000	4 500
21	北京通州经济开发区（南区）	通州	省级	北京市通州区漷县镇污水处理厂		10 000	1 800
	北京通州经济开发区（东区）	通州	省级	中节能运龙（北京）水务科技有限公司（北京通州经济开发区东区污水处理厂）		3 000	200
	北京通州经济开发区（西区）	通州	省级	北京华源志峰给排水管理有限公司（张家湾镇污水处理厂）		4 000	3 500
22	北京永乐经济开发区	通州	省级	中节能运龙（北京）水务科技有限公司（永乐店再生水厂）		10 000	800
23	北京八达岭经济开发区	延庆	省级	北京兴业市政管理服务公司		1 000	200
24	北京延庆经济开发区	延庆	省级		北京市自来水集团夏都缙阳污水处理有限公司	30 000	20 000
25	中关村永丰高新技术产业基地	海淀	省级		北京碧海环境科技有限公司永丰再生水厂	20 000	20 000

第四节　疏解整治工业污染源

一、修订工业淘汰退出目录

2014 年，本市发布了《北京市工业污染行业、生产工艺调整退出及设备淘汰目录（2014 年版）》，有效推动了工业污染企业淘汰关停工作。2016 年，共淘汰退出工业污染企业 335 家，四年累计退出 1 341 家，超额完成国家下达的淘汰退出 1 200 家的任务。2017 年，按照市政府工作报告和清洁空气行动计划要求，市经济信息化委等部门对目录进行了修订，2017 年 7 月 4 日，市政府办公厅印发《北京市工业污染行业、生产工艺调整退出及设备淘汰目录（2017 年版）》，较 2014 年版修订有机溶剂型油墨生产等 5 项，增加有机溶剂型粘合剂生产等 17 项，总类别由155 个增加到 172 个。

二、严格禁止和限制新增产业

2015 年《北京市新增产业的禁止和限制目录（2015 年版）》发布。禁限目录涉及小类 599 项，占全部国民经济行业分类的比例由 32%提高到 55%，其中城六区提高到 79%，凡属目录涵盖的项目，不予办理核准、备案手续。

三、清理整治违法排污企业

2016 年，市政府办公厅印发了《关于集中开展清理整治违法违规排污及生产经营行为有关工作的通知》，成立了以市领导为总指挥的"市清理整治违法违规排污及生产经营行为专项整治"指挥部，开展环保执法、整治无证无照违规经营、打击违法用地违法建设、安全生产整治等专项行动。通过取缔、关闭、改造升级等方式，明确到 2017 年底完成

50 个重点区域、200 个重点行政村和 5 000 家企业的清理整治任务。

2016 年，疏解与整治提升相结合，进一步压低北京市工业污染源排放总量。淘汰退出工业污染企业 335 家，清理整治"散乱污"企业 4 477 家，保留的企业通过实施清洁生产和技术改造等降低污染物排放量。

第七章 环境应急管理

　　北京市的环境应急管理工作是以 2003 年的"非典"事件为突破、以落实 2005 年 5 月国务院办公厅印发的《国家突发环境事件应急预案》开始发展起来的。从 2005 年市环保局成立应急办到 2012 年成立北京市环境应急与事故调查中心，反映出北京市对环境应急工作重要性的认识越来越深刻、越来越全面。在应急机构、应急能力及风险防控等各方面得到了很大程度的提升，北京市环境应急管理工作取得了明显进展。

　　加强环境风险管理，变末端治理为前端控制，变"事后被动应急"为"事前主动防范"，实现全过程控制环境风险。2006 年，市环保局开展了一次全市使用液氨企业的隐患排查与整治工作，启动了环境风险管理工作。随后，涉氯企业、尾矿库企业、危险化学品生产企业和集中式饮用水水源地等环境风险排查与整治工作相继展开，北京市的环境应急管理工作由原来基本以环境应急现场处置为主的平面式的单一业务模式转向"事前预防、事中响应、事后管理"的全面的立体模式。

第一节 环境应急能力建设

一、应急机构

北京市环境应急能力建设可分为两个阶段：第一阶段为 2005 年以

前，北京市的环境应急工作是分散在工业污染防治、环境监察和环境监测等体系之中，没有专门的应急管理机构；第二个阶段为 2005 年之后，北京市开始有了专门的机构从事环境应急工作。2005 年年底，市环保局成立了突发环境事件应急领导小组，负责综合协调全市突发环境事件应急管理工作。领导小组办公室（以下简称"应急办"）设在局机关，应急办属独立的临时应急管理机构。2009 年，按京政办发〔2009〕54 号文件要求，突发环境事件应急工作改由环境监察队（2010 年更名为北京市环境监察总队，以下简称监察总队）承担。为了满足突发环境事件应急工作的需要，监察总队下设立应急科，1 名副总队长分管该项工作，由 3 名环境监察队员来具体承担环境应急、辐射应急和反恐应急工作。2012 年 10 月 26 日，北京市环境应急与事故调查中心（以下简称"环境应急中心"）经市编办批复成立（京编办事〔2012〕266 号），北京市开始有了独立的环境应急管理专业机构。环境应急中心为市环保局所属正处级全额拨款事业单位，主要职责是受市环保局委托，承担北京市环境应急处置和事故调查的事务性工作，编制 18 名，中心下设 3 个科室，分别为办公室、风险管理科和现场处置科，各个科室根据分工协作承担全市环境应急管理和组织区县进行相关工作。

二、应急队伍

环境应急队伍包括专兼职的应急管理队伍、专兼职的应急救援队伍和应急专家队伍。

1. 应急管理队伍

北京市环境应急管理队伍由环境应急中心和各区县环保局中的应急管理人员组成。其中"环境应急中心"编制 18 名，各区县环保局根据市环保局要求均成立了本辖区突发环境事件应急处置队伍，其编制为 17 人（包括 2 名指挥员、3 名分指挥员）、2 个监察组（每组 2 人，共 4 人）、2 个监测组（每组 2 人，共 4 人）、2 个辐射组（每组 2 人，共 4

人）。目前，市区两级专兼职环境应急管理人员共有 280 余人。

2．应急救援队伍

2008 年 10 月 20 日，经北京市应急委批准，市环保局在北京金隅红树林环保技术有限公司组建"危险化学品专业应急救援"队伍；在北京市自来水集团所属京水华强科贸有限责任公司组建"液氯、液氨废弃钢瓶专业应急救援"队伍。

"北京金隅红树林"危险化学品专业应急救援队伍担负突发环境事件处置过程中产生的危险废物收集、运输、临时贮存和无害化处置任务，协助涉及危险化学品突发环境事件的现场处置工作。该支队伍编制 31 人，分 3 个处置小组。救援队圆满完成了北京奥运会、新中国成立六十周年庆典等重大活动时期的环境安全保障任务，累计完成了 60 多起环境应急任务。

"北京市自来水集团"液氯、液氨、废弃钢瓶专业应急救援队伍主要负责废弃钢瓶的处置。编制 15 人，分 3 个应急处置小组。应急队伍自成立以来，共对 40 多个厂家上百个故障坏瓶实施了处理。

3．应急专家队伍

市环保局建立了由 35 名院校、科研单位和大型企业技术人员组成的环境应急专家队伍，专业涉及环保、石化、化学、生物、水资源、水文地质等领域。目的是为环境应急管理工作提供切实可行的决策建议、专业咨询、理论指导和技术支持。专家队伍为北京市突发环境事件应急决策提供了有力支撑。

三、应急装备

市环保局筹措资金为承担环境应急工作的环境应急中心、环境保护监测中心、辐射安全中心、固体废物管理中心、放射性废物管理中心、各个区县及两支专业救援队伍等部门配备了应急监测器材、现场取证器材、个人防护器材、辐射应急器材、实验室检测器材和应急车辆等一系列装备。

环境应急中心现有应急车辆 1 台，气体致密型化学防护服 6 套，液体致密型化学防护服或粉尘致密型化学防护服 4 套，有毒有害气体检测报警装置 2 套，辐射报警装置 4 台，应急摄像器材 2 台，应急照相器材 4 台，应急录音设备 1 台，防爆对讲机 4 台，台式电脑 14 台，固定电话 2 套，打印机 2 台。

监测中心现有各类应急气体测定仪 11 台，侦毒箱 1 个，各类水样测定分析仪器 6 台，冰钻 1 个，水质自动采样器 1 台，各类防护服 26 套，各类呼吸器 26 台，通信系统 8 套，DRAGER MiniWarn 报警仪 2 台，DRAGER PacIII检测仪 2 台。

辐射安全中心现有应急监测车 3 台，便携式巡检谱仪 9 台，表面污染仪 5 台，溴化镧便携式巡检谱仪 1 台，个人剂量报警仪 8 个，移动实验室及相关设备 1 套。

固体废物管理中心现有全密封防化服 5 套，HS 急救箱 1 个，空气呼吸器 2 台，便携式气体检测仪 2 台，电动采样泵 1 台，手动采样泵 1 台。

放射性废物管理中心现有个人剂量报警仪 2 台，个人中子报警仪 2 台，表面污染仪 1 台，长杆夹钳 2 个，个人热释光剂量计 1 个/人。

各区县应急器材包括：

（1）通信设备：对讲机 128 台、喉震对讲设备 33 套；

（2）照明设备：各类照明设备 36 套；

（3）大气污染应急处置装备：报警装置 15 套、采样设备 25 台、风向、风速测定设备 34 台、检测设备 89 台；

（4）水污染应急处置装备：采样设备 49 台、检测设备 85 台；

（5）土壤污染应急处置装备：采样设备 12 台、检测设备 5 台；

（6）辐射应急处置装备：报警装置 17 台、检测设备 69 台、铅防护装备 41 套；

（7）防护器材：各类防护服 252 套、各类防毒面具 83 套、各类呼吸设备 46 套；

（8）交通工具：各类应急监测车辆 23 台、皮划艇 1 艘；

（9）其他装备：摄像器材 25 台、照相器材 27 台、电脑 25 台、GPS 定位设备 15 套、测距设备 14 套。

北京金隅红树林环保技术有限责任公司现有各类应急运输车辆 13 台，各类空气呼吸器 19 个，各类防护服 90 套，防毒面罩 30 个，多功能辐射监测仪 4 台，四合一气体检测仪 4 台，对讲机 15 个，智能型数码探照灯 5 个，灭火毯 10 条，吸酸棉 5 套，有限空间作业三角架 1 个，应急药品 24 套，警戒带、警示锥 15 套，安全带、安全绳 8 条。

北京市自来水集团第九水厂专业应急处置队伍现有抢险工程车 2 台，抢修专用工具 2 套，氯氨瓶工作台 2 台。

四、应急指挥体系

1. 应急指挥机构

环境应急指挥机构包括北京市综合应急指挥机构及北京市环保局环境应急指挥机构。

北京市综合应急指挥机构由市突发事件应急委员会（以下简称"市应急委"）统一领导全市突发事件应对工作，下设突发事件专项应急指挥部（其中有"市空气重污染应急指挥部"）和临时应急指挥部，对于特别重大且影响首都社会稳定的突发事件，相关处置工作由市委统一领导。北京市突发事件应急委员会办公室（以下简称"市应急办"）是市应急委常设办事机构，设在市政府办公厅，同时挂市政府总值班室和市应急指挥中心牌子，协助市政府领导同志组织处理需由市政府直接处理的突发事件，承担市应急委的具体工作，负责市政府总值班工作。

市环保局应急体系处于全市应急体系当中的临时应急指挥部模块，采用的是临时应急指挥部的运行模式。市环保局专门成立了环境应急管理工作领导小组（以下简称"领导小组"），领导小组组长由市环保局局长担任，常务副组长由市环保局分管环境应急工作的局领导担任，副组长由市环保局领导班子成员担任，成员包括市环保局机关有关处室（市环境监察总队）负责人和区县环保局局长。领导小组办公室（以下简称"应急办"）设在市环境应急与事故调查中心。应急办主任由市环境应急与事故调查中心主任担任，副主任由市环境应急与事故调查中心副主任担任，成员包括市环保局有关直属单位分管环境应急工作的副职领导。应急办各成员单位包括市环境监察总队（环境监察处）、市环境保护监测中心、市环境保护宣传中心、市固体废物和化学品管理中心、市辐射安全技术中心、市城市放射性废物管理中心、市环境投诉举报电话咨询中心、市环境信息中心和市环保局机关服务中心。图 7-1 为北京市环保局应急工作体系，图 7-2 为区县环保局应急工作体系。

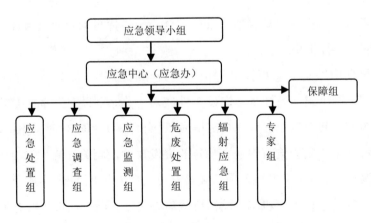

图 7-1　北京市环保局应急工作体系

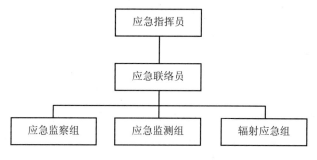

图 7-2　区县环保局应急工作体系

2. 应急指挥程序

环境应急的现场指挥程序分为前方指挥和后方指挥。一般性环境应急事件由事发地区县环境应急部门负责进行现场的调查和处置，根据实际工作需要，市应急办（应急中心）负责做好相关协调和协助工作。当发生重大环境应急事件时，需启动后方指挥。应急保障体系由局办负责，应急办各成员单位均应为突发环境事件应急工作提供保障。

全市应急力量出动序列分为四级，其中，第一级，出动力量为区县环保局。主要职责包括立即组织应急人员赶赴事发现场，了解情况，开展先期处置，随时向市环保局应急办通报现场情况。必要时，可请求市环保局支援，协调辖区相关部门和企事业单位的应急处置行动。第二级，出动力量为市环保局。由应急办统一协调指挥，主要职责为立即通告相关区县环保局，同区县环保局先期处置人员保持不间断的联系。通知应急监测组和专业应急处置队伍做好出动准备，待命出动。视现场情况通知监察总队参与事故调查处置。监测中心立即集结人员，装载器材做好出动的准备，到达现场后，立即开展应急监测，随时报告监测结果，提出污染控制及应急处置建议。第三级，出动力量为专业应急救援队伍。主要工作包括接报后，立即集结人员，装载应急装备、器材；到达事故现场后，立即开展污染物的收集、装载、转运工作，并负责危险废物的无害化处置。第四级，出动力量为突发环境应急事件发生地相邻区县环保局。主要担负应急处置支援任务或执行机动应急处置任务。

五、应急培训与演练

1．应急培训

紧紧围绕环境应急工作的特点和职责，市环保局建立起环境应急管理常态培训工作机制。截至 2017 年 12 月，市环保局组织了 7 次应急工作培训，分别为：2010 年 7 月 6—9 日，市环保局环境监察总队在房山区分两批次组织区县环保局和突发环境事件专业应急处置队伍的应急人员约 140 人进行突发环境事件应急工作培训。2011 年 9 月 6—9 日，市环保局环境监察总队于在房山区分两期组织对各区县环保局应急人员、监察总队和监测中心部分人员、两支专业应急处置队伍应急人员（约 100 人）进行了突发环境事件应急工作培训。2013 年 6 月 26—27 日，为进一步规范全市环境应急预案备案管理工作，市环保局应急中心组织区县和风险企业进行环境应急预案管理工作培训。2014 年 11 月底，为进一步推动预案备案管理工作，市环保局应急中心组织区县环保局和全市重点企业环境主管部门负责人进行应急预案编制工作培训。2015 年 3 月 25 日，为深入学习新颁布的《国家突发环境应急预案》和《企业事业单位突发环境事件应急预案备案管理办法》，市环保局应急中心组织召开全市环境应急管理暨环境应急预案培训工作会。2016 年 3 月和 12 月，市环保局应急中心分两批分别对应急领导小组成员单位及区环保局应急管理人员、全市环保系统新从事突发环境事件应急管理工作人员（共 180 余人次）开展应急能力培训。2017 年，为进一步提高应急管理人员应急处置能力及企业抗风险和应急自救能力，市环保局应急中心分两期分别组织全市应急管理人员、600 余家风险源企业进行培训。

应急培训内容涉及应急基础理论、救援技能、装备操作和实战战术运用等各个方面，通过培训有效提高了应急人员的理论水平、业务素质和解决实际问题的能力。

2．应急演练

市环保局始终将加强环境应急演练作为提高全市环境应急工作能力的有效途径。2010 年 6 月 30 日，市环保局印发《北京市突发环境事件应急演练管理办法》。2010 年 8 月 28 日至 9 月 4 日，市环保局圆满完成了武搏会期间辐射反恐应急保障工作。加强值班备勤，组织两次应急通信演练，确保通信畅通、响应及时；加强对比赛场馆周边涉源单位的检查，重点检查了 10 家涉源单位各项安全防范措施的落实情况。截至 2017 年年底，已经组织了 13 次应急演练（表 7-1），演练形式包括检验性演练、桌面演练和研究性演练。参与全市的"长城一号""长城二号""紫禁城三号"等大型综合性联合演练 2 次、市反恐办组织的演练 3 次、市安监局组织的演练 3 次、市地震局组织的演练 1 次和地铁模拟演练 1 次。

表 7-1　2009—2017 年市环保局组织应急演练

序号	时间	地点	主办单位	演练内容
1	2009 年 9 月	通州	市环保局	以水环境防范为主题的突发环境事件应急演练
2	2010 年 9 月	房山	市环保局	以危险化学品生产企业安全生产事故为背景引发突发环境事件的应急研究性演练
3	2011 年 9—10 月	昌平	市环保局	以危险化学品泄漏和人为丢弃放射源为背景的实战检验性演练
4	2012 年 6 月		市环保局	以化学和辐射污染为背景的突发环境事件室内编组检验性演练
5	2012 年 9 月		市环保局	以危险化学品泄漏为背景的突发环境事件应急处置联合演练
6	2013 年 3—6 月	17 个区县	市环保局	以危险化学品泄漏和人为丢弃放射源为背景的实战检验性演练
7	2013 年 4 月	丰台	市环保局	以危险化学品泄漏为背景的检验性演练

序号	时间	地点	主办单位	演练内容
8	2013 年 9 月	昌平	环保部、市环保局	重大辐射事故应急综合演练
9	2013 年 10 月	延庆	市环保局	突发水环境事件应急检验性演练
10	2014 年 9 月	怀柔	市环保局	突发环境事件暨反恐应急综合演练
11	2015 年 11 月	通州	市环保局	以爆炸引发多种危险化学品泄漏为背景的突发环境事件应急联合处置演练
12	2016 年 11 月	通州	市环保局	以危险化学品爆炸为背景的应急指挥系统检验性演练
13	2017 年 9 月	廊坊	市环保局	突发水环境事件联防联控应急演练

六、应急值守制度与应急准备

应急值守是应急管理的基础性工作，也是确保政令畅通、信息及时报告的关键环节，是有效应对和处置突发事件、维护社会稳定的重要保障。随着市环保局应急管理工作的深入推进，根据北京环境应急工作实际，紧紧围绕全面提高应急值守工作的科学化水平，市环保局制定了规范的应急值守程序，建立了市区两级环境应急值守体系，并制定了一系列特殊时期的环境应急值守与保障方案，确保了环境应急状态下的快速响应，科学应对。

1. 应急值守制度

市环保局先后出台了《北京市环保局关于加强北京市突发环境事件应急管理工作的意见》（京环发〔2010〕51 号）、《北京市环境应急与事故调查中心值班管理规定（试行）》等制度，统一了全市环境应急值守的处置程序和工作流程。严格落实 24 小时领导带班和值班制度，确保责任到人、落实到位。节假日、敏感时期及重大活动期间，均安排有集中式的应急值守，确保一个应急小组在岗值守。其中，市级应急小组包括指挥小组、调查小组、监测小组、处置小组，区县级小组包括指挥小组、联络小组、处置小组。2008 年奥运会之前全市的专业处置队伍"北京金隅红树林"危险化学品专业应急救援队伍和"北京市自来水集团"液氯、液氨、废弃钢瓶专业应急救援队伍也开始加入了应急值守的序列。

2. 信息报送制度

2013 年，市环保局制定了《突发环境事件信息报告实施细则》（京环办〔2013〕23 号），明确了突发环境事件信息报送的程序、要素等要求。要求突发环境事件信息要在接报后随时报告，初步情况在接报后 2 小时内报告，详情要在处置后 2 小时内以书面形式上报市环保局。

3. 应急装备的维护保养

从制度上规范了各类环境应急装备、器材、消耗器材的维护保养的时间、频次和消耗器材更换补充要求，明确应急装备器材使用和维护保养的责任和具体目标，保障各类应急车辆、设备、仪器的性能处于良好状态，能随时执行应急处置任务。

4. 应急准备

应急准备工作：区县环保局应急队伍为第一出动力量，接到突发环境事件信息后，立即组织应急人员赶赴事发现场进行先期处置，并随时向市局应急办报告现场情况。市环境应急中心（应急办）接到事件信息后，先派遣应急组立即携带应急设备、器材赶赴事发现场，同时通知应急监察和应急监测小组，通报现场情况，协调有关事项。监测中心、监察队、专业应急处置队伍等相关单位接到应急通知后，立即组织相关人员，了解情况，明确任务，检查、准备、装载应急设备、器材，做好应急出动的准备工作。根据事发情况决定是否召集专家组成员。

在各项规章制度的指导下，市环保局很好地组织完成了近几年"元旦、春节、两会、五一、十一、十八届三中全会"等重要时期的应急值守和反恐值班工作。

第二节　环境风险源管理

一、环境风险管理的原理

风险管理有别于应急管理。风险管理以"少发生、不发生事故"为目标，而应急管理则以"事故发生后，如何降低损失"为补救，两者共同构成了风险控制的完整过程。

所谓风险管理，是通过系统识别和排查可能存在的风险，科学分析各种风险发生的可能性与后果及风险承受力与控制力，评估风险级别，明确对策并采取风险控制措施，及时发布风险预警并做好应急准备的全过程动态管理方式。风险管理的目标在于预防或减少增量风险，消除或控制存量风险，风险管理相对主动。实施风险管理工作目标是建立长效机制，各级政府分级负责，政府部门依法管理，责任主体认真履责，社会公众积极参与。实施风险管理的工作原则是：统筹组织、条块结合、分类管理、分级负责，依靠科技、重点突破、动态评估、综合控制，政府主导、社会参与。风险管理的主要内容包括风险识别、风险评估、风险监测、风险控制、风险预警、风险沟通和应急准备等方面内容。风险管理工作流程见图 7-3。

从图 7-3 可以看出，风险评估是进行风险管理的核心。风险评估过程包括风险承受能力与控制能力分析，风险可能性分析、风险后果严重性分析以及确定风险等级和可控性分类等环节。

风险承受能力分析就是分析受风险影响对象（客体）对风险的承受、抵抗能力及其脆弱性，包括系统自身承受能力和社会心理承受能力等。

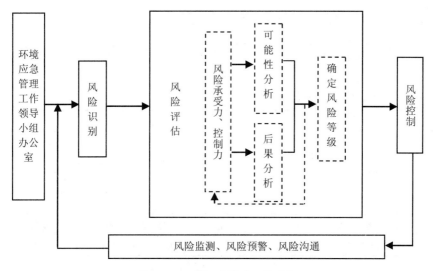

图 7-3 环境风险管理工作流程

评估风险控制能力通常从（但不限于）以下几个方面进行：常态管理水平，包括安全管理规章制度的建设和执行情况、设施设备运行水平、工程技术措施落实情况等；应急管理水平，包括应急组织体系、应急预案、预测预警能力、应急处置能力、应急保障水平（人力、物力、财力、技术水平）、善后恢复能力等；宣传教育培训，包括对系统内部人员日常安全教育培训和对周边民众开展应急常识宣传教育。

风险可能性受三个因素影响，首先是风险本身固有属性的影响（如毒性和概率）；其次与风险承受能力成反比（如人群抵抗力越高，风险可能性越小）；最后是与风险控制能力成反比（如管理水平越高、防范措施越完善，风险可能性越小）。综合考虑相关因素，运用各种分析方法，将风险可能性划分为五级：几乎肯定发生、很可能发生、可能发生、较不可能发生和基本不可能发生。

风险后果可分为客观损失和主观影响。客观损失包括人员伤亡、经济损失、环境影响等；主观影响包括政治影响、社会影响、媒体关注度、敏感程度等。风险后果受风险本身固有属性的影响，同时与风险承受能力成反比，与风险控制能力成反比。根据严重程度，可将风险后果划分为五级，即特别重大、重大、较大、一般和影响很小。具体见表 7-2。

表 7-2 定性风险分析矩阵

风险等级		发生后果分级				
		很小	一般	较大	重大	特别重大
可能性分析	基本不可能	低	低	低	中	高
	较不可能	低	低	中	高	极高
	可能	低	中	高	极高	极高
	很可能	中	高	高	极高	极高
	肯定	高	高	极高	极高	极高

二、本市环境安全风险分析

北京市环境风险源主要有固定环境风险源和道路运输环境风险源两大类。

1. 固定环境风险源

北京市固定环境风险源主要呈现组团式或串珠状布局于境内，并且处于动态变化之中。截至 2017 年，从风险源数量来讲，大兴区和房山区最多，分别为 38 家和 33 家。从环境风险源类型来讲，涉氨单位和工业企业风险源最多，分别为 130 家和 72 家。通过对北京以往及其他地区风险事故的统计分析发现，固定环境风险源主要风险事件类型是安全生产事故性泄漏排放（表 7-3）。

表 7-3 2017 年北京市固定环境风险源信息统计

序号	区县	涉氨单位	涉氯单位	尾矿库	工业企业（中、高风险）	合计
1	海淀区	5			1	6
2	朝阳区	4	1		3	8
3	东城区					

序号	区县	涉氨单位	涉氯单位	尾矿库	工业企业 （中、高风险）	合计
4	西城区					
5	丰台区	13			4	17
6	石景山区	2	1			3
7	门头沟区	1			2	3
8	大兴区	20			18	38
9	房山区	9			24	33
10	怀柔区	15		10		25
11	密云县	10	2	8	2	22
12	平谷区	3		9	1	13
13	顺义区	18			1	19
14	通州区	11			14	25
15	延庆县	1		2		3
16	昌平区	10			2	12
17	开发区	8	3			11
18	合计	130	7	29	72	238

2. 道路运输环境风险源

2007 年，通过对本市北部山区地表饮用水源河道邻河路段 485 段（共计 176 km），跨河桥梁 58 座（共计 5 021 m）的调研，发现存在环境风险隐患的路段有 115.7 km，桥梁有 44 座，主要问题是在这些运输线路和桥梁中，部分完全没有防护设施，部分防护设施不完整。道路运输环境风险源的主要风险事件是由交通事故引发的油品及化学品污染。通过此次专项排查活动，建立和完善了北部山区道路和桥梁环境风险数据库，为风险管理奠定了良好基础。

三、环境风险评估

1. 北京市奥运期间突发环境事件风险评估

为确保奥运期间的环境安全，根据北京市突发公共事件应急委员会《关于做好奥运期间突发公共事件风险评估工作的通知》的精神，市环保局组织开展了奥运期间突发环境事件风险评估工作。

2007 年 7 月 30 日完成奥运会期间突发环境事件风险源调查，全面掌握了环境安全不稳定因素和脆弱环节，为安全风险评估以及隐患治理奠定基础。针对北京市环境风险现状，组织开展了北京市奥运期间突发环境事件风险评估与对策研究工作，同年 10 月 27 日《北京市奥运期间突发环境事件风险评估与对策报告》通过专家评审。在理论上完善创新了风险评估的方法——风险矩阵法，建立了科学、系统的风险评估机制。在实践上确定了北京奥运会期间危险化学品生产企业、涉氨单位、涉氯单位等各类风险源及奥运敏感区域的风险等级，并据此制定了有效的环境安全防范措施，完善了应急预案体系，为确保奥运期间的环境安全提供了科学支撑。

2. 北京市重点行业企业突发环境事件风险评估

为建立科学、规范、完整、系统和动态的环境风险评估与管理体制，积极转变安全行政管理模式，将经验管理向风险管理转变，根据市环保局《关于重点行业企业环境风险及化学品检查工作实施方案的通知》（京环发〔2010〕172 号）、《关于〈北京市重点行业企业环境风险及化学品检查质量核查工作方案〉的通知》（京环办〔2010〕52 号）的精神，2010年 4 月开始组织实施北京市重点行业企业突发环境事件风险评估。评估主要针对本市排放污染物的石油加工业，化学原料及化学制品制造业和医药制造业的工业污染源。在风险评估实施过程中，积极借鉴国外先进经验，创新性地应用了新的风险评估方法——"蒙德法"，完善了环境风险管理理论。

通过此次环境风险评估工作，确定的360家具有风险因素的企业中，低风险的有 288 家，中风险的有 58 家，高风险的有 14 家。其中高风险企业主要集中在房山区和通州区，约占本市高风险企业总数的79%。中风险的企业主要集中在房山区、大兴区和通州区，约占本市中风险企业总数的76%。通过该项工作，准确地把握了北京市环境安全防范上的薄弱环节，增强环境安全防范的针对性，为实现分类监管、重点监管提供了有力支撑，并补充和完善了本市《突发环境事件应急预案》，进一步提高了突发环境事件防范和应急处置能力。

四、环境风险隐患排查与整治

从 2006 年开始，市环保局开展了一系列环境风险评估及隐患排查与整治专项活动。例如，2005 年 7 月 5 日，市环保局印发通知，决定在全市范围内开展一次环境污染隐患排查专项行动。重点排查化工生产企业、化学品仓库、危险废物和医疗废物集中处置或贮存单位、地下饮用水水源防护区内的加油站、大型油库以及辖区内的其他污染共六大方面隐患。

2006 年 5 月 25 日，经市政府同意，市安监局、市环保局、丰台区政府、卫戍区三师、防化一团在丰台区老庄子乡南永定河河道内，对 5 月 10 日在丰台区五间楼防空洞内发现的 11 个废弃钢瓶实施了爆破处置。

2013 年组织开展集中式饮用水水源地环境安全隐患排查专项检查，2015 年开展重金属企业环境安全专项检查，2017 年组织开展了尾矿库环境安全隐患排查等。通过各专项行动，基本查清了北京市不同类型风险源的情况，完善和建立了风险源档案，对存在隐患的单位进行了整治，为环境风险源的监管奠定了良好的基础。

1. 涉氨、涉氯单位隐患排查与整治

2006 年，市环保局在全市范围内开展了一次涉氨和涉氯单位的隐患排查与整治活动，共排查涉氨隐患源单位 243 家，涉氯隐患源单位 97 家，首次建立了风险源管理台账。紧紧围绕保障奥运期间的环境安全，又于 2008 年进行了涉氨、涉氯隐患源的排查与整治，补充和完善了风险源台账。2011 年 5 月市环保局组织开展了一次为期一个月的涉氨单位环境安全隐患排查与整治活动。对象主要是制冷、肉食品加工、啤酒酿造、食品水果和水产品批发、制药、玻璃制造等使用、存储液氨的企业。

该次检查活动共清查涉氨单位 179 家，确认截至 2011 年涉氨单位 153 家，责令企业按照《北京市液氨事故状态下环境污染防控技术导则》整改 43 家。涉氨单位主要分布在顺义、通州、大兴、怀柔和昌平，液氨用量较多的区县为丰台、顺义和通州，全市年消耗液氨量约为 3 000 t。

通过排查发现涉氨隐患源主要存在以下问题：大多离居民区较近；制冷系统内液氨的运行量大，处在高压运行状态，管线错综复杂，接口接点多，面积大，部分管线老化，容易出现氨泄漏的问题；缺乏相应的环境安全防范规范或标准，执法依据不足。

排查统计显示本市现有涉氯单位 7 家，液氯用量较多的区域是朝阳，单位类型主要是自来水厂，液氯主要用于消毒、刻蚀、生产原料。该类风险源主要存在的问题为：该类单位大多数位于居民密集区，一旦有氯气泄漏，将直接威胁人民群众的生命安全；用量较小的涉氯单位，环境安全防范措施不力或无防范措施，应急救援、堵漏、消毒、防护、报警等应急设备器材准备不足，或无应急救援物资；缺乏相应的环境安全防范规范或标准，执法依据不足。

2. 危险化学品生产企业隐患专项排查

2007 年，市环保局进行了一次危险化学品生产企业的专项检查活动，通过排查确定本市现有危险化学品生产企业 68 家，重点防范单位是 57 家。分布于本市 15 个区县，相对集中于通州、大兴、房山，占总数的 77%。

检查中发现该类风险源存在以下几方面问题：①企业环境安全防范的意识不强，不愿投入，一些基本的环境安全防范措施得不到落实。②事故状态下防止环境污染的措施不力，基础建设不到位，应急物资、器材储备不足或没有储备。③生产工艺简单，设备陈旧，职工素质差。

3. 集中式饮用水水源地环境风险隐患排查与整治

根据京环发〔2013〕46 号文件的通知，2013 年 4 月 1 日至 6 月 30 日，北京市开展了集中式饮用水水源地环境风险隐患排查与整治专项活动。排查了全市位于集中式饮用水水源地一级、二级保护区内环境安全风险单位416家，其中127家作为重点风险单位进行防控，有力地保障了北京市饮用水水源地的环境安全和群众健康（表7-4）。

表7-4　北京市集中式饮用水水源地风险源

序号	风险源类型	数量	处理情况
1	工业企业	102	发现集中式饮用水水源地环境隐患问题30家，已处罚4家，责令限期改正25家，报请重新选择搬迁的1家
2	医疗机构	97	
3	加油站	110	
4	涉氯涉氨	12	
5	再生资源回收	6	
6	尾矿库	5	
7	其他	88	
8	合计	416	

4．其他类型专项

（1）再生资源回收行业。2007年市环保局联合公安部门，进行了一次再生资源回收行业的环境安全排查与整治活动，初步掌握了该行业的分布情况及风险状况，并进行了整治。

（2）石油、化工和医药制造行业。经查全市确定有295家，其中有60家以上为较大环境风险单位。

（3）尾矿库。全市有尾矿库29家，其中金矿尾矿库17家，铁矿尾矿库12家，在用的有5家。

5．环境安全大检查

近年来，为确保北京市环境安全，市环保局组织了多次的环境安全大检查活动。通过该项活动有效地补充和完善了北京市各类风险源的台账，并对问题企业或单位进行了整治和治理。

五、应急预案体系建设

以《中华人民共和国突发事件应对法》《国家突发事件总体应急预案》《突发环境事件应急预案》《北京市实施〈中华人民共和国突发事件应对法〉办法》等国家及本市有关法律、法规、规章和相关文件规定为依据，北京市环保局建立了市、区县、街道（乡镇）三级环境管理体系，形成了以市级总体预案为核心，区县总体、市级专项、市级部门预案为依托，单位应急预案为基础的环境应急预案体系。

2005 年 1 月 21 日，市环保局向市政府报送了《北京市环境污染和生态破坏突发事件应急预案（送审稿）》。

2009 年 3 月 4 日，市环保局印发《突发环境事件应急处置实施办法》《突发环境事件应急监测预案》和《辐射污染事件应急预案》。

2010 年 11 月 30 日，市环保局印发《处置辐射突发环境事件应急预案》。

市环保局结合环境应急管理工作的实际和事件的特点，针对高发的事件类型和风险防控的重点行业企业，研究制定应急处置的技术规范，先后制定下发了《北京市液氯事故状态下环境污染防控技术导则（试行）》（京环发〔2009〕39 号）、《北京市液氨事故状态下环境污染防控技术导则（试行）》（京环发〔2009〕40 号）、《液氨、液氯泄漏事故引发的突发环境事件处置要则》（京环发〔2011〕52 号）、《交通事故引发的突发环境事件应急处置要则（试行）》（京环发〔2009〕38 号）、《不明危险废弃物、遗弃物引发的突发环境事件应急处置要则》（京环发〔2010〕21 号）、《危险化学品生产安全事故引发的突发环境事件应急处置要则》（京环发〔2010〕21 号）等技术规范，规范了各种类型突发环境事件应急处置流程、防控污染扩散的主要技术手段和高风险行业环境安全防范的技术性要求，极大地增强了环境应急管理工作的针对性和有效性。

截至 2013 年，市环保局先后编制和修订了 2 个市级专项应急预案、

3 个部门专项应急预案和 6 个处置要则。形成了"二大三小六专项"的环境应急预案体系（表 7-5）。同时，市环保局还积极参与市专项应急指挥部和相关委办局急预案的编制工作，认真履行环保部门在突发事件中承担的职责和任务，指导企业制定环境安全防范应急预案。《空气重污染应急预案》纳入《北京大气污染防治》分册，不在此介绍，表 7-5 不再包括。

表 7-5　市环保局应急预案体系建设情况

类别	序号	预案名称	预案类别	编制单位	印发文号
专项应急预案 1 个	1	《北京市突发环境事件应急预案》 《北京市突发环境事件应急预案》（2013 年修订） 《北京市突发环境事件应急预案》（2016 年修订）	B	市环保局	京应急委发〔2008〕5 号 京应急委发〔2013〕3 号 京应急委发〔2016〕3 号
部门应急预案 3 个	1	《北京市环境保护局突发环境事件应急处置实施办法》		市环保局	京环发〔2009〕48 号
	2	《北京市环境保护局突发环境事件应急监测预案》		市环保局	京环发〔2009〕49 号
	3	《北京市环境保护局辐射污染事件应急预案》		市环保局	京环发〔2009〕50 号
其他应急预案 6 个	1	《交通事故引发的突发环境事件应急处置要则》		市环保局	京环发〔2009〕38 号
	2	《不明遗弃、废弃物引发的突发环境事件应急处置要则》		市环保局	京环发〔2010〕21 号
	3	《液氨、液氯引发突发环境事件应急处置要则》		市环保局	京环发〔2011〕52 号
	4	《危险化学品生产安全事故引发的突发环境事件应急处置要则》		市环保局	京环发〔2010〕21 号
	5	《液氨事故状态下环境污染防控技术导则》		市环保局	京环发〔2009〕40 号
	6	《液氯事故状态下环境污染防控技术导则》		市环保局	京环发〔2009〕39 号

根据市应急办关于预案制定和修订工作的要求，市环保局不断修订完善突发环境事件应急预案。2011 年，市环保局部分处室的职能进行调整，将辐射应急和反恐怖应急工作进行整合，统一由市环境监察总队承担，同时及时修订了《北京市突发环境事件应急实施办法》《北京市突发环境事件应急监测方案》《北京市核与辐射突发事件应急预案》，建立了新的环境应急管理的组织领导体系和日常工作机制，进一步明确了机关各业务处室和直属单位的职责任务、行动方式、保障方法等，整合应急力量，形成应急管理工作的合力。

为了确保区县环保局和相关企业的突发环境事件应急预案的编制和与市突发环境事件应急预案的衔接，规范应急预案的框架结构，增强区县和相关企业环境应急预案的针对性和可操作性。2013 年 5 月 9 日，市环保局下发了《北京市环保局关于加强突发环境事件应急预案管理工作的通知》（京环发〔2013〕74 号），并先后制定了《区县环保局应急预案编制指南》和《企业环境应急预案编制指南》，下发给区县环保局和相关企业。区县环保局和企业结合本辖区特点和企业自身的实际，分别制定了各区县的环境应急预案和企业环境应急预案，与市环境应急预案构成了有机整体。

截至 2017 年 12 月，全市有 17 个区县上报了辖区内环境安全风险企业突发环境事件应急预案，并已备案 1 873 家。

第三节　环境污染事故与环境应急处置

一、环境污染事故处理

1987 年 9 月，国家环保局发布《报告环境污染与破坏事故的暂行办法》，将环境污染与破坏事故根据污染程度从轻到重，分为一般、较大、重大和特大 4 个等级。按照此办法划分，1991—1992 年，北京市共发生

19 次污染事故；1993—2005 年，环境污染与破坏事故不完全统计为 11
起，环保部门均依法进行了处理。典型案例如下。

1991 年 5 月 4 日，北京化工二厂在用高压水冲洗结垢的管道时，造
成大量碱性废水排入半壁店明渠，流入通惠灌渠，致使附近 4 049 亩麦
田受到严重污染，直接经济损失 27 万元。该厂受到罚款 5 万元、赔款
80 万元的处理。

1991 年 5 月 5 日，北京第二热电厂高立庄输油管理站处理设施因年
久失修，致使大量含油废水未经处理直接排入黄土岗灌渠，造成羊坊村
附近 1 470 亩农田受到不同程度的污染，其中 320 亩稻田受到严重污染。
该厂受到赔款 10 万元、罚款 2 万元的处理。

1991 年 5 月 26 日，北京高压气瓶厂由于输送石墨管道长期渗漏，
石墨油渍经土壤扩散渗入厂外双桥农场豆各庄的养鱼塘内，造成 10 亩
鱼塘里的鱼全部死亡，直接经济损失 4.5 万元。该厂受到赔款 8 万元、
罚款 0.45 万元的处理。

1991 年 6 月 29 日，中旅旅游汽车公司误将地下储油罐中 4 t 柴油
当成雨水排入厂外灌渠内，造成南湖渠大队的菜田近 5 亩秧苗死亡，直
接经济损失 3 万元。该公司赔款 25 万元。

1991 年 7 月 23 日，首都国际机场地下输油管道由于自然腐蚀严重，
连续发生两次漏油事故，致使附近树木、鱼塘、庄稼受到严重污染，污
染面积达 331 km^2，直接经济损失 82.57 万元。首都机场受到民事赔款
20 万元、行政罚款 45 万元的处理。

1991 年 8 月 19 日，平谷县化工总厂所属渔阳化工厂由于苯胺贮罐
北侧管路的法兰密封损坏，发生苯胺泄漏事故，泄漏苯胺 44.5 t（回收
40.88 t，流失 3.62 t），致使英城桥以下河段受到严重污染，直接经济损
失 2.35 万元，有 6 人在抢收苯胺过程中轻度中毒。该厂受到罚款 1.5 万
元的处罚。

1992 年 3 月 8 日，北京顶好制油有限公司将生产废水排入农灌渠并

溢入附近鱼塘，致使昌平县平西府乡东三旗村3个鱼塘的10 t鱼死亡，直接经济损失48万元。市环保局对其处以5万元罚款。

1994年7月12日，北京焦化厂回收一分厂粗苯工段洗油池发生泄漏，油随废气通过蒸汽管道进入肖太后河，致使下游1 000多亩水稻及豆各庄部分鱼塘受污染，影响了晚稻和鱼塘供水，赔款369万元。

1995年6月29日，雍王府娱乐中心在清理旧物时，将原塑料十九厂遗留的一桶工业染料（约50 kg），随废水冲入雨水管道，排入北护城河，致使自雍和宫至东直门段河的水变红。市环保局对其处以罚款9.5万元。

1995年8月29日，北京染料厂硫酸装置开车时，发生非正常排放，高浓度二氧化硫气体使厂外宽500 m、长15 km地带受到污染，2 000棵树木叶子枯黄，70余亩水稻、90亩菜田受到不同程度的污染。市环保局对其处以罚款2万元。

1995年10月27日，海淀区垃圾渣土服务管理中心利用昌平县阳坊镇的废弃沙石坑未经处理直接填埋垃圾，垃圾产生的沼气通过沙石缝隙扩散，致使附近北京世宗智能有限公司员工宿舍发生剧烈爆炸，3人被烧伤，其中一人三度烧伤面积65%，直接经济损失68万元。市、县环保部门、市环卫部门、市消防局经过调查，确认此次爆燃事故是一起环境污染和伤害事故。海淀区清洁车辆场一次性赔偿44万元，昌平县农工商总公司一次性赔偿11万元，北京世宗智能有限责任公司赔偿13万元。

2006年1月国务院发布《国家突发环境事件应急预案》，3月，国家环境保护总局制定并颁布《环境保护行政主管部门突发环境事件信息报告办法》，均明确将突发环境事件从轻到重，分一般（Ⅳ级）、较大（Ⅲ级）、重大（Ⅱ级）、特别重大（Ⅰ级）等四个级别，1987年的《报告环境污染与破坏事故的暂行办法》同时废止。

按照突发环境事件分级标准，北京市发生一起重大突发环境事件：

2006 年 11 月 8 日 18：30—9 日 7：00，北京天瑞恒达材料检测设备有限公司野外作业搬运途中，因疏忽造成放射源遗失约 10 小时，经公安部门调查找回放射源，未造成人身伤害和环境污染。被认定为重大辐射安全事故，该公司被吊销许可证。

2007—2013 年，北京市未发生级别以上的突发环境事件。

二、环境应急处置

根据北京市应急预案体系规定，市区环保部门参与了有关事件的环境应急处置工作。

1999 年 9 月 30 日，在延庆县发生外省市车辆装载的氰化物翻车事件，致使 4.68 t 氰化物流入德胜口水沟，河水中氰化物浓度高达 237 mg/L，该村一头毛驴饮用沟水而死亡。事故发生后，市、县环境监测机构对水质实施 24 小时监测，投放 12 t 次氯酸钠进行中和，100 t 污染土壤运送至"红树林"公司处理，污染得到控制。

2004 年 4 月 24 日，位于怀柔区雁栖镇八道河村的北京中发黄金有限公司八道河冶炼厂发生氰化物泄漏事故，导致 11 名操作工人氰化氢气体中毒，其中 3 名死亡。事故发生后，市环保局环境应急监测人员迅速赶赴事故现场进行应急监测，准确地提供了周边空气中氰化物浓度数据，为处置决策提供了技术支持。

2004 年 8 月 4 日，一辆装载 30 t 煤焦油罐车因超载躲避检查，行驶村道昌平区南口镇羊台子村，在转弯处撞上崖坡滑至河道，司机欲使车辆脱离困境人为释放货物煤焦油，造成南口镇羊台子村 1 km 河道被污染。交通事故发生后，市环保局监察队立即赶赴现场处理。将滞留在护坡上的煤焦油及被污染的土壤进行收集，共 89 车 2 225 t，运至北京水泥厂的北京红树林环保科技有限公司进行处置；将污染较重的河水抽运约 1 000 t 送至污水处理场处理；对下游水质进行监测，要求沿线单位停止取水，南口镇政府协调有关单位保障村民供水。

2006—2013 年，全市环保部门参与突发事件的环境应急处置 331
起。其中，2007 年 43 起，2008 年 37 起，2009 年 33 起，2010 年 30 起，
2011 年 53 起，2012 年 49 起，2013 年 41 起。安全生产事故环境应急
89 起，占 26.9%；交通事故环境应急 3 起，占 28.1%；因不明废弃、遗
弃物的环境应急 51 起，占 15.4%；因辐射或疑似辐射的环境应急 23 起，
占 6.9%；违法排污环境应急 21 起，占 6.3%；其他环境应急 54 起，占
16.3%。因安全生产和交通事故引发的环境应急占总数的 55%，是威胁
本市环境安全的主要因素。典型案例如下。

1. 安全生产事故的环境应急

2006 年 11 月 5 日，燕山石化公司炼油厂发生火灾事故。事发后，
市环保局立即启动应急预案，会同房山区环保局相关人员赶赴现场。经
查，事故原因是该厂第一作业部在加氢裂化装置时脱丁烷塔底泵密封泄
漏。起火现场环境经监测表明未造成影响。消防退水全部排入燕化公司
污水处理厂进行处理。

2007 年 11 月 28 日，顺义区的北京海泰石油新技术开发中心助剂厂
一车间在生产过程中，储存液态三氧化硫（俗称硫酸酐）储罐的导流软
管因老化发生爆裂，造成三氧化硫泄漏。现场采取了喷洒碱液（弱碱性）
吸收挥发的三氧化硫气体应急处置措施，未对周边环境造成影响。

2008 年 2 月 25 日 20：00，市环保局应急办接 12369 报告：一居民
反映通州区永顺镇小潞邑村有一厂房起火，同时产生大量的刺激性气味。
监测结果表明事故现场刺激性气体主要成分为氯气，浓度高达 19 mg/m³
（居住区标准 0.1 mg/m³）。现场采取了沙土清埋的方式进行了处置。

2008 年 9 月 23 日 17：00 许，大兴区瀛海镇瑞和二村西通黄路 30
号的北京永滨科技中心于当日 14：00 许发生爆炸（未起火），造成 2
名工人死亡，3 名工人受伤。经现场监测，爆炸事件未对周边环境造
成影响。

2008 年 10 月 22 日 17：00，接北京市安监局通报，大兴区西红门

镇政府附近一冷库发生液氨泄漏。接到通报后，市环保局会同区环保局应急人员立即赶赴现场。经查，事发原因是位于大兴区西红门路甲 8 号北京二商集团所属北京篮丰五色土农副产品批发市场中心制冷车间，因低压循环桶下阀门法兰垫故障，造成液氨泄漏。市安监局、市环保局、大兴区政府、区安监局、区环保局接报后立即赶到现场处置。经现场研究，决定采取一些了列措施，截至 19：50，应急处置结束。

2010 年 5 月 9 日，位于房山区城关街道办事处洪寺村西北约 1 km 处的北京宏悦顺化工厂，在上午 9：30 对生产装置进行检修后进行加压试压时，苯甲酸车间的精馏釜底部阀门破裂，导致釜中苯甲酸（半成品）约 150 kg 泄漏。该厂应急人员采取了更换破裂阀门的应急措施。未对环境造成影响。

2010 年 6 月 29 日，位于房山区石楼镇支楼村北的北京燕房华兴仓储有限公司，发生火灾，过火面积 6 800 m²，未造成人员伤亡。根据现场情况，房山区环保局立即组织人员对消防退水进行封堵。应急监测人员对下风方向 5 km 范围内 5 个点位的大气环境实时不间断监测，均未检出有毒有害物质，并对退水水样和土样进行监测，未发现有毒有害物质。

2011 年 11 月 6 日 19：30，位于通州区漷县镇东寺庄村南的北京市申达精细化工有限公司储罐发生泄漏。接报后，市环保局副局长亲率监察总队应急人员迅速赶赴现场调查处置。经研究消防部门使用泡沫和沙土对事故点进行覆盖处理。

2012 年 3 月 27 日，通州区于家务乡中学北侧一条直径 1.2 m 中石油所属的输油管发生破裂，造成部分原油泄漏。事发现场位于于家务中学北侧 200 m 处一边沟内，边沟内有用于浇灌麦田的少量水源，泄漏导致边沟内约 300 m 范围的水面污染。环境应急人员到达现场后立即对现场采取沙土堵漏、油毡吸附、上下游段围栏封堵等措施，控制污染进一步扩散。

2012年10月17日,中国原子能科学研究院某实验室发生意外爆炸。接报后,市环保局监察、监测、辐射应急人员迅速赶赴现场进行调查处置。事故原因是该院西北角化学实验室使用二甲基环己氨(有机溶剂)和30%双氧水合成二甲基羟胺(水溶液)的过程中发生爆炸,造成三间平房(面积约50 m²)坍塌,部分实验室设备受损,两名实验人员轻伤。现场监测结果显示,爆炸事故未对环境造成明显危害。

2. 非法排污的环境应急

2011年5月14日,平谷区环保局接到平谷镇东鹿角村民反映,该村空气弥漫刺激性气味。经查,北京维多化工有限责任公司用水吸收残余液氨,并私自将氨水外排,因外排氨水中氨气浓度较高,导致沟河东鹿角段上游南岸树木树叶、蔬菜叶、果树树叶等干枯、发黄,果实脱落。刺激性气味弥漫在东鹿角村周边,对居民的正常生活带来严重影响。环境应急工作人员现场采取覆盖、中和等措施对外排废水进行了处置,依据相关法律法规对该公司处以4万元罚款的处罚。

2013年3月22日,接群众举报,昆玉河麦钟桥河面漂有大片浮油。经查,事发地位于昆玉河麦钟桥南10 m处,浮油从雨水方沟排口排出,散发明显柴油气味,通过各部门综合分析认为是人为倾倒造成。市环境应急中心就河面浮油处理要求,由市水务局牵头,采取相关措施对油污进行处理,并责成海淀区环保局加强对水质情况的跟踪监测。

3. 交通事故的环境应急

2009年5月20日,东六环土桥收费站南1 km处一辆危险化学品运输车发生泄漏。接报后,市环保局应急办立即赶赴事故现场,会同市安监、消防、通州区政府等有关部门成立现场指挥部。经查事故原因是危险化学品运输车在行驶至东六环土桥收费站南1 km处发生泄漏,冒出大量白色烟雾。环境应急人员根据情况采取了处理措施,未对周围环境造成影响。

2013年12月4日,南六环北藏村出口西500 m发生一起两辆油罐车相撞交通事故，两辆油罐车由东向西行驶至南六环北臧村出口西500 m处，发生追尾事故，造成前车约30 t油发生泄漏，泄漏汽油及消防废水沿六环路流至北侧边沟内。现场研究环境处置方案，最终决定由北京大凤太好环保工程有限公司采用油水分离技术，对废水进行油水分离，废水由北京金隅红树林环保技术有限责任公司进行处置，被污染的土壤由北京大凤太好环保工程有限公司采用土壤还原技术进行处理，确保环境安全。

后 记

　　本书《北京环境污染防治》是《北京环境保护丛书》（以下简称《丛书》）污染防治分册，记述 40 多年来北京市环境污染防治历史，包括水污染防治、环境噪声污染防治、固体废物污染防治、污染场地治理与修复、放射性污染防治和电磁辐射环境管理、工业污染防治以及环境应急管理 7 个方面，由于《北京大气污染防治》分册单独成书，大气污染防治内容不纳入本书。此外，本套丛书其他分册《北京环境监测与科研》《北京生态环境保护》《北京奥运环境保护》等，也有涉及相关环境污染防治内容。

　　本书采用史料性记叙文体，采取横分门类纵写史、详近略远的编写方法。资料主要来源于原北京市环保局工作中形成的各种档案资料，包括文件、大事记、工作总结，以及座谈会口述、中国环境年鉴、北京年鉴等。1990 年前的早期资料主要源自《北京志·市政卷·环境保护志》（江小珂主编，北京出版社，2003.12），考虑到全书的章节结构和整体协调性，主编及有关撰稿人对这部分材料进行了补充、删减、修改和加工。本书大部分资料年限截至 2013 年，部分章节材料延伸到 2018 年，请读者阅读时注意鉴别。

　　《丛书》总编审阅了本书章节结构设计，对难点问题的处理提出决策意见；本书主编负责全书策划、章节结构设计和全书统稿；各副主编负责本单位稿件的修改和审核；特邀副主编和《丛书》编委会执行副主任负责全书章节结构优化和全书通稿；执行编辑负责协助主编工作。

全书撰稿人如下：

第一章《水污染防治》第一节 郭婧、荆红卫、陶蕾；第二节 韩永岐、何治、王海玉、董静、刘阳；第三节 黄斌、陈晶；第四节 程英；第五节 赵兴利、刘嘉林；

第二章《噪声污染防治》第一节 刘嘉林、王文盛；第二节 徐少辉；第三节至第七节 徐少辉、刘磊；

第三章《固体废物污染防治》第一节、第二节 唐丹平、钟金铃、李敬东、王然、肖晓峰；第三节、第四节 唐丹平、钟金铃、王然、肖晓峰、武斌；第五节 唐丹平、王然；

第四章《土壤与场地污染防治》第一节 刘嘉林；第二节 唐振强、王然；第三节 唐振强、王然、王亚军；第四节 王然、王亚军；

第五章《辐射环境安全与防护》第一节 汪越、章文英、顾洪坤、陈彩、欧阳琛、马文静、陈东兵、杨瑞红、宋志艳；第二节 汪越、章文英、杜娟、王瑾、李雪贞、李慧萍、孙全红、宋福祥；第三节 汪越、王荣建、臧瑞华；第四节 汪越；

第六章《工业污染防治》第一节 徐少辉、程英；第二节 郑再洪、徐少辉、郑磊、程英；第三节 徐少辉、桑治东；

第七章《环境应急管理》第一节、第二节 胡晓寒、顾勇；第三节 程英、周扬胜。

本书在编写过程中得到原北京市环保局多位退休干部的热情支持和大力协助，庄树春、田虎元参与了本书有关章节文稿补充和修改。此外，宋英伟参与了本书前期资料收集和整理工作。在此一并表示感谢。

《北京环境污染防治》主编 方 力

2018 年 10 月